SOFT
UNIVERSE

柔软的宇宙

相对论外传

吴京平——著

北京时代华文书局

图书在版编目（CIP）数据

柔软的宇宙 ：相对论外传 / 吴京平著． -- 北京 ：北京时代华文书局，2017.5
ISBN 978-7-5699-1527-3

Ⅰ．①柔… Ⅱ．①吴… Ⅲ．①物理学史 Ⅳ．① 04-09

中国版本图书馆 CIP 数据核字（2017）第 069548 号

柔软的宇宙 ：相对论外传
Rouruan de Yuzhou : Xiangduilun Waizhuan

著　　者 | 吴京平

出 版 人 | 王训海
选题策划 | 高　磊
责任编辑 | 余　玲　高　磊
封面设计 | 天行健设计
版式设计 | 段文辉
责任印制 | 刘　银　訾　敬

出版发行 | 北京时代华文书局 http://www.bjsdsj.com.cn
北京市东城区安定门外大街 136 号皇城国际大厦 A 座 8 楼
邮编：100011　电话：010 - 64267955　64267677
印　　刷 | 北京卡乐富印刷有限公司　010 - 60200572
（如发现印装质量问题，请与印刷厂联系调换）
开　　本 | 787mm×1092mm　1/16　　印　　张 | 15.5　　字　　数 | 260 千字
版　　次 | 2017 年 6 月第 1 版　　印　　次 | 2017 年 6 月第 1 次印刷
书　　号 | ISBN 978-7-5699-1527-3
定　　价 | 49. 80 元

目录／CONTENTS

柔软的宇宙

柔软的宇宙

引子

1789年，法国大革命爆发。1793年新年伊始，法王路易十六就被推上断头台，皇后也一并送了命。1791年～1794年雅各宾派专政期间，仅仅在巴黎的断头台上，就砍掉了七万颗脑袋。人们渴望一位英雄来领导法国，结束这种乱糟糟的局面，到底谁才能摆平这一切呢？别着急，历史早已给法国安排好了人选。此人已经乘上从埃及的亚历山大港出发的战舰，直挂云帆，急匆匆赶回法国。

1799年雾月，这位年轻的军官经过三十七天的远航回到法国，他在民众众星捧月般的欢迎中来到首都巴黎。没过多久，他就在民众的狂热支持下发动政变，迅速取得政权，开始了他为期十五年的统治。这位年轻的军官，就是大名鼎鼎的拿破仑。拿破仑是个虔诚的基督徒，他一上台，就废除了共和国历，恢复了格里高利历，法兰西以后的时光再也没有以风花雪月命名月份了。

拿破仑刚刚执政，日理万机。国家也逐渐从混乱的状态中恢复，有大量工作要他去处理。他还自告奋勇兼任了法国科学院的院长，可见他对自然科学的喜爱。可惜他自己没那么多精力去管具体的事，数学物理委托给了老师拉普拉斯，博物地质靠居维叶，两位“大牛”合作执掌科学院。

拿破仑恐怕没注意到，一本厚厚的大书已经呈放在了他的案头，这本书就是刚刚诞生不久的巨著《天体力学》。摆到他案头的只是第一卷和第二卷而已：第一卷两册，第二卷三册。后面这部巨著还将陆续写上五卷一共十六册，作者正是拿破仑的老师拉普拉斯。拿破仑当年报考军事学院，数学考卷正是拉普拉斯出的。在军校里他学的是炮兵，少不了要干些弹道计算之类的活儿。对于数学，拿破仑也并不是外行，他偶有闲暇，发现了老师送来的这本厚厚的书，打开翻看，一整本书，全都是大段的微积分运算，即使是受过数学基础训练的拿破仑，也免不了一脸茫然。其实拉普拉斯还不算是最过分的，拉格朗日《分析力学》写了四百多页，从头到尾连一张插图也没有。相比之下，牛顿牛爵爷写起书来就人性化多了，他那部划时代的巨著《自然哲学之数学原理》里面大量采用了几何的办法，相对来讲要直观得多了。

牛顿牛爵爷，虽然是微积分的发明者之一，但是那是微积分的草创时期，牛顿还是更加习惯于用几何学方法来计算物理问题，但是几十年过去了，到了拉格朗日、拉普拉斯他们这一代人手里，微积分已经变成了天下之利器，物理学的数学根基。拿破仑一时间来了兴致，就把老师拉普拉斯给请进了执政官邸杜伊勒里宫。

拿破仑跟拉普拉斯聊天，说这本天体力学，他已经看过了。这部书里面非常详细地描述了天体运行的规律以及计算方法。内容也很丰富，有理论力学原理、天体力学的基本问题、吸引理论和均匀流体自转时的平衡形状、海潮和大气潮理论、岁差和章动、月球天平动以及土星环运动。但是，拿破仑觉得拉普拉斯有一个问题没有描述：到底是谁使宇宙如此运行呢？拉普拉斯说："我知道你指的是谁，你指的是上帝吧？"拿破仑说："你这部书里面，没有体现出上帝的作用啊！"拉普拉斯说了一句离经叛道的话："我不需要上帝这个假设。"其实，拿破仑也就此询问过同时代的大科学家拉格朗日，拉格朗日的回答要圆滑得多，他说："上帝这个假设真的很不错哟，可以解释许多问题……"

拉普拉斯几年前写了一本篇幅比较小的书，叫《宇宙体系论》，里面提出了太阳系起源的"星云假说"。在这个假说中，拉普拉斯用数学和牛顿力学的方法描述了星云最后是如何形成太阳系以及行星系统的。整个过程并不需要所谓的"第一推动"，因此也就没有上帝什么事了。在拉普拉斯看来，不能观测到的东西，最多只能当成"假设"来对待，对于数学上计算出来的某种可能性，讨论讨论倒是非常有必要，牛顿的运动定律毕竟不会阻止稀奇古怪的玩意存在。在这本书里，拉普拉斯就描述了一个非常奇怪的天体，也引起了拿破仑的兴趣。

拿破仑问拉普拉斯："真的存在那种神奇的天体，我们完全看不见吗？"拉普拉斯回答："这是有可能的，我称它为'暗星'。一个密度很大的恒星，由于其引力的作用，将不允许任何光线离开它，宇宙中最大的发光天体却不会被我们看见。您对大炮非常熟悉，您知道炮弹速度不够快的话，最终还是会掉回地面。一颗很大的恒星，表面的引力也会变得非常大。光速再快也终究是有限的，当某颗恒星的引力强大到逃逸速度超过了光的速度，那么连光也逃不出来。牛顿在《光学》一书中描述到：光是一串的微粒组成的，就像一颗颗微型炮弹，速度不够快的话，那是逃不出万有引力的牢笼的。”

拿破仑来了兴致，他又问：“光速究竟是多少呢？笛卡尔认为光是不需要传播时间的，可是伽利略却认为是需要的，但是伽利略也没能测出光的速度。”拉普拉斯回答：“根据布雷德利的光行差观测，大约是30万千米。”拿破仑又问：“那么我们能够观测到暗星吗？”拉普拉斯当然一时间也给不出一个令人满意的答案，谁知道呢？这不过是一个数学上的假说而已。科学家不是先知，科学家只是有一份证据说一份话。拿假说当真理，还不许别人质疑，那号人是神棍。

接下来的几年，拿破仑忙于对外作战，大军所向披靡，手下人也连铲带划拉地把各种珍贵的艺术品和科学标本带回了法国，收藏到了杜伊勒里宫北面二百五十米开外的卢浮宫，就连古生物化石，他也不惜派兵抢回来。后来拿破仑又忙着加冕称帝，自然是无暇顾及天体力学这方面的兴趣爱好，但拉普拉斯照旧会把新出版的《天体力学》呈献给法兰西帝国的皇帝陛下，包括前几卷的修订版，也包括最新写完的新章节。拿破仑要是有兴趣翻阅的话，他会发现，在新版本里面，拉普拉斯有关暗星的描述不见了！消失了！被删得干干净净……

究竟发生了什么，让拉普拉斯悄无声息地删掉了对“暗星”的描述呢？一位眼科大夫的奇妙实验弄得半个欧洲物理学界三观尽毁……

第1章　见证奇迹的时刻

1801年，一间封闭的乌漆墨黑的屋子里，一个人趴在屏幕前仔细地观察着微弱的光斑。当他终于看清了屏幕上那些奇怪的条纹以后，终于长出了一口气："牛顿牛老爵爷，你错了！"

牛顿在英国已经是大名鼎鼎的科学家，无数年轻的后辈都是看着他的那本《自然哲学之数学原理》踏上科学征程的，这个年轻人也不例外，他的名字叫托马斯·杨。1773年6月13日，托马斯·杨出生于英国萨默塞特郡米尔弗顿一个富裕的贵格会教徒家庭，家里共有十个兄弟姐妹，他是最大的孩子。托马斯·杨从小受到良好教育，自幼天资聪颖，是个不折不扣的神童。两岁的时候，已经开始阅读书籍。四岁能背诵大量古诗词，无论是英文的还是拉丁文的。九岁开始自己动手搞小制作，后来学会了搞望远镜、显微镜，动手能力开始显现出来。十四岁就已经熟练地使用多种外语，希腊语、意大利语、法语那是不在话下，读书做笔记，随便用。西方国家的语言不够他学的，又开始学习东方语言，希伯来语、波斯语、阿拉伯语人家也全拿下来了。那时候欧洲人眼里的东方，也就到中东附近，再远就是印度了。

十九岁的时候，托马斯·杨来到伦敦学习医学。他先是对眼科特别感兴趣，后来又喜欢上了光学。牛顿的书，他烂熟于胸，牛顿的《光学》，那是非常熟悉的。托马斯-杨对当时科学界流行的两种光学学说都很了解，首先是微粒说，牛顿是微粒说的支持者，他们认为光是发射出来的粒子流，一个个小炮弹被光源打出来。微粒说很容易解释一些现象，比如光沿直线传播，比如反射，但是另外一派就不是这么认为的，他们明确地认为光应该是一种波。他们发现，两束光交叉后，彼此之间毫无影响，按照牛顿支持的微粒说，这是不可能的。两挺机枪对着打，总会有些子弹在空中相撞，然后掉下来，可是这种现象在光这里没人看到过。两束光对着照射，过不久，地下积累起一小堆光子，这不是天方夜谭吗？波动学说这一派的代表人物是惠更斯，惠更斯发现，两个水波纹会彼此穿过，穿过以后互相不影响，那么假如光是一种波，这事儿就好解释啊！但是波动说也有麻烦：光的波长是多少呢？没人知道光的波长是多少，波长公式是 $\lambda = vt$， λ 是波长，v 是波速，t 是周期。可是这几个值你一个都不知道，根本没法测量。在此后的200年里，光学停滞不前，后辈们也一直也没能超越牛顿的《光学》。牛顿在力学方面的巨大成功使得人们都愿意相信，牛顿的光学也是正确的，一直到拿破仑时代也还是这么认为，毕竟微粒说算是比较主流的一种说法。

托马斯·杨到了医学院就读，现在可以称他为“杨大夫”了。他叔叔也是一位医生，可以说正是因为这位叔叔的影响，杨大夫才最终确定学习医学。不久后他的叔叔去世，给杨大夫留下了丰厚的遗产，不但有房子，还有大量的藏书，还有不少艺术品，还有一万英镑的现款，从此，杨大夫过上了衣食无忧的幸福生活。1794年，杨大夫二十一岁，由于研究了眼睛的调节机理，他成为皇家学会会员。1795年，他到德国哥廷根大学学习医学，一年后拿到了博士学位。后来他回了英国继续学习，在剑桥，同学们都叫他“奇人杨”，因为他哪国语言都懂，马骑得非常好，而且还会杂技走钢丝，算是科学家里走钢丝最棒的一位。各种乐器，他抬手就来，演奏水平相当高，这也为他后来研究波动学说打下基础。乐器嘛，本来就是各种振动各种波嘛！

尽管杨大夫是个医生，但他还是非常喜欢物理学，自己闲暇时间也非常多，毕竟衣食无忧，不用朝九晚五地出门上下班。他一直在思考如何去验证光到底是波还是粒子，到了1801年，他总算想出个办法来：先要有个光源，这好办，然后要弄个板子扎个小眼儿，再找来另一个板子离得非常近的距离扎两个小眼儿。这样的话，一束光就被劈成了两束，这两束光来自同一个光源。因为来自同一光源，所以按照光的波动理论，这两束光应该会发生干涉现象，他期待能看到光产生的干涉条纹。最终，他如愿以偿地看到了条纹，终于可以对着苍天高喊一声“牛爵爷，你错了！”光不是微粒，而是一种波，跟我们说话产生的声音是一样的波。

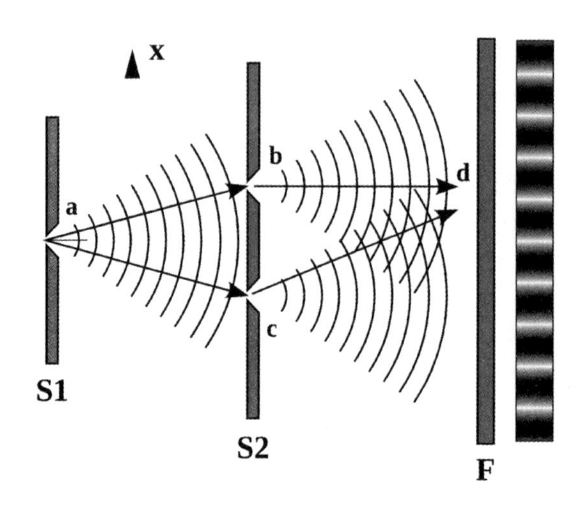

图1－1　双缝干涉示意

后来，杨大夫又以狭缝代替小孔，进行了双缝实验（图1－1），得到了更明亮的干涉条纹，双缝干涉可比小孔要亮多了，比较容易观测。杨大夫把自己的试验成果写成论文发表，但是根本没人甩他的理论，最后他自己写了一本书来阐述自己的波动理论，还是无人问津，据说只卖出了一本。在这本书里他写道："尽管我仰慕牛顿的大名，但是我并不因此而认为他是万无一失的，我遗憾地看到，他也会弄错，而他的权威有时甚至可能阻碍科学的进步。"但是，杨大夫凭借一己之力还是很难撼动祖师爷的权威，至于他那本书到底是谁买去了，现在也搞不太清楚。但是杨大夫的这个发现，对于拉普拉斯来说，不是没有影响的。拉普拉斯恐怕是了解到了杨大夫的试验，按照杨大夫的波动理论，光并非微粒，而是一种波，那么自己关于暗星的设想就完全是不靠谱儿的。虽然拉普拉斯并不见得认同这种波动说，但是为保险起见，没把握的东西，还是不要往《天体力学》这部书上写了。因此，拉普拉斯悄无声息地删掉了有关暗星的内容，光线与引力的第一次碰撞就这样黯然落幕。当然日后它们的命运会紧紧地纠缠在一起，远溯到混沌初开之时，这是后话暂且不表。但是光学专家与天文学家刚巧就是同一拨人，他们的纠葛才刚刚开了个头，好戏还在后面呢。

拉普拉斯的《天体力学》仍然在一版一版地出，后续的几卷不断面世，期间拿破仑邀请他入阁担任内政大臣，八个月就被踢出来了。拉普拉斯还是适合当一个科学家，政治这玩意儿他玩儿不转。拿破仑总是讥笑他把"无穷小"带进了内阁，不过还是封拉普拉斯为伯爵。后来拿破仑走背运，打了败仗被迫退位，拉普拉斯倒还是稳稳当当地继续当他的伯爵，到了路易十八复辟回来当国王，反而封了拉普拉斯侯爵。那年头随风倒的人多了去了，拿破仑手下一大帮子人都是跳槽的高手，拉普拉斯最大的护身符，就是他的科学成就。不管是拿破仑也好，路易十八也罢，都知道科学家的珍贵。大革命以后产生的督政府可就转不过这个脑子了，他们把非常优秀的化学家拉瓦锡砍了头。拉格朗日四处奔走，想免拉瓦锡一死，可惜没能成功。拉格朗日一跺脚仰天长叹，他们一下子就砍掉了拉瓦锡的头，可是这样的头不知道多少年才会长出一个。

就在拉普拉斯和拉格朗日的这个时代，天体力学逐渐成熟。特别是提出了摄动理论之后，天文学家们发现，其实天体的轨道并不是像开普勒说的那样是个简单的椭圆。因为行星们离太阳非常遥远，而且行星之间的距离也不近，把太阳和行星彼此看作是一个质点来计算并无大碍，中学的物理课上经常就是这么算的。但是！行星之间其实是互相有引力关系的，随着一年又一年的观测，微小的误差越积累越大，同时观测精度越来越高，到了拉普拉斯他们那个时代，已经不能不考虑这些行星之间的相互影响了，特别是行星里面的老大——木星的影响。拉普拉斯的一个贡献就是告诉大家，这种复杂的情况是可以计算的，虽然显得非常麻烦。行星在空间中走的是一条近似于椭圆的非常复杂的曲线，怎么算？那要用到行星的摄动理论。当时天文学家们最发愁的就是天王星的出轨问题。

自打赫歇尔发现了天王星以后，在天文学界引起了轰动。过去人们总认为行星不过就是金木水火土这五颗，后来随着哥白尼日心说深入人心，大家发现地球并不特殊，地球也是一颗行星，加起来不过六个。赫歇尔发现了第七颗行星，当然是刷新了大家的认知啊！人们从此知道，太阳系远不像过去认为的那样简单，于是赶紧去翻找故纸堆，看看前辈天文学家的观测记录里面有没有天王星的痕迹，一翻不要紧，就发现过去的人早就记录了天王星的位置，毕竟天王星最亮的时候有六等，在没有光污染的郊外，肉眼勉强可见。人家天王星很给面子，还是比较亮的。好多古代的观测记录都有这颗天体，然而，由于各种缘故，无人发现天王星是一颗行星，居然会移动位置，结果纷纷与这颗行星失之交臂。大家翻找出不少的古代记录，跟现在的观测数据合并到一起来计算天王星的轨道，但是却悲惨地发现，天王星都不按照天文学家们计算的轨迹去运行，人家溜溜达达地就出轨了。那好吧，是不是没考虑到木星的影响呢？这可是摄动理论大显身手的好机会啊！使用了摄动理论进行计算，果然算出来的轨道服帖了很多，基本跟天文观测对上茬了，大家可松了一口气啊！

好日子总是不长久，天王星消停了几年之后，又开始出轨了。后来天文学家一谈论到天王星的轨道问题，普遍脑仁疼。而且大家发现，带上古代天文学家的观测记录吧，算出来的就不准，不带上吧，好歹能消停一阵子。难道是古代天文学家测错了？不会吧！翻翻他们别的观测记录，好像精度都很高的样子，那么多颗星，都测对了，唯独天王星测错了，这也太巧了！而且那么多人的记录，难道大家齐刷刷地都把天王星这一颗星测错了？这种可能性极小极小。

那是怎么回事儿呢？大家百思不得其解，既然解决不了，欧洲天文学界便不得不做起了鸵鸟，脑袋扎到沙堆里，就当没看见。天王星轨道的事儿就先往后放吧，天王星轨道异常，反正也不耽误地球的运行，也不耽误人类社会的运转。可是有些事儿是耽误不起的，比如各大天文台的重要工作之一便是编制修订航海年历，格林尼治天文台和巴黎天文台都有这方面的任务。往前追溯，格林尼治天文台和巴黎天文台建立的动因之一，就是经度测量问题。英国好几位最优秀的天文学家都担任过格林尼治天文台台长，比如弗拉姆斯蒂德、哈雷、布拉德利等，法国的卡西尼家族甚至祖孙三代都担任巴黎天文台台长一职。到了十九世纪，担任过巴黎天文台台长的人中有一位著名人物叫阿拉戈，他是一位物理学家，也是一位天文学家、数学家。他坚决支持杨大夫的波动学说，他的好朋友菲涅尔也提出了类似的理论。菲涅尔跟杨大夫并不认识，他过去是一位土木工程师，也是半路出家搞光学的，阿拉戈牵线介绍他们认识了。菲涅尔跟杨大夫关系很好，两个人互相谦让了一番，都说对方才是首创。从此杨大夫、菲涅尔、阿拉戈三个人胜利会师，三个人并肩作战，搅得光学界风起云涌。

光既然是波，那么光既能够表现出干涉现象，也会表现出衍射现象，菲涅尔就是首先对光的衍射现象做出精确描述的人。杨大夫也在搞衍射方面的研究，但菲尼尔开始并不知道杨大夫的工作，后来杨大夫在1817年给阿拉戈写信，说自己有点儿开窍了，过去波动光学遇到的一系列问题是因为他以为光波是纵波。纵波就跟声音一样，是疏密波（图1－2）。

假如光波不是纵波，而是像水波纹那样的横波，那么很多问题就迎刃而解了，比如光的偏振问题。

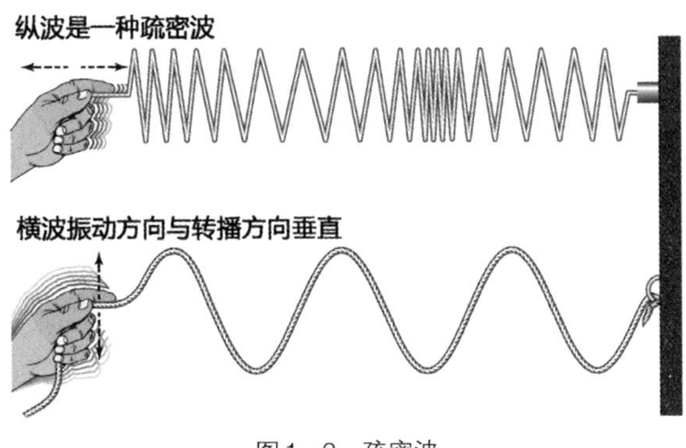

图1-2　疏密波

阿拉戈告诉了菲涅尔，杨大夫认为光波是横波。其实菲涅尔不用阿拉戈传递消息，他早就自己悟到了这一点，他已经根据光是横波的这一思想推算出了偏振光的干涉原理，反射折射都不在话下，还有非常奇怪的双折射现象也能得到解释（图1-3）。

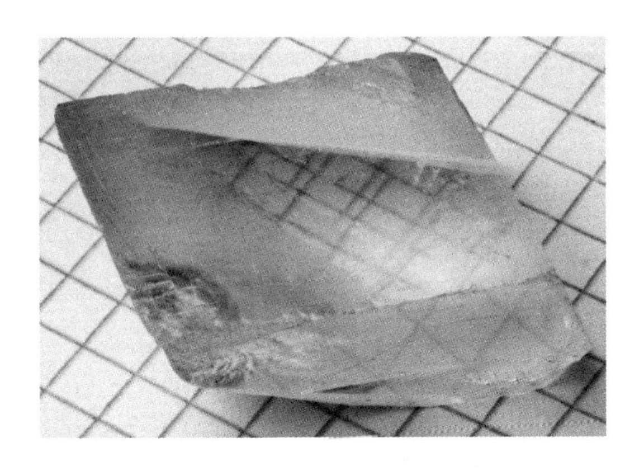

图1-3　透过双折射晶体看到的图像会出现重影，一束光分解成了两束。

菲涅尔把这一系列成就写成论文准备发表，请阿拉戈跟他一起署名，阿拉戈临阵犹豫了，虽然他支持波动光学，但是他还是感到没把握，毕竟反对波动光学的拉普拉斯和泊松这些人都是成了名的大腕儿，他这一犹豫就没签字。菲涅尔一个人署名，所以“物理光学之父”的名号就落到了菲涅尔的头上。阿拉戈虽然倾注了很多心血，而且对波动理论做了不少贡献，无奈临门一脚退缩了，荣誉也就离他而去。当然他临阵犹豫也不是仅有这一次，后来的一件大事儿恐怕他悔得肠子都青了。

1818年，法国科学院提出了征文竞赛题目：

1. 利用精确的实验测定光的衍射效应。

2. 利用数学归纳法，计算出光通过物体周围时的运动情况。

菲涅尔计算了一大堆障碍物的衍射花纹，方的、圆的、扁的……写好了报告提交给了评奖委员会。评奖委员会里面有阿拉戈，他自然是支持菲涅尔，但是他的反对者也不少，拉普拉斯、泊松、比奥都是支持牛顿的微粒说的。还有保持中立的盖吕萨克，人家两边不掺和。

毫无疑问，菲涅尔遭到了微粒说支持者的一致反对，人家本来就不认同波动说。泊松数学非常好，他拿过菲涅尔的计算结果仔细看了看，提出了一个当时看起来匪夷所思的结论：按照菲涅尔的计算，假如用单色光来照射一个圆盘，圆盘的背后应该存在一个阴影，仔细调节距离，在阴影中间会出现一个亮斑。泊松认为，这根本就是胡扯，哪有这样的事？他认为他已经驳倒了波动学说。菲涅尔和阿拉戈毫不犹豫地接受了挑战，实验是检验理论最好的手段，果然，菲涅尔上演了让科学界大跌眼镜的一幕。

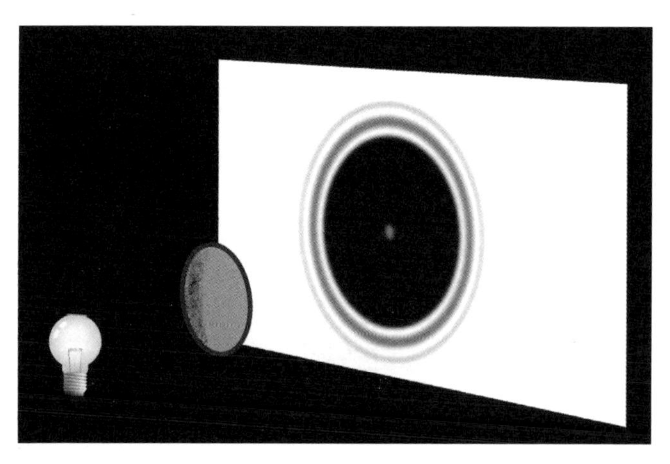

图1－4　泊松亮斑

一束单色光照在圆盘上，圆盘后面的屏幕上形成了一个阴影，仔细调节屏幕的距离，果然发现在圆盘的中间有一个亮斑。泊松的预言被证实了，信奉微粒说的科学家被"啪啪"地打脸。这个亮斑后来被称为泊松亮斑（图1－4），可以算是一次见证奇迹的时刻，这下子信奉微粒说的全哑了，波动光学得到了大家的认可，菲涅尔也被尊称为物理光学之父。

这个问题解决了，可是还有一个大问题在困扰着物理学家们。很早大家就知道，望远镜的口径越大，那么望远镜的分辨率越高。同样的放大倍数，同样的焦距，口径大的望远镜，比口径小的望远镜要看得更加清楚。背后到底是什么原因呢？1835年，英国的皇家天文学家、格林威治天文台台长艾里做出了一个解释：你以为理想的透镜或者是反射镜能够把光线汇聚到一点上吗？那是不可能的，因为衍射作用的存在，必定会产生一个小小的环斑。也就是说，哪怕再理想的镜片，也不可能聚焦到一个点上，必定是个很小的圆，这个圆越小，分辨率就越高，看得越清楚，想要缩小这个环斑，必须做大口径。我们今天的巨型望远镜口径都达到了十米的级别，三十米直径的望远镜也在建造之中，背后的原理就是这个艾里环斑。越大的望远镜，分辨率越高，而且收集的光线越多，也就越容易看到暗弱的天体。

艾里担任皇家天文学家和格林尼治天文台台长长达四十五年时间，他刚上任的时候，格林尼治天文台非常落后，远远不及德国的竞争对手，德国天文学在高斯等大牛的带领下搞得热火朝天。艾里首先要振兴天文台，改进仪器，整理过去的观测资料。在艾里这个苛刻的“暴君”驱赶下，老牌的天文台终于又一次焕发生机。

但很有意思的是，艾里不是因为他的成就被人们牢记的，而是因为他的失败而名垂青史。这一天，艾里收到了一份论文，是一个名叫亚当斯的年轻人寄来的，主要是为了解决天王星的出轨问题。这个亚当斯在剑桥天文台工作，他花了好久，想要解决天王星轨道始终算不准的问题，穷尽了各种各样的方法，最后都失败了。人家天王星就是不给人类面子，始终抱着不合作的态度。亚当斯实在是没辙了，他不得不做了一个最大胆的假设：有一颗未知的大行星，她的运行对天王星造成影响，导致天王星的轨道变得古怪。于是他就把计算结果写成论文寄给了艾里，毕竟他是权威嘛。没过多久，一封信从法国寄来，一个法国年轻人勒维耶也给艾里写了一封信，上面明确地描述了他的计算结果——应该有一颗未知的大行星在影响着天王星的运转，导致我们怎么也算不准天王星的轨道。艾里看了看计算数据，跟亚当斯两个人是殊途同归，算撞了车。按理说，两个人计算结果类似，那么应该引起警觉啊！这件事儿看来是值得召集力量进行研究的，但是艾里表现得非常迟钝，他只是小范围内跟几个朋友嘀咕未知行星的计算问题，亚当斯几次去拜见艾里都错过了。

勒维耶的顶头上司阿拉戈，是巴黎天文台的台长，他的态度并不比艾里强到哪里去。勒维耶从公开渠道发表了他的论文，欧洲都知道勒维耶计算了未知行星的轨道，但是大家都没有兴趣拿望远镜去观测一下。阿拉戈对年轻人很支持，不过也仅仅是口头支持罢了，他也没有动用巴黎天文台的设备去观测。阿拉戈甚至对天体观测都不怎么热心，因为说到底，他是物理学家成分多过天文学家。英吉利海峡两边的竞赛已经开始了，英国这边艾里还在慢腾腾地磨蹭。亚当斯完成了新一轮的计算，艾里还是没有动用格林尼治天文台的设备去观测这颗未知的行星，他写了封信给亚当斯的顶头上司，剑桥天文台的台长查理斯，叫他观测，查理斯也是拖延症发作，过了好多天才开始观测。亚当斯便将最新的计算结果交给了查里斯，这个查里斯观测了一大堆星星的位置，然后跟过去的数据做比对，假如有一颗星的位置变化了，那么必定是颗行星，要是过去没记录的星星出现在这个区域，也能说明同样的结果。查理斯开始比对数据，他比对了三十九组数据，每一组数据都跟过去的观测结果完全吻合，他就不耐烦了。查理斯哪里知道，再往下比对十几个数据，就能发现其中一颗星星过去没记录过，完全是颗新的天体。机遇只会偏爱有准备的头脑，查理斯白白葬送了发现第八颗行星的至高荣誉，大好机会拱手让到了法国人手里。

勒维耶的境遇并不比亚当斯更强，他在公开渠道发表了他的计算结果，但是大家普遍不看好他的计算，甚至有人还叮嘱负责观测的工作人员，不要花时间去找新行星，本职工作都干不完，没那个闲工夫去找那个不靠谱的行星。阿拉戈很支持勒维耶，但是他自己也仅仅是稍微花了点儿工夫观测，就草草收兵了。自然，阿拉戈也没看到什么不寻常的天体。

勒维耶到处写信求爷爷告奶奶地请求欧洲各大天文台帮忙看看，收到的都是礼貌而又客气的拒绝。不过，勒维耶想起了一年前，柏林天文台的台长助理伽勒寄给他一篇论文，他还没时间回复呢。赶紧找出来，仔细一看，论文写得不错，勒维耶便马上写回信，把论文夸得跟朵花似的，然后在回信的结尾处话锋一转，开始聊自己推算未知行星的事儿，而且做出了预报，大概会在哪个天区什么位置上。1846年9月18日，信发出去了，9月23日，这封信到了伽勒的手里。这一天是个非常有意义的日子，因为这一天是台长恩克五十五岁的生日。这位恩克台长是大名鼎鼎的天文学家，是数学王子高斯的高足，他计算出了一颗彗星的轨道，预言这颗彗星会在1822年5月24日再次回到近日点，果然它准时回来了，这是继哈雷计算著名的哈雷彗星以来，第二次成功预言彗星回归。从此恩克名声大振，并以他的名字命名了这颗彗星——“恩克彗星”。他还观测到了土星环中间的一个缝隙，也以他的名字命名，叫做“恩克缝”。

晚上，同事们都去了恩克台长家里，大家要开个生日派对给他庆祝。刚好望远镜空着没人用，伽勒就跟恩克台长请示：能不能搜索一下勒维耶预言的那个未知行星？恩克一高兴也就同意了，反正天文台的望远镜也空着呢。有个年轻的学生达雷斯特也跟着一起回了天文台，他们只有一个晚上的时间来观测。达雷斯特和伽勒仔细搜索了勒维耶描述的那个区域，并没有发现哪个星星是有个圆面的，当年赫歇尔发现天王星，就是靠着大望远镜直接看到了天王星的圆面。任何遥远的恒星都是一个微小的点，但是行星比较近，应该是个微小的圆。还有一个办法就是连续观测几天，看看是不是有移动的迹象，要是移动了，那应该就是行星。可是他们只有一个晚上时间，于是他们灵机一动，想起不久前刚刚对这个区域进行了观测，拿过去的观测记录和今天的对比一下，或许能发现端倪。

他俩从恩克台长的抽屉里把观测记录翻出来，一项项比对今天的观测记录。半个小时过去了，兴奋的时刻终于来临，当伽勒报到一颗视星等为八等，与勒维耶预言的位置相差不到1° 的暗淡天体时，达雷斯特喊了起来：“那颗星星不在星图上！”这真是见证奇迹的时刻，天文学的历史翻开了新的一页。

伽勒跑出天文台，往恩克台长家狂奔，达雷斯特在后面跟着。跑到恩克台长家里一看，派对还没结束呢，伽勒拉起恩克台长就跑。恩克被他们拽到了望远镜前，三个人一夜无眠，一直观测到东方微明，第二天他们又一次复核了这个观测结果，天体力学创造了神话。9月25日，柏林天文台向世界宣告：太阳系的第八颗星星被发现了。这不仅在天文学界，也在整个社会掀起了轩然大波，勒维耶“一个雷天下响”，成了法国的风云人物。听说勒维耶要参加法国科学院星期一的聚会，老百姓便在那天把科学院围得水泄不通。大家叫喊着勒维耶的名字，仿佛参加盛大的明星真人秀一般，最后连国王都惊动了。在十九世纪的中期，不断有新的发现刷新着人们的观念，人们一次次见证奇迹的发生。如果说泊松亮斑只是物理学界的震动，海王星的发现则是把经典力学的伟大展现在了公众的面前。人们被牛顿开创的经典力学折服，原来物理学体系是如此神奇。

在这场狂欢中，有一个人有苦难言，那就是皇家天文学家艾里。本来英国人还稍稍领先，结果到手的鸭子飞了。只有艾里和他几个朋友知道亚当斯跟勒维耶几乎同时算出了相同的结果，他写了封信给勒维耶，先是表示祝贺，然后话锋一转，说我们英国人亚当斯也算出了跟你类似的结果，只是我没告诉你。勒维耶倒是没表态，阿拉戈却火冒三丈，把勒维耶和艾里的全部通信发表在了报纸上。他指责英国人是“还乡团下山摘桃子”——抢夺胜利果实啊！英国天文学界也都知道了亚当斯的事儿，把艾里和查理斯骂得狗血喷头，他们怪这两个人拖延症发作，耽误了大事，最后还是约翰·赫谢尔出面替英法双方斡旋，大家才平息了怒气。后来勒维耶和亚当斯在一次会议上碰了面，到底还是英雄惜英雄，两个人成了终生的好朋友。

第八颗行星被命名为“海王星”，亚当斯和勒维耶甚至连看一眼自己发现的行星的兴趣都没有。因为在那个时代，观测与天体力学计算已经是两个行当，天文学家们也已经不仅仅是观测和记录星星的位置了，大量的天体力学计算是必不可少的工作。

太阳系里面还有谁运行不正常吗？是不是可以通过这些蛛丝马迹来发现新的行星呢？好像水星的运行就很不正常：水星轨道的近日点会发生移动。在勒维耶和亚当斯的先进事迹感召下，一大帮人就扑了上去，勒维耶也在其中。水星进动与牛顿定律计算的不相符合，考虑到金星、地球和木星对于水星的影响，按当时的计算，还剩下大约43角秒/百年的微小差距是无法解释的。这是怎么回事儿呢？勒维耶认为，是在水星轨道的内侧有一颗未知的行星在影响着水星的轨道，碰巧一个业余天文学家声称看到过水星内侧的行星，勒维耶就前去拜访。那人也住在巴黎，他是个牙医，天文是业余爱好。勒维耶相信了他的话，把这颗未知的行星命名为火神星。按照西方的名字，金星应该叫做“维纳斯”，火神星“伏尔甘”就是维纳斯名义上的老公。

勒维耶名气太大了，有了他的力挺，天文学界掀起了搜寻火神星的狂潮。观测靠近太阳附近的行星并不容易，很多人一辈子都没看到过水星，因为它离太阳很近，容易淹没在太阳的光辉里。只有在黎明之前很短的时间内可以看到，城市里又有高楼大厦遮挡，大家也就与水星无缘了。水星内侧的天体更难观测，只有等到日全食的时候。有一次日全食，大家都翘首期待了好久。这次观测发现了一个有趣的心理学现象：认可火神星的人，全都说发现火神星了；不认可火神星的人，全都说没看见。那好办啊，只要“隔离审查”就可以了：“你说你看到火神星了，你在哪儿看到的？”“不许跟别人串供，你是在东边看到的。”问下一个，

“你在哪儿看到的？什么？西边，口供对不上啊！”再问下一个……

总之，那些人报告了自己看到的火神星的位置，口供全都不一致，根本不能作为火神星存在的证据。那么究竟是什么在影响着水星的进动呢？当时这是个未解之谜，那个揭晓答案的人还没出生呢，我们后文书再提。

亚当斯后来接了查理斯的班，成为剑桥天文台台长，勒维耶则是接了阿拉戈的班成为巴黎天文台台长。阿拉戈从1838年开始设计一个光学实验，想测量光速，但是因为欧洲1848年革命给耽误了。他担任了临时政府的海军部长和陆军部长，后来又担任了法国第二十五任总理。1850年他眼睛失明，再也不能做试验了。1849年，斐索在陆地上做实验测量出了光速，1850年傅科测出了水中的光速，光线在水里比在空气中跑得慢，这项实验结果给了微粒说致命一击。1853年，阿拉戈去世，他的名字被刻在了法国埃菲尔铁塔之上，那里刻有法国七十二贤人的名字，拉普拉斯、泊松、菲涅尔……他们的名字都在其中。阿拉戈离开这个世界的时候，已经不再有遗憾。

第2章　以太？

光是什么？光的传播需要速度吗？解析几何之父、西方现代哲学的奠基人笛卡尔认为光是瞬间抵达的，不需要传播时间。另一位大科学家伽利略不这么认为，他让两个人在半夜分别爬上了相距1.6千米的两座山，当一个人点亮手中的灯，另一个人看到后马上也把自己的灯点亮，那么测量出两个灯亮起来的时间差，就可以把光速算出来，当然啦，需要扣除人的反应时间。但伽利略最终一无所获，光线好像的确不需要传播时间瞬间到达，伽利略最后不得不无可奈何地接受了这个结果。现在看来，几十万分之一秒的传播时间，人是根本不可能察觉得到的。

我们都知道，伽利略是一位伟大的科学家，科学能够从过去的哲学体系里面分离出来，有他很大的功劳。古希腊古罗马的先贤们总是喜欢坐在那里思辨，思辨是古代哲学家们探索了解自然界的有效武器，基督教的经院哲学也喜欢通过抽象的、繁琐的辨证方法论证基督教信仰，但是伽利略对此并不满意，他觉得很多事情并不能依靠坐在那里冥思苦想，必须动手去做实验，看看想法跟实际情况是不是相符合。伽利略亲自动手做斜面滚落实验就有上千次之多，记录下非常详细的观测数据。仅有观测数据还远远不够，还要用数学方法对规律进行总结。正是在这种思想的指导下，以伽利略为代表的一批人就逐渐远离了经院哲学体系，走上了另外一条路。伽利略的思想称为“实验-数学”方法，这条路越走越宽阔，逐渐形成了现代的科学体系。伽利略既是数学家，又是物理学家，同时还是天文学家，是科学革命的先驱，近代实验科学的奠基人之一。

伽利略听说有人造出了望远镜，能把很远的东西放大。他很有兴趣，就按照听来的描述，自己做了一个望远镜，用这架望远镜来观察天体。伽利略也就成了第一个用望远镜观测天文的人。那时他的望远镜还很粗陋，看东西还是模模糊糊的。我们现在用一架小型的望远镜就能够清晰地观测到土星的光环，但是伽利略的望远镜显然不够清晰，他居然认为土星旁边有两个“耳朵”。当然，木星比土星大得多，而且离得也更近，相对容易观测。伽利略也经常把望远镜对准木星，看到居然有四个微小的亮点在围绕着木星旋转，旋转的周期长长短短各不相同。伽利略对他们进行了详细的观察，确定了他们的轨道周期，他确定，这四颗小星星并不像过去大家认为的那样，是绕着地球在转。基督教认可的学说是托勒密的地心说，所有天体是绕着地球转的，但这四颗天体明显是木星的卫星，它们都绕着木星转。因为是伽利略首先发现的这四颗卫星，后来人们便称它们为“伽利略卫星”。（图2－1）

图2－1　木星的四颗最大卫星被称为“伽利略卫星”

凡是往复运动的东西，都可以当做钟表来使用，我们至今为止，都是使用周期运动来当做时间的标尺。机械表靠的是摆锤摆动，电子钟表依靠的也是电磁振荡来度量时间的流逝。当时欧洲正在为测量经度发愁，经度的测量跟时间的测量是密切相关的。伽利略就想解决经度问题，他提议用木星的卫星当做钟摆来计算当前的时间，木星那四个大卫星绕着木星的公转也是周期运动嘛。这个办法简单有效，的确是可以帮助人们比较精确地测定某地的经纬度。法国采用这个办法来进行地图测绘，精确程度大为提高。因为精确测量法国的领土面积比过去粗略统计的数字要小，还引起了法王路易十四的抱怨，他说丢失在科学家手里的领土，比丢失在敌人手里的还要多。

既然木星的卫星可以当做天上的钟表来计算时间，那么就有很多人投身于此，他们花了大量时间来测定木星的卫星运行状况。在伽利略去世三十多年以后，一位叫罗默的天文学家发现伽利略卫星运转好像并不是完全匀速的，木星的卫星每隔一段时间就会转到木星的后面去，我们就看不到它了，这个情况叫“木星食”。木星食每次会逐渐延迟发生，过一阵子，又会慢慢地提前发生，一天两天不显著，间隔半年就很显著了，似乎变化是有周期性的。这是怎么回事呢？罗默猜想：这是因为光速导致的，光似乎不是瞬间抵达，而需要花时间从木星跑到地球（图2-2）。

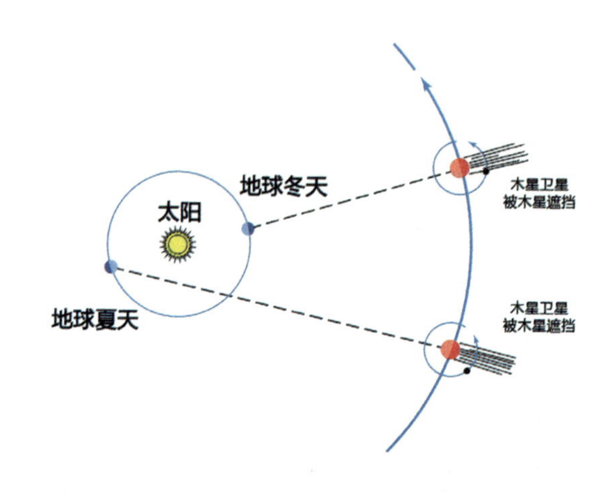

图2-2　木星食延迟是因为光速

在罗默看来，木卫运转的周期要通过光的传递，才能被我们看见。地球在绕着太阳旋转，木星在遥远的地方，粗略地可以当做不动，那么地球绕到跟木星最近的一点，光走的距离最短。随着慢慢地远离木星，光每天走的路程都会变长，木星食也就会不断地延迟。罗默估计，时间误差大约是十一分钟左右，这十一分钟就可以当做光穿越地球轨道半径，多走的那一段距离花掉的时间。那么好了，光速也就毛估出来了，十一分钟走了地球轨道的半径，二十二分钟走的就应该是地球绕日轨道的直径。

罗默把想法告诉了他的老师卡西尼，可卡西尼不认可他的想法，整个巴黎天文台赞同他观点的人也不多，大家都抱有深深的疑虑。但另外的一大堆物理学大牛都给罗默点赞，惠更斯、莱布尼兹、牛顿都赞同他的想法，这也是人类第一次知道了光速大概是怎么一个数量级别。通过天文观测是当时唯一的能够使用的测量方法，因为光速太快了，只有天文距离上才能显现出光的延迟，有了延迟，人们才可以通过测量时间和距离来计算光速，但是这样的测量很难说是精确可靠的，必须寻找更加可靠的测量方法。又过了几十年，大家依旧没有多少进展，因为观测天体不是一蹴而就的事儿，要靠长期的观测数据积累才能有所收获。而且天文学家还必须有从大数据里面挖掘金矿的慧眼，这方面最突出的就是哈雷。

哈雷是继弗拉姆斯蒂德之后的第二位皇家天文学家兼格林尼治天文台台长，第一个从过去观测的记录中瞧出了端倪。他挑了二十四颗彗星计算轨道，用万有引力来计算轨道正是他的好朋友牛爵爷发明的办法。他发现1531年、1607年和1682年出现的这三颗彗星轨道看起来如出一辙，是不是同一颗彗星的三次回归啊？哈雷没有立即下此结论，而是不厌其烦地向前搜索，发现1456年、1378年、1301年、1245年，一直到1066年，历史上都有大彗星的记录，这事儿绝对不是巧合！他预言：1682年出现的那颗彗星，将于1758年底或1759年初再次回归。哈雷这时候已经五十岁了，他还要等上五十年才能看到这颗彗星的回归。哈雷也知道自己没可能看到，但他对预测还是有信心的。果然在哈雷去世之后十几年，人们观测到了这颗大彗星的回归。为了纪念哈雷，就把这颗彗星命名为“哈雷彗星”。

哈雷去世了，皇家天文学家的位置由另外一位天文学家接替，他就是第三任皇家天文学家兼格林尼治天文台台长布拉德利。布拉德利的特长是闷头观测，他的性格不像哈雷那么随和和平易近人，脾气倒是很像哈雷的前任弗拉姆斯蒂德，甚至比弗拉姆斯蒂德还要“弗拉姆斯蒂德”。布拉德利在1725 ~ 1728年发现了光行差现象。随着观测技术的提高，对恒星位置的测量也越来越精确。而且布拉德利也是一个对数字极其敏感的人，他花了好多年时间整理了上千颗恒星的观测记录。照道理来讲，恒星之所以叫“恒星”，是因为我们观测不到他们的相对运动。星星每天东升西落，但是每颗恒星都像钉在苍穹之上一样，不管天球如何斗转星移，恒星彼此之间的相对位置是不会变化的。

且慢，布拉德利分析了许多的观测资料，他紧紧盯住了天龙座内最亮的一颗星γ（天棓四）。这个天龙座γ一直在天上画圈圈，虽然圈圈很小，但是的确可以被观察到，这是怎么回事儿呢？布拉德利给这种现象起了个名字叫做“光行差”，他用雨滴模型成功地解释了光行差现象，据说是在泰晤士河上的一条船上激发出的灵感。那天正在刮风，布拉德利发现船上旗子的飘扬方向发生了改变，可是风向并没有变。这是因为船开动了，船的行进方向和风向并不一致，旗子的飘扬方向是船的运行方向和风向共同作用的结果。布拉德利茅塞顿开，设计出了雨滴模型（图2-3）。

图2-3　雨滴模型

要解释这个雨滴模型，我们先来想象一个场景：在无风的雨天，雨滴是与地面完全垂直下落的，雨伞笔直朝上就可以挡雨了；假如我们是运动的，在往前跑，这时候在我们看来雨滴就不是垂直下落的，而是斜着下落的，必须把雨伞斜过来才能避免被淋成个落汤鸡；假如我们在大雨里绕着操场转圈跑，那么就会发现，雨水开始从偏东方向斜着飘过来，然后变成了偏南方向，再后来是偏西方向，最后是偏北方向，当我们跑回原点，又变成了偏东方向。假如以自己作为参照物来看，就好像下雨的云朵在天上转圈圈一样。当然，如果你在电影或者电视里面看到有人一边哭泣一边在雨中奔跑的话，那么恐怕不是在做科学实验，而是失恋了……

恒星发出的光就像下雨一样飞过，地球在做绕日运行，就好像穿行在光线雨里面一样。在我们看来，光线也像雨滴一样变斜了，我们看天上某些恒星的角度就会随着地球的运行方向而发生变化。地球是在绕着太阳画圈圈，那么恒星看起来也在原地画圈圈，通过恒星画圈圈的大小，可以计算出地球绕太阳运行的速度和光速的比值。布拉德利比较精确地测定了光速，光速大约是地球运转速度的一万倍，当时测定的地球的运行速度大约是30千米/秒，这已经是比较精确的数值了。光行差的发现是个很重要的事儿，因为从哥白尼开始，他就认为地球是在运动的，是绕着太阳转的，而不是反过来太阳绕着地球转，但仅有两个参照物的话，我们无法分辨到底是地球绕着太阳转，还是太阳绕着地球转，站在地球上看起来都是一样的。布拉德利的光行差发现，证明了地球真的在绕日公转。

1729年，布拉德利公开宣布了他的发现以及他的计算结果，他的发现支持了罗默的想法，且计算结果也比罗默更加接近现代测定的光速。光速真的有限，并非瞬间到达。

菲涅尔和阿拉戈建立物理光学波动学说的时候，他们绕不开的就是这个光行差的问题。牛顿提出了微粒说，那么并不在乎需要什么传播介质，可是对于波来讲，传播介质就变得非常重要了。当年惠更斯提出光波动学说的时候，就已经无法回避这个问题。对于那时候的人来讲，脑子里只有机械波的概念，声音在空气中传播，涟漪可以在水面传播，抖动的绳索也可以传递波形，甚至球场看台上的人群也可以组成人浪，多米诺骨牌的连续倒塌，都可以理解成波。这些波动无一例外是离不开介质的，皮之不存，毛将焉附?

那么光波又是依靠什么东西振动来传播的呢？惠更斯说是“以太”。这个“以太”是从古代传下来的一种概念：古人认为大气之上定然还有成分，那便是以太。牛顿信奉微粒说，他不否认以太的概念，但是他也不认为以太的波动就是光，况且当时的波动学说也难以解释直线传播等等一系列的问题。现在杨大夫、菲涅尔和阿拉戈他们几个又把以太给搬了出来，光波是在“以太”中传播的。

那么问题来了，布拉德利发现的光行差现象说明：地球相对于远方射来的恒星是有相对运动的；如果远方过来的星光是光波，波是不能独立存在的，必定有传播介质，光波靠以太来传播。那么好了，地球是不是相对于以太运动呢？阿拉戈就此事询问了菲涅尔，菲涅尔拍胸脯保证：“没错！就是这样的，地球是在以太里面穿行啊。”阿拉戈又问：“为啥地球在以太里面穿行，一点也没感觉到以太的存在呢？起码应该有‘以太风’才对嘛！地球能否能搅动以太呢？”菲涅尔若有所思，或许对于以太来讲，地球是疏松多孔的物质构成的，因此以太穿越一点不受阻碍呢？稀疏的筛子总不能拿来扇风吧。阿拉戈又问：“那么水能不能带动以太呢？很有可能光波进了水以后，速度会变慢啊，那么是不是水跟以太有相互作用呢？”菲涅尔说：“这是很有可能的啊！”水流也许并不能完全拖动以太，是要打个折扣的。阿拉戈早年接受的是牛顿的微粒说，后来看到杨大夫的双缝干涉实验开始倾向于波动说。但是他对波动说解释光行差有疑虑，所以他有此一问，现在菲涅尔的回答让他很放心。

阿拉戈没能观测到这种水流拖拽以太的现象，因为那时候没法在地面测量光速。现在的关键是在实验室里面能够测量出光速，才有可能研究所谓“以太”的问题。从布拉德利粗测光速算起，一百年来仍然没人在实验室里测出光速。伽利略当年的梦想就是靠实验来确定光速，但是光速快得吓人，能在一秒内绕行地球赤道七圈半，实验室的仪器尺寸又不可能很大，因此测量手段始终是个难题。要知道光速直接关系到微粒说与波动说谁对谁错，这是个大问题。牛顿认为，光在水中或者在玻璃里面比在空气中跑得快，因为稠密的透明物质对于微粒来讲是有“引力”的。牛顿的这个引力，也未必是指万有引力。在牛顿看来，光是一颗颗的小炮弹，因为速度太快了，我们看不到重力导致的光线弯曲，看起来光总是走直线，但是，当光斜着碰到玻璃或者水的一刹那，被这些透明物质的“引力”拖拽，速度变快了，因此进了玻璃就拐了个弯儿，这就是所谓的折射。可是根据光的波动理论，光波在玻璃或者是水里比在空气中跑得慢，因此阿拉戈到晚年还对光速的测量念念不忘，双目失明之后仍然牵挂着斐索的实验。牛顿的光学理论完全是以介质之中光速变快为基础的，如果推翻了这一条，那牛顿的理论将全部崩溃。

到了1849年，一位法国科学家斐索完成了在地面上测量光速的实验，这是一个非常巧妙的实验（图2－4）。

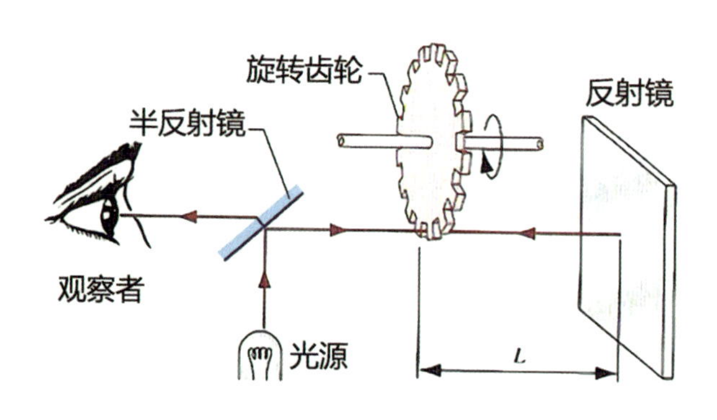

图2－4　斐索测量光速的实验

首先斐索做了一个大齿轮，有七百二十个齿，那时候没有电机，斐索为了让这个齿轮能够匀速旋转，靠重物下坠拖拽绳子来带动齿轮旋转，用蜡烛作为光源，反射镜放到了8.67千米之外。

齿轮如果不转动，那么光线经过半反射镜反射，通过齿轮的空隙射到8.67千米外的反射镜上，然后反射回来。透过齿轮和半反射镜，人的眼睛就可以看到了。假如齿轮转动起来，速度够快的话，反射回来的光恰好被转过来的齿挡住，人眼就看不到反射回来的光了。齿轮再加速，反射回来的光恰好从第二个空隙间通过，那么人眼又可以看到反射光了。斐索发现，齿轮一秒钟转二十五圈的时候，恰好可以看到反射光通过齿的空隙。计算下来，光速大约是312120千米/秒，比现在我们知道的光速快了5%，这在当时是难免的，因为机械总有误差。人类第一次在地面上用实验测出了光速，这在物理学上是一个里程碑式的事件。光可以说是物理学中最迷人最捉摸不定的奇异现象，它的奇异特性直接导致了两大物理学支柱量子力学和相对论的诞生。最终，人们习以为常的那些物理学规律都被一一打破，这是后话，暂且按下不表。

光在水里的确比在空气中跑得慢，牛顿的微粒说已经崩塌了，这是法国另外一位科学家傅科测定出来的。那么阿拉戈当年的另一个疑问却始终没有答案：假如光线通过流动的水流，那么光速会变化吗？这个疑问关系到当时所有物理学家都关心的问题：以太到底能不能被拖动呢？按照经典的牛顿力学，水流拖动了以太，光又是在以太里面传播的一种波，那么顺流而下的光波应该比较快，逆流而上的光波应该比较慢，这是学过中学物理的人都应该想得到的。菲涅尔以前曾经做过一个判断：透明的物质只会部分拖拽以太。那到底对不对呢？这还要靠实验来解决问题。

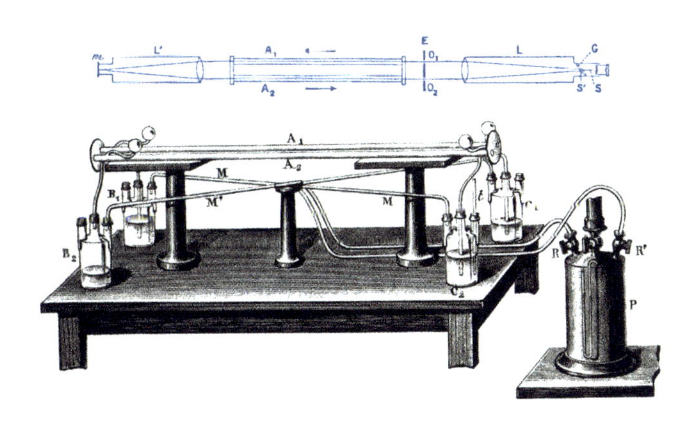

图2-5　斐索流水试验

斐索做了著名的流水实验（图 2 − 5），来回答阿拉戈的那个疑问。斐索很巧妙，他用两束光一正一反穿过水管，在屏幕上形成干涉条纹。当水流动起来，一正一反两束光会产生差异，因此条纹必定会发生移动。实验结果支持了菲涅尔的假设，观测数据也与根据菲涅尔公式计算出来的数值相符合，大家都松了一口气，看来菲涅尔有关以太的想法是合理的。关于以太的争论仍然在继续，毕竟没有直接观测到以太的存在，只是通过光的传播来反推以太的种种特性，不是一个让人放心的办法。光究竟是个什么玩意？真叫人捉摸不透。当时人们并不知道，解开光线之谜的人最终将与牛顿比肩而立。

那么，他是谁?

第3章　一代宗师

1753年8月6日，一个风雨大作的日子，俄国科学院的院士利奇曼正匆匆忙忙赶回家中。利奇曼听到隆隆的雷声就加快了脚步，他在家里已经竖立起来一套实验装置，就是要把雷电引下来，想看看这“老天爷的愤怒”到底是个什么玩意儿。好朋友罗蒙诺索夫也赶来了，他俩听说美国的富兰克林也在研究雷电：雷雨天放飞一个大风筝，就能把天上的闪电引到地上。

紧赶慢赶地回到家中，利奇曼和好朋友罗蒙诺索夫一起开始实验。罗蒙诺索夫爬上房顶观察闪电，高高的铁架子竖立了起来，假如一个雷打下来，电将沿着金属走到楼下的房间中，利奇曼在下面准备用“莱顿瓶”存储闪电的电荷。只见天空中一道闪电划过，随后响起隆隆的雷声，忽听楼下一声惨叫，罗蒙诺索夫赶快跳下去查看，只见利奇曼倒在地上，前额有个大红点，鞋子已经裂开，衣服也有部分烧焦，人已经气绝身亡，另外一人倒在一边，好歹保住了一条命。门框破损，房门铰链已经被拉坏，门板飞了出去，整个屋子狼藉一片。最后根据验尸报告以及在场人员的描述，证实利奇曼是被一个球状闪电击倒的，他为雷电研究献出了自己的生命，也成了世界上第一个有记载的死于雷电事故的人。

罗蒙诺索夫并没有被伙伴的死吓倒，他继续研究大自然的奥秘。当时欧洲有一批科学家也在探索着雷电的奥秘，方法都差不太多，多半是雷雨天放风筝，要么就是立个高高的杆子。有传言说富兰克林也曾被电得全身发麻，这显然不是碰上了真正的闪电，只是感应出了少量电荷，否则的话，富兰克林恐怕早就烧成灰了。不过后来的科学家们都做了安全防范，再也没人有胆子直接亲密接触雷电。因此确定因为研究雷电而被雷劈死的，只有利奇曼一个人。富兰克林的一大贡献就是发明了避雷针，从此雷电造成的火灾大大减少。不过，英王乔治三世恨死这个后来造了反的美国人，避雷针一律从富兰克林的尖头版本改成了乔治三世的圆头版本。

通过利奇曼和罗蒙诺索夫以及富兰克林的努力，后来研究雷电的科学家们逐渐认识到：天上的雷电，与将琥珀用丝绸摩擦时候产生的电没什么区别，根本就是一码事。富兰克林对电现象做了总结：电荷有正有负，电荷只能转移不能产生，电荷总量是守恒的。此时人类终于对电有了一些基本的认识。

1785年，库伦发表了他的实验结果，那就是电荷之间同性相斥，异性相吸。电荷之间有作用力，作用力是呈现出平方反比规律的，这与牛老爵爷的万有引力颇为相似。

1800年，伏打发明了化学电池，人们终于获得了稳定的持续的电流。电作为一种物理现象，终于可以方便地展开研究了。

1821年，丹麦的物理学家奥斯特给学生做了一个实验，这个简单的物理学实验足以让他名垂物理学史。当他给一根电线通电的时候，旁边指南针的小磁针发生了偏转，原来电流是可以产生磁性的，过去看似风马牛不相及的电与磁背后却有着内在的联系。

对于这种奇异的现象，奥斯特没有给出任何令人满意的解释，他也没有试着用数学的架构来表达这一现象。经过几个月的仔细检验，来回做了几十次实验以后，他正式发表了一篇论文讲述他的实验结果。欧洲的物理学界震惊了，一大群嗅觉灵敏的科学家们立马扑向了这个领域。法国人下手尤其迅速，先是必欧和沙伐搞出了个“必欧-沙伐定律”，后来安培又搞出了一个“安培定律”。他们给出了数学上的计算，到底一根通电的导线，会产生什么样的磁性?

偏偏有人与他们走的不是同一个路数，此人便是伟大的法拉第。法拉第的经历可以说是英国版的成功励志故事，他自幼家境贫寒，父亲是个铁匠，没什么文化，但是他知道再穷也不能穷教育，因此坚持让法拉第上完了小学。后来实在负担不起学费，就把他送进一家书店当跑腿的快递员。那时候很多书籍和报纸都是租回家阅读，看完了是要还的，书报杂志的收发全靠法拉第跑来跑去。法拉第后来当了书店学徒，不用到处跑了，这也让他有了大把时间蹲在书店里看书。他的青少年时光一点也没有浪费，书店里的书不看白不看，于是，他看了大量的科学读物，尤其喜欢电学与化学。有人看他勤奋好学，就给了他一张科学讲座的入场券，开设讲座的是当时大名鼎鼎的科学家戴维爵士。这个戴维十分了得，一个人就神勇无比地发现了七种化学元素，还搞出了安全矿灯等等一大堆发明。法拉第也很勤奋，他把自己的讲座笔记加上很多旁征博引的材料交给了戴维，戴维一看，吃了一惊，原来这个不起眼的年轻人如此有水平。后来戴维做三氯化氮实验时受了伤，需要一位秘书来帮忙，于是就挑中了法拉第。

这时候的法拉第还在书店里打杂，新老板对他一点儿也不好，于是法拉第乐着蹦着就跳了槽，另谋高就了，他成了戴维的化学助理。戴维有着爵士的身份，然而法拉第出身卑微，戴维到欧洲大陆讲学，法拉第也只是个跟班的地位。其实他并不是戴维家的仆人，可人家丝毫也没拿他当个正经八百的科学研究人员，这让法拉第十分沮丧。法拉第为人谦和宽厚，品格脾气都是很优秀的，他要受不了的话，估计也没几个人能受得了戴维一家特别是戴维夫人的呼来喝去。当然啦，我国某些大学研究机构里，研究生给导师打个开水泡个茶，也是很常见的现象了。

奥斯特电磁实验的消息传遍欧洲，大家都扑上去研究。法国人玩儿命研究数学计算，英国这边戴维和渥拉斯顿就开始研究能不能利用这种现象制造电动机，用电流让一台机器转起来，这个可是代替那种笨重无比的蒸汽机的好东西啊！渥拉斯顿本来想到一个好办法，兴冲冲地跑到戴维面前演示，但是现场玩砸了，线圈就是纹丝不动。后来戴维和渥拉斯顿折腾了好久，也没能让这玩意儿转起来。

法拉第看在眼里记在心里，他花了三个月的时间查资料做实验。先是找了个容器，里面泡上水银，垂直放置一个条形磁铁，粘在缸底，一根铜丝插进一个软木塞，然后漂浮在水银里。铜丝与水银接触，水银连接到电池的一个极，软木塞上的铜丝通过很细很软的电线连接到了电池的另外一个极，这样电路就通了。软木塞开始围着中间的磁铁绕圈转，世界上第一个电动机便诞生了，这种原理制造的电机后来有一个名字叫做“单极电机”（图3－1）。

当时戴维和渥拉斯顿都不在家，有人撺掇鼓励法拉第单独发表这个成果，万一法国人也在做类似的研究，那可麻烦了，如果落在他们后面，荣誉就没了，赶快发表吧！于是法拉第就发表了论文，随后就和新婚三个月的妻子开始了度假。哪知道度假回来，迎接他的不是鲜花与掌声，而是非议与白眼。坊间流言四起，说他“剽窃渥拉斯顿的研究成果”，他浑身是嘴也说不清楚。

图3－1　现代人仿制的法拉第单极电机

好在渥拉斯顿了解情况之后知道他的设计远远超过了自己当年的简单构想，他立刻向法拉第表示祝贺，但是戴维却什么也没说。后来大家都怀疑，那些流言蜚语就是戴维放出来的，为什么戴维跟自己的学生过不去呢？嫉妒。戴维隐隐约约地觉得，法拉第已经超过自己这个老师了。

此时的法拉第已经是法国科学院的通讯院士，然而，他在英国皇家学会还只不过是个年薪一百英镑的实验助理。明明是法拉第发现了气体液化的方法，功劳却要算到老师戴维的头上。法拉第的朋友也为他鸣不平，他们联络了二十九位皇家学会会员，提名法拉第为皇家学会的候选人。戴维第一个跳出来反对，渥拉斯顿倒是第一个签字支持法拉第。最后投票的时候，法拉第几乎全票通过，唯一的反对票就是皇家学会主席——他的老师戴维，理由是法拉第太年轻了，而且没有受过高等教育。然而他忘了，他自己二十四岁当选皇家学会会员时，也有着与法拉第相似的成长历程，是个没有受过高等教育的贫苦年轻人。

1829年，戴维和渥拉斯顿都去世了。人之将死其言也善，有人询问病榻上的戴维，一生最大的发现是什么？戴维意味深长地说：“是法拉第。”可惜法拉第已经是年近不惑的人了，大把的光阴就在戴维的压制下白白流逝，戴维的嫉妒也害人不浅。

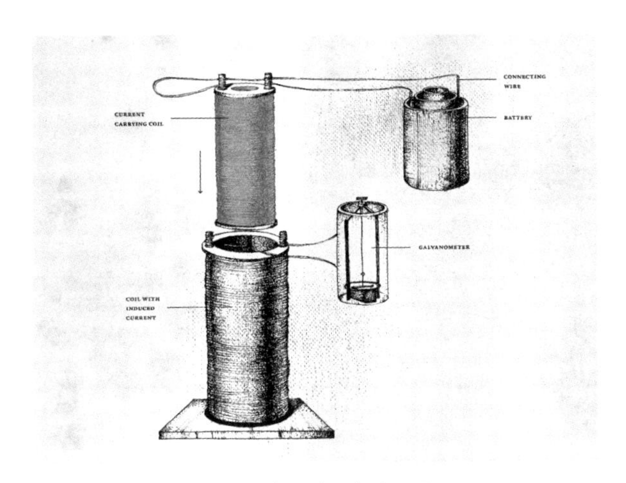

图3－2　电磁感应实验原理图

戴维去世以后，法拉第总算可以研究自己喜欢的领域了。这些年来一个念头一直萦绕在他心头：既然奥斯特发现用电可以生磁，那为什么不能用磁来生电呢？1831年，他的研究有了初步成果。那时候大家想得都很简单，既然电流附近有磁性，反过来，磁性物质周围是不是有电呢？他就绕了个大线圈，包裹着磁铁，线圈里面根本测量不到电流。后来又换成了两个线圈，相互套在一起，一个线圈通电，看看另外一个有没有电流（图3－2）。法拉第发现，只有在线圈通电或者断开的一瞬间，另外一个线圈才会有电流通过，而且非常短促，瞬间就消失了。这种不寻常的信号引起法拉第的联想：难道“变化”才是问题的关键？之后法拉第又测试了两个线圈发生相对运动的情况，实验结果证实了他的猜想：只有变化的磁场才能感应出电流，恒定的磁场根本不行。于是他提出了电磁感应定律，在这个定律的基础之上，发明了圆盘发电机。人类的发展史就此转折，伟大的电气时代出现了一抹曙光。

要说法拉第是个动手能力超强的科学家，这当然不错，但是法拉第的伟大不止于此，他脑子里深邃的思想一点儿也不比他的动手能力逊色。电化学里面的一系列术语都是他发明的，比如阴极、阳极、离子等等。他还精确地总结出了电解定律，这是整个电化学的基础。但这些都不是法拉第最重要的思想，他思想中最重要的精髓叫做“场”。

众所周知，经典力学的祖师爷是牛爵爷。牛顿在描述万有引力的时候认为引力是瞬间抵达，不需要传播时间的，这在物理上称作“超距”作用。同样，安培等人也认为，超距作用不需要介质，电和磁也是超距作用，不需要传播时间。但是法拉第跟他们想的不一样：在磁铁周围撒上铁粉，轻轻地振动一下，铁粉就会显示出一圈圈的纹路。这是怎么回事儿呢？这些线条又代表什么？法拉第管这些线条叫做“磁力线”（图 3－3），那么是不是也存在电力线呢？完全有可能，电磁不分家嘛。假如电和磁都是需要传播介质的，那么传播介质都会像铁粉一样有序排列吗？需要什么作为传播介质呢？法拉第现在还没法回答，他还注意到一个后来被称为“法拉第效应”的奇怪现象，那就是在磁场里，光的偏振方向会发生变化。电和磁已经搅成一锅粥了，怎么这个光又掺和进来了？光难道与电和磁有关系？这也听到他这些理论的人都如坠五里云雾一般，人们从来没有怀疑过牛顿描述的超距作用，现在法拉第说的什么磁力线电力线的，大家纷纷摇头，他到底要干什么？

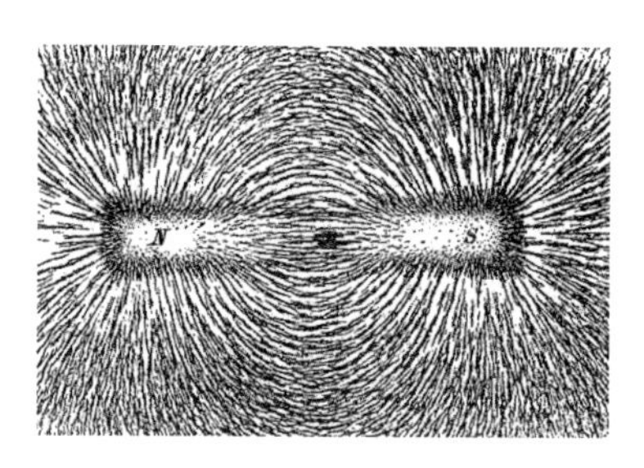

图3－3　铁粉呈现的磁力线

法拉第的思想超越了时代，不被理解也是正常的。1851 年，法拉第写了一篇文章——《关于磁力的物理线》，里面讲的就是磁力线与电力线的问题，他深信这些力线是存在的。电磁感应是怎么回事儿呢？其实就是导体在做切割磁力线的运动。后来，法拉第的思想进一步发展，他认为磁力线并不是磁铁在发射某种东西，而是空间本身固有的特性，物质可以改变磁力线的分布状况，磁力线是可以传递力的。法拉第慢慢地形成了一个新的理论——“场”，这也是他与电和磁打交道几十年总结出来的思想。

法拉第渐渐老去，国家要赐予他爵士头衔，他拒绝了，邀请他当皇家学会主席，他也拒绝了。法拉第一生淡泊名利，这与他老师戴维形成了鲜明对比。他是皇家科学研究所的富勒化学教授，这也是一个很重要的教职。皇家科学研究所每个礼拜都有对公众开放的科学讲座，法拉第经常光顾。后来有个年轻人常常在讲座现场碰见他，这一天，这个年轻人兴冲冲跑来，手里拿着一沓稿子，他兴奋地告诉法拉第，根据法拉第的思想，他写了一篇论文，名字叫做《论法拉第的力线》。法拉第打开看了看，一脸茫然，他问道："小伙子，你怎么全搞成数学了？"

年轻人难免有些失望，数学不就是对物理学思想的总结与升华吗？法拉第的力线思想很重要，假如把不可压缩流体里面常用的"流线"概念与"力线"做个对比，就会发现这两者相似点很多，电场强度就好比是流体的流速，用一种充满空间的矢量来描述电磁场……

这个年轻人可能不会想到，英国著名的物理学家、化学家，号称电学之父的法拉第，居然看不懂他写的东西。这恐怕也是法拉第一生的遗憾，他没有接受过完整系统的高等教育，对于满纸的微积分符号，就像看天书一般。有人说，中学水平的代数，法拉第马马虎虎能过关，三角函数恐怕都不熟练，何况是复杂的偏微分方程组呢。

这个年轻人就是后来大名鼎鼎的麦克斯韦，他的经历与法拉第大大不同。他来自苏格兰，自幼家境殷实，也是贵族家庭出身。十六岁进爱丁堡大学就读，十九岁到剑桥深造，年仅二十五岁就成为马歇尔学院的教授了，比别人平均早了十五年，而且还当上了系主任。现在，这个年轻人来到伦敦国王学院任教，因此才有机会参加皇家科学研究所的讲座，由此可见，此人与法拉第完全不是一个路数。不过这一老一少保持了常年的友谊，尽管交往并不太深，但是彼此都尊重对方。他俩经常在皇家科学研究所的公开讲座上碰头，年轻人观察着比自己年长四十岁的法拉第，他已经明显地衰老了，经常忘事，刚说过的话，过不多久就会忘记，甚至叫不出自己的名字。他出现了失智症的迹象，记忆正在被一点点地吞噬。

"年轻人先别走，你名字叫，叫……"

"詹姆斯，詹姆斯 · 克拉克 · 麦克斯韦。上周跟你说过的……"

1867 年，法拉第去世，在著名的威斯敏斯特大教堂里有他的纪念碑，但他生前表示不愿葬在威斯敏斯特大教堂，而是入土于桑地马尼安教派的海格特墓园中，他的纪念碑旁边就是牛顿的墓。想当年，法国的大思想家伏尔泰碰巧参加了牛顿的葬礼，他发出感叹："走进威斯敏斯特教堂，人们所瞻仰的不是君王们的陵寝，而是那些为国增光的伟大人物的纪念碑，这便是英国人民对于才能的尊敬。"对啊！这就是英国，率先走进了工业时代的英国。

历史总是充满巧合，伽利略1642年去世，牛顿1643年出生，当年伽利略一次又一次地重复着斜面滑落实验，不多久就迎来了满脑子数学的牛顿。这两位科学巨匠一个靠实验观察自然，一个总结成了数学规律，可以说是一对素未谋面的好搭档。同样，法拉第与麦克斯韦也是类似的关系，好歹两人还常见面。法拉第做实验，总结经验，麦克斯韦则是把这些奇思妙想总结成美妙的数学公式，这些数学公式又揭示着天地间的真正奥妙所在。

麦克斯韦意识到，要想让电磁学像牛顿经典力学一样完善，那就必须把有关电和磁的所有现象总结成一整套完善的公式系统。现在看来，想完成这个任务，就必须按照法拉第的思想走下去。法拉第只用很少的几个观点就能解释错综复杂的电磁学现象，这正是麦克斯韦需要的。1861年，麦克斯韦写了一篇论文叫做《论物理力线》，在其中提出了分子涡流理论，用这个理论可以推导出电磁感应定律。1862年，论文再版的时候，麦克斯韦作了补充，增补进去的第一部分描述了"静电场"和"位移电流"，第二部分则探讨了偏振光的偏振方向在外磁场中变化的问题。电磁理论迈出了重要一步，麦克斯韦已经超越了法拉第。

就在这篇论文之中，麦克斯韦描述了一种"电磁波"。变化的电场产生变化的磁场，变化的磁场再产生变化电场，交替往复，电生磁、磁生电，就像一股横波一样，在以太中传递下去，以太就是电磁波的介质。麦克斯韦计算了这种波的传播速度，令人吃惊的是，电磁波速与光速一模一样。麦克斯韦铁口直断：光也是一种电磁波。他写道："我们难以回避这一推断，光与同种介质中引起电磁现象的横波具有一致性。"

1864年，麦克斯韦发表了《电磁场的动力学理论》。他写道："这些结果的一致性似乎表明，光与磁是同一物质的两种属性，而光是按照电磁定律在电磁场中传播的电磁扰动。"至此，一座宏伟的电磁学大厦即将建成，法拉第打先锋，麦克斯韦为主将，"场"的理念终于在物理学中有了自己牢不可破的稳固地位，人类对于物体间相互作用的认识发生了飞跃。

1865年，麦克斯韦辞去教职，回家专心著书立说。在《电磁通论》这本巨著中，他完整地提出了一整套公式，涵盖了电磁学的方方面面。先前安培已经创建了一套电动力学，但是没法解释电磁感应现象，也解释不了库仑定律，另外一派就是法拉第这一路的思想。把法拉第的思想变成完美的数学公式，数学王子高斯也曾经涉足过，但是高斯最终也没能搞定这件事。高斯的高足黎曼也曾经干过，但是一不留神，进度上落到了麦克斯韦的后边，最终大家广泛公认的电磁学理论大厦是麦克斯韦建立起来的。不过高斯和黎曼这爷俩在后边还有出场的机会，现在先别替这二位着急。

麦克斯韦的第一步就是用类比的办法，把电力线磁力线这些玩意看作是不可压缩流体中的流线，这样就可以写出一套公式。但是类比不是严谨的物理学做派，在很多地方电磁场并不等同于流体的流场，不能随便移植，还需要建立模型来描述整个电磁过程。于是麦克斯韦的第二步是建立分子涡流（图3－4）假说。电磁波不是在以太中传播的吗？那好办，以太的分子沿着磁力线旋转，形成了一个个小漩涡，这一堆堆的小漩涡相互之间就像一个个互相咬合的齿轮，你转我也转。电介质的分子移动，可以看做是一种特殊的电流，叫做“位移电流”。这样一来，磁生电，电生磁就可以像波浪一样传递了，麦克斯韦在层层递进，不断深入。

图3－4　分子涡流

麦克斯韦的每一步都走得不容易，第一步到第二步就间隔了五年时间，从第二步到第三步一样花了将近五年时间。到了发表《电磁场的动力学理论》的时候，麦克斯韦的思想又出现了升华：他放弃了分子漩涡假设，这意味着根本不需要以太这种传播介质。但是麦克斯韦坚持了“近距作用”，说白了，还是否认了“超距作用”，电磁力不需要介质也一样能够电生磁，磁生电传播出去。这种传播当然不是瞬间达到，是需要花时间的。传播速度也不是无限大，而是光速。当然麦克斯韦还是和当时的所有物理学家一样，舍不得这个宝贝以太，他还念念不忘要想法子测量出以太相对于地球是否有运动，这也是不难理解的事情。麦克斯韦最终整理出了二十个方程式，过去大家常用的磁场力公式、库仑定律、电流、电阻等等一大堆东西，都可以从麦克斯韦的电磁场方程推导出来，电磁学终于可以与牛顿的经典力学并驾齐驱了。

通过法拉第与麦克斯韦的努力，一种全新的概念摆在了人们的面前，那就是“场”。这个看不见摸不着，但是又实实在在的存在的玩意就成了物理学中很普遍的东西。场是物质吗？是的，场是一种特殊的物质，虽然它看不见摸不着，但是场是可以检测的，是可以传递力的。场蕴含着能量，电磁场是具有能量的，而且可以脱离波源而存在。遥远的天体发出的光要跑上亿年才能被我们看到，说不定在我们看到这些光的时候，那个天体早已经熄灭了，但是跑出来的电磁波不受波源的影响，照跑不误。

麦克斯韦当年提出类比电磁场和流场思想的时候，受到了威廉·汤姆逊的影响。这个威廉·汤姆逊也是一个著名的物理学家，号称“热力学之父”。当然了，那个年头很多细分学科都在草创期，所以这个“之父”那个“之父”特别多。1866年，威廉·汤姆逊受封为开尔文勋爵，他自己也很喜欢这个称号，热力学温标最后就用了他的封号来命名，称为“开氏温标”，也叫绝对温度，这当然是莫大的荣誉了。1871年，麦克斯韦预言光会产生压力，电磁场具有动量。这一点很重要，打个比方吧：你被不知何处飞来的小石子打破了头，感觉很疼，为什么会这样呢？从物理学上来讲，那是因为石子蕴含着动量，也蕴含着动能。检测到了这两点，我们就能说小石子是个实实在在的物质，至于是不是你不留神得罪谁了，有人暗算你，那是另外一码事了。

开尔文勋爵就是不相信麦克斯韦的这一套，麦克斯韦说电磁波会产生压力，也就是说光会产生压力，这怎么可能呢？开尔文勋爵脑袋直晃，就是不认账。1901年，科学家们排除各种干扰终于测量到了光压，这下大家无话可说，不得不承认麦克斯韦的预言是正确的。

麦克斯韦的《电磁通论》在1873年出版，这是一部经典杰作。麦克斯韦电磁学的所有思想都体现在了这本书里面，不仅仅是在电磁学领域，在统计物理学领域他也有着很大的贡献，他还研究过光与色觉之间的关系。你可能想不到，世界上第一张彩色照片就出自麦克斯韦之手。在物理学领域，他已经与牛顿比肩而立，但是到他的电磁学理论真的被大家完全接受，还要不少的时间。因为电磁波还没有被人实验验证，这要拖上好久才会被另一个天才检验到。

就在1871年，剑桥大学校长找到了麦克斯韦，要他担任卡文迪许实验室的领导。这个卡文迪许是英国著名的科学怪人，他是德文郡公爵的后裔，自小衣食无忧，但是一心喜爱科学。自己闷头在家研究科学，性格脾气也很古怪。他有好多成果都不拿出来发表，公开的论文也就二十来篇。但是他遗留下来的手稿是个丰富的宝藏，很多东西他都做了预见性的研究。剑桥大学校长自己掏腰包拿出一部分钱来给物理系设立了一个实验室，就用卡文迪许的名字来命名。要说这位剑桥大学校长怎么会舍得掏腰包自己花钱呢？因为校长威廉·卡文迪许本人就是卡文迪许家族的传人，人家是正经八百的第七代德文郡公爵，以他家祖上大科学家的名字命名当然是顺理成章的事情。

像牛津剑桥这种老牌大学有不少深厚的传统，有不少教席都是有名字的，比如说剑桥大学的“卢卡斯数学讲座教授”，牛顿担任过，狄拉克担任过，霍金也担任过。再比如法拉第担任的富勒化学教授，那就是皇家科学研究所设立的专门的教席。既然要设立卡文迪许实验室，当然需要人来执掌，为此剑桥大学设立了一个教席，叫做“卡文迪许物理学教授”，第一任的人选就请到了麦克斯韦。麦克斯韦走马上任执掌卡文迪许实验室，他从无到有创建了这个实验室，从房屋建造的一砖一瓦，到每一件试验仪器的购置，都要他点头批准才行。麦克斯韦为卡文迪许实验室倾注了大量心血，此后，在后继者瑞利、J·J·汤姆逊、卢瑟福等众多科学家的努力下，卡文迪许实验室不断扩大，到现在已经涵盖了整个剑桥大学物理系。卡文迪许物理学教授基本上相当于现在的剑桥物理系主任。这个实验室不负众望，至今为止培养出了二十九位诺贝尔奖得主，在科学界的地位举足轻重。也许，对于我们来讲，这才是麦克斯韦最大的贡献，卡文迪许实验室本身就是一座物理学的丰碑。

除此之外，麦克斯韦还在非常专注地做一件事，那就是整理那个前辈科学怪人亨利·卡文迪许的手稿。他这才发现里面竟然有如此丰富的思想，这些资料包含了卡文迪许对地球密度以及水的微观物质构成的探究。卡文迪许最出名的实验就是测量出了地球的密度，继而计算出地球的质量和万有引力常数，这是非常了不起的成就。麦克斯韦在自己最后的日子里，一直在整理这些手稿和资料。他心无旁骛，对于物理学以外的东西也不太关心。

此时的大英帝国正处于堪称最为鼎盛的维多利亚时代，英国孤悬海外的地理位置也为麦克斯韦创造了相对安逸的环境。然而他不知道的是，安逸中酝酿着重大的变局，世界正在发生翻天覆地的变化：美国北方在南北战争中打赢了南方，美利坚开始崛起；欧洲大陆上，条顿骑士的后裔们也在四下征战，他们要用铁和血来统一德意志诸邦；英法联军在万里之外的北京焚毁了万园之园——圆明园。维克多·雨果评价此事时写道：“有一天，两个来自欧洲的强盗闯进了圆明园，一个强盗洗劫财物，另一个强盗放火……”

这个世界并不太平，但是你又分明感到有一股力量正在崛起，是刚刚统一的德意志？还是新大陆上那些刚刚崛起的富可敌国的大亨们？或者是其他一些什么？

自从法拉第发现了电磁感应现象，电的用途大大扩展了。1832年，法国人毕克西发明了手摇式直流发电机，1866年，德国的西门子发明了自励式直流电动机（图3-5），1869年，比利时的格拉姆制成了环形电枢，发明了环形电枢发电机。作为精通电磁学的物理学家，麦克斯韦有一种预感，恐怕电这个玩意儿会改变人类的文明进程。从法拉第到麦克斯韦的这一段时间，恰好是历史的一个大转折期，一个新的时代已经悄然来临……

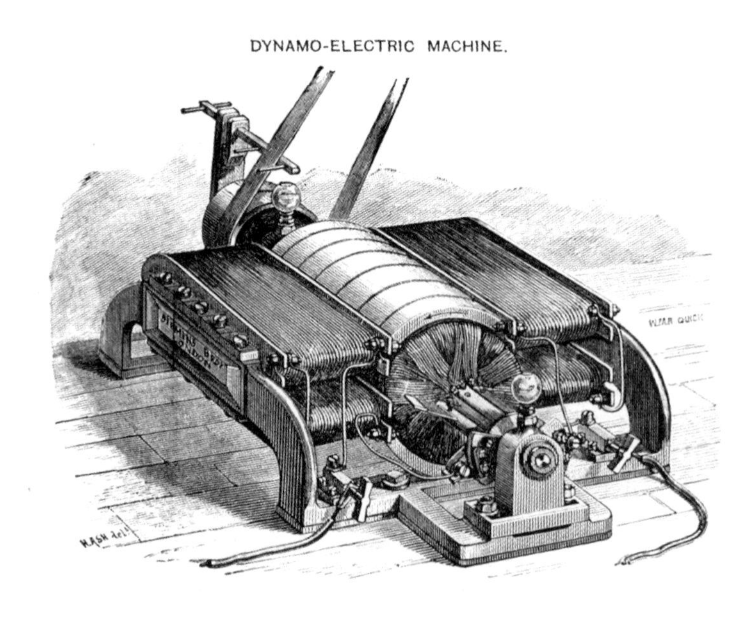

图3-5　西门子的电动机

第4章　电气时代

1879年的最后一天，美国东北部大雪纷飞，第二天就是1880年的新年了，但是寒风与大雪都阻挡不住人们的热情，就在大约一个星期之前，纽约报纸大幅报道了一个神奇的实验室，在这个实验室里，有一个神奇的玩意将要大放异彩。报纸不惜笔墨，花费了整整一个版面，文章标题也很吸引眼球，但绝无“标题党”之嫌疑。报社记者把爱迪生的魔法讲得有声有色，扣人心弦：把电流通到“一口气就能吹得走的小纸条上”就产生了一种明亮的、美丽的光，像意大利秋天日落时分的太阳那样柔和……

连篇累牍的报道彻底激发了读者的兴趣，这个名叫爱迪生的三十二岁年轻人一时间成了大家关注的焦点。爱迪生还非常懂得在商业营销上趁热打铁，借舆论造势的手法，他宣布要在12月31日邀请大家来看看这种“未来之光”。就在12月31日的晚间，宾夕法尼亚铁路公司的火车陆续拉来了三千人到场参观，他们都是从人口众多的大城市纽约和费城赶来的。爱迪生把从车站到自己在门罗公园的实验室的道路沿途都安装了电灯，每当一班火车到站，爱迪生就扳动开关点亮电灯，下车的人群立刻就被这种神奇的光线震撼了。上至达官显贵，下至贩夫走卒，一个个看得目瞪口呆。在爱迪生的实验室里，大家更是兴奋，因为他们第一次看到扳动开关就能够随便控制亮灭的灯，要知道街边儿那昏黄的煤气灯，每天傍晚都是要工人爬上爬下逐个点燃的。实验室庭院里的数百盏电灯让人们神魂颠倒，到了午夜时分大家还都不肯离去，甚至还有人不断地高喊“爱迪生万岁！”此刻的爱迪生已经创造了历史。

爱迪生显得信心满满，将来要建立发电厂，城市里要架设电线，气灯煤油灯也将全部都被电灯所代替。未来恐怕还需要培养大批量的电气人才，电气工程师将是炙手可热的高科技职业。他分明感到一个电气时代已经扑面而来，就如同过去的蒸汽机代替风车时所发生的一切那样。

但是，一个对电气时代的到来做出重大贡献的巨人，却没能看到门罗公园这令人欣喜的一幕。就在一个多月前的1879年11月5日，麦克斯韦因胃癌去世，他的母亲也是在同样的岁数，因同样的疾病去世的，深究起来恐怕有家族遗传的因素。麦克斯韦去世的时候，仅仅四十八岁，他留下了尚未整理完的卡文迪许的文稿，留下了亲手创建的剑桥大学卡文迪许实验室，留下了揭示了电磁奥秘的方程。人们在他离去之后才发现，他是一位堪与牛顿比肩的科学巨人。

进入十九世纪，科学研究的重心也已经转移到了欧洲大陆，法国科学家开始独领风骚。现在的物理学标准计量体系都由法国人建立，从“米”到“千克”，到“行车靠右”等等一系列标准也都是法国人的贡献，英国的地位开始不可避免地下降。因为牛顿与莱布尼茨关于微积分发明权的争议，英国科学界与欧洲大陆的科学家们开始心存芥蒂，他们甚至不肯使用由莱布尼茨发明、经过无数数学家改进的微积分符号。长期与欧洲大陆隔离，长期使用陈旧的数学思想，英国的科学研究水平逐渐被法国超越。紧跟着，德国也逐渐显露出了后来居上的势头，但英国仍然是那个率先走进了工业时代的英国，几代科学宗师都诞生在这孤悬海外的英伦三岛。牛顿、麦克斯韦、达尔文都是英国人，《自然哲学之数学原理》《电磁通论》《物种起源》成为近代科学最重要的三大基石。在这其中，麦克斯韦就是那力挽狂澜的擎天巨柱。

麦克斯韦去世前大约半年，身体已经每况愈下，但是他还在关心着光速的测量问题。正在为大英百科全书整理撰写《以太》词条的他假设：如果能够从A点发射一束光到B点，测量一下光速。然后反过来，从B点发射一束光到A点，再次测量光速。假如两者是不一样的，那么我们的地球必定是在“以太”之中运动着。这也好理解，同样一条船顺流而下与逆流而上，速度自然不同。一正一反的速度不一致，那么就正好可以说明介质是相对于地球运动的。不过麦克斯韦也很悲观，光速太快了，一正一反，即便有差异，恐怕也在一亿分之一的水平上，现在没有办法测量到这么精密的程度。1879年3月19日，他写了一封信给美国航海历书局的托德，询问观察木星食测量光速是不是有足够的精度，这又回到了人类最初粗测光速的道路上来了。“以太”到底是个什么东西？还是没有定论。麦克斯韦最终也没能知道这个问题的答案，而此时就在美国航海历书局，一位有心人暗下决心要解决这个问题，这是后话按下不表。

1879年是有意思的一年，陈独秀、斯大林都是在这一年出生，没人知道他们长大成人到二十世纪时，会掀起怎样的世纪波澜。历史总是把千般线索巧妙安排，让那么多人的命运有了交集。麦克斯韦一定不会想到，以太的“掘墓人”刚刚出生，二十世纪最伟大的物理学家，此时此刻正在婴儿的摇篮里甜甜地睡着。就在几天前的3月14日，这个婴儿刚刚降生，他出生在德国南部的小城乌尔姆。这里靠近奥地利和瑞士，南边就是白雪皑皑的阿尔卑斯山，翻过阿尔卑斯山，不远处就是意大利。

就在这座小城里面，这位年轻的母亲，刚刚产下了他的儿子。有了儿子，全家都高兴得不得了，第二天，父亲立刻跑到市政厅给孩子上户口，他给孩子起名叫阿尔伯特。这名字很有意义，来源就是他爷爷的名字亚伯拉罕，一听这个名字就知道，他们家是犹太人。孩子的父亲也在填写表格时，郑重其事地填上了“犹太人”三个字。

孩子快一岁的时候，他们家搬到了慕尼黑。要知道，德裔犹太人是善于做生意的民族。他家显然是个小有积蓄的家庭，远房的叔叔伯伯掰着手指头也数不过来。孩子的亲叔叔是他们家唯一接受过高等教育的人，大学深造以后就干上了电气工程师的工作，这也是那个时代的一个特征——电气时代到来了。电气工程师属于高科技行业，因此兄弟俩搬家来到慕尼黑，开办了一家电气公司，叫做“爱因斯坦电气公司”。

听出来了吧？孩子家姓“爱因斯坦”。这个姓氏，将因这个孩子在物理学方面的成就而名满天下。不过，当时大家可是发现，这孩子说话太慢。爹妈非常担心。这孩子怎么不说话呢？他们仔细一研究，发现他先要自己叨念两遍，有把握了才大声地说出来，因此显得说话慢。看来阿尔伯特小时候往好了讲是个完美主义者，往坏了讲就是“自闭症”。后来，孩子长大了，爹妈又发现一个毛病，这孩子脾气太暴躁了，碰上啥事儿不对胃口，立刻脸煞白，看着十分凄惨。有一次他把一个碗砸到了妹妹的头上，后来又变本加厉，扔了一把玩具镐过去，妹妹脑袋被打了个洞。把他父母给急坏了，这孩子太难伺候了！

孩子到了七岁，脾气不那么暴躁了，开始变得正常起来，不过仍然有些不合群，不太喜欢和别的孩子来往。孩子要上小学了，而他家是犹太人，本来应该上犹太学校，可是他们那儿的犹太学校早就关门了。不得已，只好就近入学，学校离他家二十分钟的路程，是个天主教小学，但爱因斯坦在这所小学过得一点也不快乐。

我们现在已经可以脑补出当时的画面：老师拿来一个长长的钉子。

“耶稣是怎么死的啊？”

“被钉死在十字架上的。”

“回答正确！耶稣就是被这种钉子钉死的。”

“是谁干的呀？”

“都是犹太人干的。”

“你们玩吧，我走了。”

“爱因斯坦同学，你别走啊……”

爱因斯坦身为犹太人，他心里能好受吗？他们家这支犹太人，并非与当地社会格格不入，而是比较积极地跟周边和睦相处。爱因斯坦家族并没有突出的宗教情结，家里的生活习惯与左邻右舍并无不同。家族起名字也尽量不用犹太名而是用德国名，他们认为自己是犹太人，但是并不虔诚地信仰犹太教，清规戒律方面也都不大在乎，犹太法典、希伯来文也并不热衷，倒是特别喜欢席勒和海涅的作品。遥想当年，孩子的父母也都是文艺青年。海涅本就是犹太人，后来为了获得公民权而不得不皈依了基督教，反倒疏远了犹太同胞，后来还因为革命思想而不得不远走他乡，恐怕爱因斯坦家的两口子也颇有些感同身受的意思。席勒更是大大地有名，他的名作《欢乐颂》就是由乐圣贝多芬谱曲写进了《第九交响曲》的。孩子妈妈音乐功底很深，耳濡目染之下，爱因斯坦同学小提琴拉得非常不错。

爱因斯坦同学在学校过得并不开心，尽管那时候的学校已经在提倡兼容并包，讲究平等博爱。可是欧洲几千年的传统就是不待见犹太人,一时半会儿也拗不过来，爱因斯坦显得有些孤僻。不过爱因斯坦可是个有名的好好先生，能与大家处好关系，谁都不得罪，毕竟犹太人身份特殊。他对周围环境也保持了一份敏感，学习成绩方面，爱因斯坦绝对没得说，是个典型的好学生，经常拿高分。现代东亚的教育模式普遍都借鉴了早年的普鲁士模式，我们对爱因斯坦当时的学校经历很容易感同身受。1868 年 8 月 1 日，小学二年级期末，他母亲在一封信中写道：“阿尔伯特昨天拿回了成绩单，又是全班第一。”犹太人都很重视教育，可想而知他母亲多开心。很多人都传说爱因斯坦小时候笨，其实他一点也不笨，是个相当聪明的孩子。

爱因斯坦不太喜欢运动，可是看起书来就拿着不撒手。看叔叔摆弄电器，他也有很大的兴趣。他最不喜欢的就是当兵，连玩具兵他都不喜欢。那个年月，德国刚统一没几年，在此之前，德国不过是一个地理名词，1871年，德意志各邦的领袖齐聚法国的凡尔赛宫大镜厅，见证了德皇威廉一世的登基大典，德意志诸邦才统一成了一个完整的德国。

大家肯定奇怪，德国皇帝登基大典怎么跑到法国凡尔赛宫去举行？这是因为普法战争中，普鲁士打败了法国，拿破仑三世兵败如山倒，自己带领十万陆军在色当投降。巴黎随后爆发了革命，建立了第三共和国，拿破仑三世这个皇帝已经不算数了。德国人不管那一套，大军打进法国国境，继而围攻巴黎。没几天，巴黎被攻陷，新成立的德意志帝国初露锋芒，因此在凡尔赛宫举行了登基大典，在全世界面前扬眉吐气。德国陆军总参谋长毛奇元帅的声望如日中天。普鲁士本就是条顿骑士的后裔，德国人把自己的成就都归功于军国主义，全国上下都对军国主义大加推崇：你看我们德国人多牛啊。年轻人都以当军官，为皇帝陛下服务为荣！学校也积极进行军训，操场上踢正步，大太阳底下站军姿。有人问爱因斯坦："你不想穿军装吗？那多神气啊。"但爱因斯坦觉得，他们太可怜了，每个人都像上足了发条的机器，脑后拖了根电线，他对此完全无感，惹不起还躲不起吗？可到处都盛行军国主义，他想躲也躲不开。在爱因斯坦看起来，中学的教师就像是陆军中尉。

小学毕业，爱因斯坦便就近上了中学。他的脾气秉性跟中学的气氛不太相容，也非常不喜欢这所中学，觉得这样的生活没有意义。他是犹太人，于是他就尝试从宗教中看看能不能获得点慰藉。他首先戒了猪肉，以显示他是个虔诚的教徒，又开始热心于宗教的礼仪，自己还给上帝写了几首歌，放学路上也时常哼唱，这年他还不满十三岁。不过没多久，他又把上帝扔到了九霄云外，这是怎么回事儿呢？这还要从犹太人的传统讲起。

犹太人有很多文化传统和民族习惯，作为一个故土消失了的流浪民族，要保持自己独特的民族习惯，保持犹太人的身份认同，其实并不是太容易的事情，毕竟犹太人被赶出家园已经上千年了。所以犹太人就特别注重保持自己的民族文化传统，比如正宗犹太人婚礼仪式的末尾，婚庆活动结束前，新郎要将一只玻璃杯一脚踩碎。这是犹太人结婚的规矩，以此提醒人们在喜庆的时候不能忘记当年犹太圣殿被毁坏以及犹太人被迫三次大流散的苦难历史，同时也以此表示人际关系的脆弱，希望人们摈弃偏见和无知，开始新的生活。

爱因斯坦家族并不是虔诚的犹太教徒，他们几百年来就主张不要那么显眼，尽量跟其他民族保持一致的生活习惯，低调一点。欧洲有排斥犹太人的传统，人在屋檐下，不得不低头。但他们家有一个犹太传统还是保留了下来，那就是接济贫穷的同胞。大家既然是一个民族的，在欧洲又不招人待见，那么就要互相帮助互相提携。在犹太教的安息日，他家总会邀请一个贫穷的犹太同胞来家里吃午饭，被邀请的那个定点帮扶对象，是一个从俄国来的年轻学生，叫塔尔梅。他是个学医学的学生，比爱因斯坦大十一岁。塔尔梅对于爱因斯坦来说，差不多就是个神奇的叔叔。他带来不少当代科学的书籍给爱因斯坦看，爱因斯坦喜欢看书，这些书一上手，就拿着放不下了。

那么，这个塔尔梅都给爱因斯坦带来了哪些书呢？有贝恩斯坦的二十卷《自然科学通俗读本》，贝恩斯坦是启蒙教育著作的作家，在思想解放的犹太人中很受重视。有亚历山大·文·洪保德的经典——《宇宙——尝试解释物质世界》，还有查尔斯·达尔文的著作，以及康德的哲学著作。

那时候，很多德国家庭都不建议孩子过早接触自然科学类和哲学类的书籍，大部分人都信仰上帝，觉得必须按照圣经的描述来理解这个自然界，理解这个宇宙，这样才能培养出富有爱心富有教养的人格。读读气象啊，地理啊，这也就差不多了，你怎么能让孩子去读“毁三观”的达尔文学说呢？

果不其然，孩子读完这些书，立刻就“毁了三观”。爱因斯坦发现，《圣经》里面描述的不靠谱，甚至是欺骗。这种思想的转变，对爱因斯坦非常重要，要对很多东西保持一种怀疑的态度，是一个人独立思考的重要条件。如果没有这个品质，也就不会有他以后的巨大成就。

爱因斯坦后来又对数学着了迷，他还在上小学的时候，他叔叔就发现他特别喜欢数学。那时候的德国小学教育跟我国差不多，我国的这种课堂教育模式那就是当年从德国学来的。数学当然就是从四则运算开始的，小学数学少不了又是“一个大池子，上面水龙头开着放水，下边往外流水，看看多少时间能灌满”这类不接地气的题目。当时爱因斯坦的叔叔雅各布，就想在侄子面前露一手，他拿出了一本《代数》，在学校的老师们看来这是一种偷懒的办法。可是雅各布叔叔不管那一套，他教给爱因斯坦列方程式，爱因斯坦可乐坏了，这简直是不费吹灰之力就能解决很多难题。后来雅各布叔叔又开始教他勾股定理，于是爱因斯坦又对几何产生了浓厚的兴趣，还自己动手证明了勾股定理。

塔尔梅还是常到他家来，他惊奇地发现，这孩子已经学完了斯匹克的《平面几何教科书》。若是在学校，再高两个年级也没学到这么难的课程，而爱因斯坦完全自学搞定了。这之后，他便把手伸向了高等数学。十三岁时，在塔尔梅的推荐和指导下，这个孩子学习了康德的《纯粹推理原理》，十三岁的孩子已经开始玩儿哲学了。

爱因斯坦的家境一直不错，爱因斯坦电气公司已经发展到有二百名员工的规模。1893年，慕尼黑也要搞城市亮化工程，电灯泡已经大规模应用，煤气灯要被更新换代掉了。爱因斯坦电气公司也参加了招标工作，同场参加招标的有西门子电气公司和AEG电气公司，这两家都是柏林的公司，还有一家纽伦堡的舒克特公司，这都是响当当的大公司。西门子后来收购了舒克特，现在仍然是世界级的大公司，AEG也同样享誉世界。当时招标慕尼黑市中心照明工程的时候，本地的"地头蛇"——爱因斯坦电气公司当然势在必得。可结局却出乎意料，舒克特公司拿下了这笔大单，爱因斯坦电气公司铩羽而归。没订单，厂子也就开不下去了，小批量订单又养不起那么多工人。他家怀疑，可能还是因为犹太人的身份招惹了麻烦。1894年，爱因斯坦电气公司因经营困难，只好到意大利去开展业务，看看能否绝境逢生，德国本地的公司就此关门歇业。

全家都搬去了意大利米兰，可是爱因斯坦不能去。他高中上到一半，转学到意大利多有不便。况且，他家当年买的是"学区房"，他入学的路易波尔德中学是个不错的学校，只有读完中学再作打算了。家里房子已经变卖，爱因斯坦不得不住到一个远亲老太太家里。

处理完房产和后续事宜，他父母和妹妹去了意大利。爱因斯坦在路易波尔德中学里面简直是备受煎熬，他最不喜欢的就是填鸭、高度纪律化的教育模式。当然，假如他看见我国"考试工厂"的繁荣景象，恐怕会让他觉得路易波尔德中学像天堂一般美好。

就在爱因斯坦家族闹危机、折腾搬家的这些年里，物理学界也不太平，有两位科学家居然为了一个公式争吵不休。有人的地方就有江湖，科学家也不是生活在真空之中，他们是有七情六欲的活生生的人。这到底是怎么回事儿呢？且听下回分解！

第5章　收缩假设

究竟是什么人在争吵呢？别急，秃笔一支难表两家之事，且听我慢慢道来。

前文说到麦克斯韦当年给美国航海历书局的托德写了一封信，这封信被另外一个人看到了，而且他正好在协助纽科姆测量光速。此人名叫迈克尔逊，是美国安纳波利斯海军学院的物理学教师，非常擅长精密测量。他于1880年来到德国，在赫姆霍兹的实验室工作。德国制造光学仪器出名的厉害，直到现在，德国产的镜头仍然是誉满全球，日本的光学技术也是师承德国。迈克尔逊到了德国如鱼得水，借助德国优秀的光学加工能力，他设计了一个非常巧妙的仪器，叫做“干涉仪”（图5-1）。

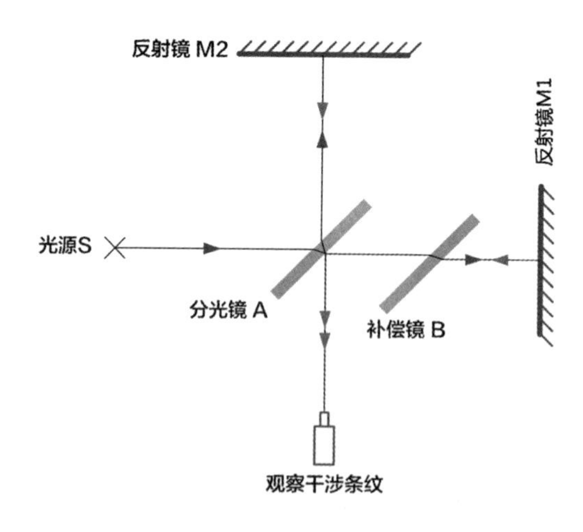

图5-1　干涉仪原理图

迈克尔逊用半反射镜A把一束光劈成两束，一半透射过去射到反射镜M1上，然后反射回来，再次到达半反射镜A，经过反射到观察镜头之内。另外一束光被半反射镜A反射，到达反射镜M2，然后被反射回来，穿透A，到达观察镜头之内。两束光形成干涉条纹，可以被观察镜头看到。补偿镜B是为了起到补偿作用，使两路光强度和路线相等，毕竟半反射镜A有厚度，会造成误差。

假设地球浸泡在以太之中，而且在以太之中穿行，干涉仪的横竖两路光线，有一路跟以太风的方向一致，另一路跟以太风的方向垂直，那么两路光到达望远镜是会有时间差的。如果我们转动干涉仪的方向，那么两路光线跟以太风的方向就不一样了，时间差会有变化。假如转动90度，那么两路光线的状态就会互换，这样一来，干涉条纹会发生移动。迈克尔逊计算了一下，干涉仪臂长1.2米，转动90度以后，干涉条纹应该移动0.04个条纹。别看条纹移动很微小，但是可以用显微镜来放大。

迈克尔逊的干涉仪安放在柏林大学，后来为了隔绝干扰，他把装置搬到了波茨坦天文台的地下室。实验在1881年4月得出了结果，迈克尔逊差点泄了气——条纹的移动微乎其微，远比他预计的要小得多，基本可以认为没有变化。假如同样的船横渡一条河与沿着一条河行驶速度完全一致，那么只能认为这是一潭死水。迈克尔逊的干涉仪实验基本也是这个结论：以太相对于地球是纹丝不动的，静止的。

物理学界都觉得是迈克尔逊的实验做得不够精密，他自己也对这次实验很不满意。著名的物理学家开尔文勋爵和麦克斯韦的接班人第二任卡文迪许物理学教授瑞利爵士都鼓励他继续实验下去，于是迈克尔逊下定决心要把此事搞个水落石出。1886年，他跟莫雷搭档，两人在美国改进迈克逊的干涉仪（图5－2）。

图5－2　迈克尔逊和莫雷的干涉实验装置

首先要延长干涉仪的臂长，迈克尔逊过去那一架干涉仪臂长只有一点二米，这远远不够。他们在干涉仪里面安装了多面反射镜，用来回反射的方式延长光路。最后干涉仪的等效臂长达到了十一米。过去的环境振动太大，他们就把干涉仪安装在了非常沉重的大理石台面上，台子漂浮在水银之上，可以灵活转动。迈克逊和莫雷想尽了办法隔绝外界干扰，他们预计，这次应该可以看到移动幅度达到零点四条纹。

两个人伸着脖子观察了四天，最后彻底泄气了。条纹的移动非常微小，移动幅度不到零点零一个条纹。他们本来还打算换个季节再来实验，换个季节，等地球运行到了不同的位置，再看看有什么不同。当初预计有必要不同的季节多次测量，但是现在几乎可以说，以太相对于地球是静止的。当初菲涅尔提出了部分以太拖拽的理论，通俗地说，就是菲涅尔认为十个兵你只能调动七个，剩下三个不听你的，这就是所谓部分拖拽。菲涅尔的计算依据就是仅有一部分以太分子会被拖动，剩下的完全带不动，各种光学实验结果也都支持菲涅尔的想法。现在迈克尔逊和莫雷他们两个发现，分明是完全拖拽，地球周围的以太完完全全跟着地球在走，因此他俩根本测不出来以太相对于地球的流动。于是两个人开始倾向于另外一位物理学家斯托克斯的理论，这位斯托克斯认为：物体是可以完全拖拽以太的，就像扇子在扇风一样，扇子摆动，紧贴扇子的空气被扇子完全带动，但是离得远的就要打折扣，再远一些的地方，空气就完全不受扇子的影响了。

英国物理学家洛奇开始思考，菲涅尔的理论现在看来是破产了，斯托克斯的理论目前还有希望，那么能不能用实验来验证呢？1892年，洛奇做了钢盘实验：他弄了两个钢盘片，相距很近，假如以太是充斥在周围无处不在的话，那么两片钢盘在旋转起来以后，钢盘之间的以太多少会被带动一起旋转吧？如图5-3所示，他在两片钢盘之间安排了镜片系统，原理依靠光的干涉，干涉测量灵敏度非常高。

钢盘里面的光路通过中间的分光镜分成两束，一束顺时针，一束逆时针，最后在观察镜头中交汇形成干涉条纹。假如钢盘不转，那么两束光线走过的路程是一样的。假如钢盘转动起来，带动两个盘子之间的以太也跟着一起转。那么顺时针和逆时针走的两路光线肯定会有差异，钢盘转动起来以后，干涉条纹也会发生移动。

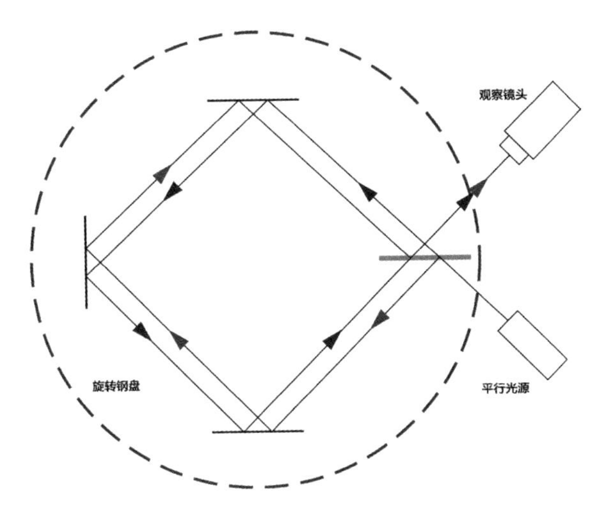

图5-3　洛奇盘实验光路图

洛奇趴在钢盘旁边观察了好久，结果仍然让人沮丧。以太被钢盘带动的速度不到钢盘转速的1/800，基本上就是完全带不动以太。这个以太到底是怎么回事？到底能不能被物体拖动呢？大家最后对于斯托克斯的完全拖动假说也失去了信心，你要是穿越回那个时代，问那时候的物理学家们到底以太是怎么回事，他们也是一个头两个大。

也同样是在1892年。荷兰的物理学家洛伦兹提出了一个观点：迈克尔逊和莫雷他们做实验为什么测不出地球相对于以太的运动呢？那是因为，在以太里面运动的物体，长度发生了收缩。这个收缩恰好补偿了光路的变化，导致他们观察不到干涉条纹的移动。斐索的流水实验证明以太是被流水拖动了一部分，但是迈克尔逊的实验却又证明以太被地球完全拖动，假如将两者结合起来考虑的话，是不是物体的长度发生了收缩呢？他写了一篇论文，题目就叫《论地球对以太的相对运动》。再表达得通俗一点就是说，横渡河流的船只长度不会有变化，但是逆流或者顺流的船只，长度会有变化。到了1895年，洛伦兹发表了《论运动物体中的电和光现象的理论研究》，给出了更加精确的计算公式。洛伦兹认为这个公式可以解决一大堆问题，之所以我们横竖搞不懂以太，就是因为这种长度收缩效应的存在。

大家觉得很有可能就是像洛伦兹描述的那样，是物体相对于以太发生了收缩，于是这种收缩就叫做“洛伦兹收缩”。那么洛伦兹收缩能测量吗？办法还是有的。卡文迪许实验室的瑞利爵士认为透明物体假如发生收缩，弄不好会出现双折射现象，但是实验精度达到了10^{-10}级别都没发现双折射现象。导体缩短了，电阻是不是也会有变化啊？特劳顿和蓝金两位科学家去测量电阻值，也没发现有任何变化。总之，人们就是死活测不出任何结果。

就在这时候，科学家们还闹出了知识产权纠纷：到底洛伦兹收缩是不是洛伦兹首先计算出来的呢？特劳顿等一帮子年轻科学家就不服气啊，“明明是我们的老师斐兹杰惹给算出来的，怎么这功劳落到洛伦兹头上了呢？我们的老师斐兹杰惹在课堂上可是讲过有关以太和长度收缩问题的！”可是支持洛伦兹的一方认为：口说无凭啊，你们有证据吗？洛伦兹先生那是光明正大发表了论文的。斐兹杰惹的学生们不服气：“老师在1889年曾经向一个杂志投过稿子，上面明确的提到过长度收缩假设。”

要说人倒霉，喝凉水都塞牙。这份杂志因为压根没人看，已经停刊好久了，恐怕斐兹杰惹的稿子都没搭上末班车发表出来。没多久，斐兹杰惹就去世了，他的学生们不死心，去旧杂志里面一顿翻找，还算幸运，斐兹杰惹的文章曾经在这本杂志倒闭前的倒数第二期发表过，这简直是天上掉下一个安慰奖啊！原来斐兹杰惹已经抢在了洛伦兹的前头。不幸的是，大家已经习惯叫“洛伦兹收缩”，洛伦兹的名气也远比斐兹杰惹要大。现在斐兹杰惹得到大家的认可了，有人就把长度收缩的现象称为“斐兹杰惹-洛伦兹收缩”，毕竟洛伦兹也是自己独立研究出来的，而且计算也更加优越。

不管是洛伦兹也好，还是斐兹杰惹也好，提出长度收缩理论的初衷都是应付迈克尔逊-莫雷实验。你可以凑数来暂时解决问题，但是没有办法解释背后深层次的原因。斐兹杰惹也并非是自己拍脑瓜凑出来的，他是在1888年底收到了亥维赛的一篇论文。在这篇论文中，亥维赛提到了电磁学中，一个运动电荷的电场是会发生变化的，电场似乎发生了收缩。光说到底是一种电磁波，还是要到麦克斯韦的电磁学理论里面去找答案。

吵吵嚷嚷的知识产权争论可算告一段落，但是大家还是心情沉重，以太真是深不可测？洛伦兹收缩能测量吗？看来是没办法测量的。物理学家们其实心里也清楚，他们一直在过去的体系上修修补补，物理学就是个补丁摞补丁的知识系统。大家蓦然回首，才想起来，麦克斯韦的电磁学方程能直接算出电磁波的速度，而且电磁波的速度仅仅跟介质有关系，与其他因素没有关系。真空里面电磁波的速度，应该是个恒定的值。

“光就是一种电磁波”，这是麦克斯韦大师的预言。因为他计算出来的电磁波速度，跟光速一模一样。麦克斯韦是有史以来第一位“理论物理学家”，他用数学计算精确地预言了一个大家都不知道的东西的存在。那么，电磁场能够被观察到吗？1879年，就在爱因斯坦出生的这一年，柏林科学院悬赏征求能够验证麦克斯韦电磁波的实验方案，一个年轻的科学家赫兹萌发了雄心壮志，他要验证麦克斯韦预言的电磁波是否存在。1883年，斐兹杰惹也提到过：用周期变化的电流就能产生电磁波。可惜斐兹杰惹“光说不练”，自己并没有亲自动手去做这个实验。赫兹这么多年来，一直在尝试，他并不知道斐兹杰惹想的是什么，那年头要有微信群的话，恐怕赫兹也早就知道斐兹杰惹的想法了。不过话又说回来，没有赫兹，恐怕也就谈不上现在发达的无线通讯了，上哪儿鼓捣互联网去啊？

终于，赫兹做了一个足以名垂青史的实验。实验装置如下图所示（图5-4）。

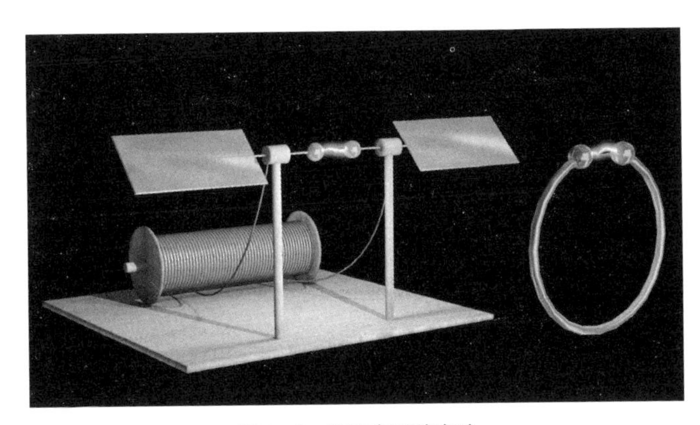

图5-4　赫兹电磁波实验

两个小铜球磨光，相隔0.75厘米，接到感应圈的两端。当电流接通的时候，两个铜球之间会冒出电火花，形成电磁振荡。放在对面的那个带缺口的圆环，就会感应出电流，也会跟着产生火花。赫兹又拿金属板、沥青等等一系列物品放到两者之间，发现对火花是有影响的，他证明各种不同的物体都会影响到电磁场的分布情况，这与麦克斯韦的预言都是相符的，那么这究竟是不是一种波呢？关键是要测量出波长。赫兹想到了二十年前用驻波来测量声音速度的方法，他非常巧妙地将其利用在了电磁波测试上。

所谓驻波（图5-5），就是两个频率完全相同，但是传播方向完全相反的波相互叠加以后产生的现象。振动的琴弦可以看作是个驻波，孩子们玩的跳绳也可以粗略地看作驻波。就拿琴弦来讲吧，它的两端是固定不动的，振幅为0，中间振动幅度最大。驻波也有这个特点，总是有某些部分是不振动的，我们称为波节。假如探测到两个波节，那么就很容易测量出波长。

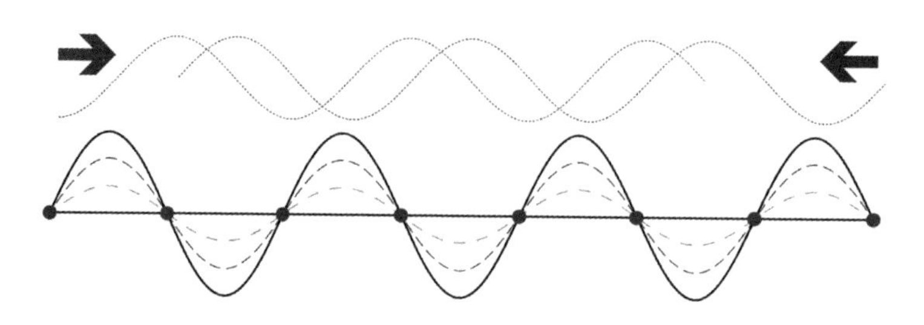

图5-5　驻波示意。两列频率相同，传播方向相反的波，叠加就会形成驻波

赫兹就利用了这个特性，在墙壁上挂了大面积的锌板。这些锌板会反射电磁波，赫兹向锌板发射电磁波，锌板反射回来的电磁波与入射的电磁波形成叠加。然后赫兹就端着圆环，一点一点地看火花的强弱，这里测量一下，然后移动位置再测量一下，逐个点记录下火花的长度，这样就把放电最弱的点找出来了。赫兹认为，这些放电最弱的地方就是波节，波节间的距离，就是半个波长，那么电磁波的波长就被测量出来了。反过来计算一下波速，赫兹发现与麦克斯韦的预测完全相符，电磁波的速度与光是一样的。可以说，光就是一种电磁波。

电磁波的速度和光是一样的，就能够说明光就是电磁波吗？美国诗人莱利说过："当我看到一只鸟，它走路像鸭子，游泳像鸭子，叫声像鸭子，我就称其为鸭子。"这种观点俗称"鸭子测试"。人能够通过观察未知事物的明显外在特征来推断该事物的本质，绝对可靠吗？不见得！但是可以为我们提供一个研究的方向。

赫兹还是不放心，他又加上抛物面反射墙，看看电磁波是不是能够像光一样被反射聚焦，果然电磁波是可以被抛物面反射聚焦的。他还不放心，光是一种横波，所以光会出现偏振现象。赫兹用金属栅格检测偏振，发现电磁波果然也是存在偏振现象的，那么现在终于可以尘埃落定了。1888年的12月13日，赫兹向柏林科学院做了一个报告，标题为《论电力的辐射》，骄傲地宣称，他的实验铲除了对光、辐射热和电磁波之间的同一性的任何怀疑。光和电磁波，完全就是一回事儿。

赫兹可不是只会做实验，人家在理论上也很厉害。麦克斯韦的方程组一开始很复杂，有二十个。后来麦克斯韦慢慢地简化，缩并到了八个，但是赫兹觉得还是太复杂了，最后简化缩并到了四个方程。大概就在同一时间段，还有好几位科学家都得出了类似的结果，这就是现在我们最常见的麦克斯韦方程的形式。赫兹明显地感觉到，电磁波的特性有点古怪：波速c跟波源的速度无关，不管电磁波的发射源如何运动，探测到的波速始终是个定值，这跟力学中的伽利略变换是相抵触的。

所谓伽利略变换，其实就是用来解决速度叠加的问题。一列火车轰隆隆地开过去，火车的速度是V_1，火车上有只苍蝇在嗡嗡地从火车尾部飞向火车头，苍蝇相对火车飞行的速度是V_2，那么地面上的人看到的苍蝇应该是什么速度呢？按照伽利略变换法则，合成速度$V=V_1+V_2$。可惜，这招在电磁学领域内好像不管用啊！不管是斐兹杰惹也好，洛伦兹也好，他们最头痛的就是这事儿。几个因素摆来摆去摆不平，最后他们不得不提出“收缩假设”。不管叫“洛伦兹收缩”还是“斐兹杰惹收缩”，反正是为了弥合电动力学和伽利略变换之间的差异，最后不得不出此下策。

洛伦兹在搞出收缩理论以后并不是太满意，因为观测不到这种收缩现象，无论你怎么做实验，就是检测不到。他已经感觉到，以太并不是一个普通的物质，它是电磁场的载体，每个以太粒子，都可以用麦克斯韦方程组来描述。以太的内涵发生了变化，在洛伦兹的眼里，以太俨然成了绝对时空的代名词，与牛顿的绝对时空观一脉相承。

洛伦兹开始解决有关以太的疑难杂症，他首先解决菲涅尔拖拽的问题。菲涅尔给出的拖拽系数，在洛伦兹手里可以完美地计算出来，之后又着手解决电动力学的问题。到了1895年，洛伦兹初步推算出了一组方程，用这组方程可以解释为什么迈克尔逊和莫雷死活测不出干涉条纹的偏移，也可以解释为什么想尽办法做实验都不能测量出“斐兹杰惹-洛伦兹收缩”。不是测量灵敏度有问题，而是大牛测不到。

也就在这同一时期，一个少年开始了对以太的沉思。他提出了一个堪称物理学史上最优美的思想实验，他在想：“光不是电磁波吗？假如人飞得跟光一样快，那会看到什么？难道会看到一个不变化的波？自己照镜子，能从镜子里看到自己的脸吗？”没错！提出这个问题的就是本书的大主角爱因斯坦！爱因斯坦同学此时正在瑞士一个小镇上的阿劳中学读书。他不是德国人吗？怎么跑瑞士上学去了？话匣子打开了可是一言难尽啊！

爱因斯坦同学一天天地长大了，他面临着一个所有德国男孩子都会面对的问题，那就是要去服兵役。爱因斯坦坚决不想当兵，他觉得士兵就是没脑子外加一根筋的机器。十七岁要进行兵役登记，二十岁就开始服役了，但十七岁以前要是离开德国，就可以逃过服兵役。爱因斯坦也受够了德国的中学教育，对德国也没有半点留恋，他打算退学！这个问题他没跟任何人商量。可是没有中学文凭不能考大学啊！爱因斯坦就动开了脑筋：他找数学老师开了个证明，说他是个数学神童，应当允许破格报考大学；然后又找了个医生开证明，说他神经衰弱，必须回家静养，不能服兵役，结果被学校的教导主任发现了。爱因斯坦同学实在是不适合干这种勾当，教导主任说他不守纪律，败坏班风，立刻把爱因斯坦开除了。

爱因斯坦是个诚实的人，叫他造假，他真的是迫不得已啊！他后来一辈子都为这事儿懊恼。家人并不知情，爱因斯坦根本没告诉他们。好在当时欧洲国家的国境线并不是铜墙铁壁，国籍之类的也不像现在那么重要，那正是一个国家疆域不断发生变化的时代，打一仗，地盘被割让，那片领土上的居民还不一定是哪国人呢。

爱因斯坦顺利地买了一张火车票就去了米兰，就这么“砰”地一下出现在他父母面前。父母大吃一惊，接着一股愁云便涌上了心头。这个熊孩子到底是怎么搞的，居然被学校开除了？爹妈欲哭无泪，唉声叹气，爱因斯坦同学倒是逃脱牢笼，天高任鸟飞。可全家上下就愁坏了，父母对他有所期望，希望他能够当个电气工程师，将来能够撑起爱因斯坦家的工厂，这倒好，连考大学的资格都没了。没办法，包括叔叔雅各布在内，大家开家庭会议来商量对策。意大利的德语学校只招十三岁以下的，爱因斯坦超标啦。叔叔雅各布倒是给指了条明路，那就是去瑞士，苏黎世联邦工学院倒是可以去试试看。这所学校，不要高中文凭，你能考上就OK。瑞士官方有四种语言：法语，德语，意大利语，罗曼语。有70%的人用德语，苏黎世联邦工学院也用德语教学，爱因斯坦不存在语言障碍。

爱因斯坦也高兴啊，去考联邦工学院也不错。他就认真地复习备考，要知道他根本就没上完高中课程，好多东西还要自学。不过爱因斯坦到了意大利，发现这地方很对他的胃口，因为当地居民都自由奔放，想唱就来段男高音，想喊就喊两嗓子，不像德国人那么深沉严谨。爱因斯坦还在意大利旅行了一段时间，感觉真的好极了。

苏黎世联邦工学院只招收十八岁以上的学生。那该怎么办呢？可能的途径就是要有人推荐，证明这孩子是神童，没上完中学也不要紧，只要他搞定了全部高中课程。而且爱因斯坦也确实已经掌握了微积分，对于一个十八岁的孩子来讲，那是很不容易的。最后苏黎世联邦工学院倒是让他参加了入学考试，可是爱因斯坦同学没考上，因为他语言类的科目不太好。这孩子比较偏科，比如拉丁文啊，他就兴趣不大。教授们也看出这是个好苗子，可是考试没过，也不能收他。苏黎世联邦工学院的校长也告诉他，最好是找个中学把剩下的书都读完，等完成了全部中学课程，再来考试，把那些瘸腿的科目补补齐再来吧。

就这样，爱因斯坦听从建议，来到了小镇上的阿劳中学，又一次开始了他的中学生活。他对这所中学的印象好极了，这所中学强调的是责任感和自由开放的风气，跟德国那种强调纪律、服从的死板气氛完全不同。学生与老师都可以畅所欲言，自由自在地讨论问题。爱因斯坦插班就读三年级，他法语不好，而物理学是强项，不用上课了。瑞士可是全民皆兵的国度，保卫国家人人有责，但爱因斯坦是外国人，不算数，所以也不用参加。

就在自由开放的阿劳中学，爱因斯坦脑子里才冒出了那个最美丽的思想实验：假如一个人以光速飞行，他还能不能在镜子里看到自己的脸呢？这是个大问题啊！就在阿劳中学，爱因斯坦写下了自己的第一篇物理学论文，只有薄薄的五页纸。论文写得很不规范，他也并不知道什么学术界的规定，但是你看到他的年龄，你会完全包容他文章的不成熟，毕竟爱因斯坦还是个未成年的孩子。论文的题目叫《在磁场中研究以太的状态》。这个娃娃关注的问题，和那些功成名就的物理学大腕儿是一致的。未来以太问题的最后解决，就落在这个娃娃的身上。

第6章 两朵乌云

阿劳中学的生活是愉快的，爱因斯坦同学以前在德国上中学的日子太憋屈了，还是在瑞士过得比较有收获。时间过得真快，终于迎来了高考的日子。苏黎世工学院的老师对他还不错，法文考得比较差，但也算过关了，爱因斯坦如愿以偿，进入大学深造。放弃德国公民权的手续，也委托了亲戚去办理，他终于可以不当德国人了。不过填写的表格材料上有一点跟以前不一样：宗教信仰那一栏写着“无”，爱因斯坦这辈子跟神仙再也没什么瓜葛。他放弃了德国国籍，瑞士国籍还没申请，就这样成了黑户。好在瑞士政府并不驱赶盲流，有没有国籍并不重要，只要到居民管理部门登记一下就可以了。没国籍不能当公务员，爱因斯坦也不惦记，人家只求在苏黎世工学院上学。

苏黎世工学院那时候主要是培养工程师的，只有在师范系有纯科学类专业。那时候上大学的人很少，整个大学也仅仅有一千人。爱因斯坦学的这个专业一共收了十名学生。爱因斯坦惊奇地发现，班上居然还有一个女生，叫米涅娃，那个年代上大学的女学生非常稀少，学习理工科的女生就更少。当时的苏黎世工学院是个普通的学校，没有授予博士学位的权利，有教授头衔的人也不多，那年头教授头衔是很金贵的，不像现在一抓一大把。爱因斯坦的老师里面，有一位挺有名气，叫做闵可夫斯基。这位闵可夫斯基教授从小也是远近闻名的神童，他的兄弟几个也都是神童。他原本住在立陶宛，后来跑到了东普鲁士的柯尼斯堡。家门前有条小河，河对面也出了一位大数学家叫“希尔伯特”，这几位在相对论的发展史上都有重要的贡献。

闵可夫斯基老师发现，爱因斯坦怎么总是翘课啊？一点名就不在。爱因斯坦的同班同学并不多，老师一眼就可以看到谁没有来，想蒙混过关难如登天。闵老师总是问："格罗斯曼，爱因斯坦哪儿去啦？"班长格罗斯曼一摇头："不知道哪儿去啦。"闵老师说："你不跟他关系很好嘛？叫他别老翘课啊！"不仅仅是闵可夫斯基，爱因斯坦跟不少老师关系都不好。物理教授韦伯是个电工学家，尤其不喜欢爱因斯坦这个学生，觉得这孩子怎么老是问一些莫名其妙的问题。他老是打听麦克斯韦的电磁学理论，可是韦伯教授是个老派的学者，他对最新的麦克斯韦电磁学理论并不熟悉，也没有兴趣，上课的时候他也不讲麦克斯韦的东西。

每当到了考试的时候，爱因斯坦就显得手忙脚乱，毕竟很多课都没怎么听啊。他只有厚着脸皮跟米涅娃借阅课堂笔记，顺便跟米涅娃套近乎，一来二去的，米涅娃就成了他的女朋友。他抓过米涅娃的笔记就突击学习，一般的考试还都能对付过去。可是到了期末大考，米涅娃的笔记就不够用了，因为她自己学得也不是太出色，笔记整理得并不是很好。爱因斯坦只好求助于好友格罗斯曼，这个格罗斯曼是班上的学霸，每门功课都是数一数二的，有他帮忙，爱因斯坦的考试总是有惊无险顺利过关。格罗斯曼家境殷实，父亲人脉关系很广，格罗斯曼天分也高，而且人缘颇好，老师都喜欢这种听话的孩子。格罗斯曼跟爱因斯坦是好朋友，爱因斯坦就喜欢跟他聊天，天南海北地胡侃，在咖啡馆里一泡就是一个下午。米涅娃坐在一边静静地看着这两位讨论问题，一脸的不解之色，她的思维早就被两位天才给甩出去好几条街了。

当时，两人聊得最多的是一个叫马赫的哲学家提出的观点，牛顿认为是有绝对的时空观的，可是这个马赫不认账。马赫认为绝对的时空并不存在，一切都是相对的。这个马赫在空气动力方面还颇有建树，速度与当地音速之比称为"马赫数"，我们听见航空界常说的2马赫、3马赫就是2倍音速、3倍音速的意思，就是为了纪念马赫的贡献。反正爱因斯坦很喜欢马赫的观点，经常跟格罗斯曼讨论个没完没了，米涅娃只好一头雾水地在旁边陪伴。此外，爱因斯坦还认识了一位好朋友叫贝索，他们的友谊维持了一辈子。这位贝索先生在机缘巧合之下，一不留神就名垂物理学史，这是后话按下不表。

大学时光就这么一天又一天地过去了，爱因斯坦总是沉浸在大量的图书之中，物理学、哲学类书籍是他的最爱，最新的各种理论各种思想也总引起他深深的思考。爱因斯坦在苏黎世工学院过得比较悠闲自在，上课也有一搭没一搭的。韦伯教授的课他不喜欢，闵可夫斯基的课他也听得不多。对于数学这种东西，他一直就当做一个工具来对待，工具够用就可以了，完全犯不上学那么多数学知识。况且数学分科极细，很多犄角旮旯的学问都够人研究一辈子。爱因斯坦把心思都集中在了理论物理上，电磁学、以太，这些才是他的最爱，他毕竟是电气工厂里面长大的孩子。不过，世事难料，不久以后他就为自己轻率的翘课行为追悔莫及。闵可夫斯基这么好的老师的课不听，那是多亏本的一件事儿啊！与大师相伴本身就是最好的学习，这些高人可以开阔你的眼界，扩展你的知识面。数学够用就可以？爱因斯坦的经历充分说明了，他的数学水平是真不够用，因为他的理论需要用到当时非常偏门的数学工具。后来爱因斯坦不得不突击恶补数学知识，好多次求教好友格罗斯曼。格罗斯曼后来成了一名出色的数学家。

1900年是个世纪之交的年份，从十九世纪迈进了二十世纪。这也是不平凡的一年。这一年正值中国农历庚子年，义和团围攻东交民巷使馆区，打得不亦乐乎，一不留神，把德国公使克林德给打死了。那欧洲列强岂能善罢甘休？组织八国联军打进北京，鉴于德国人是苦主，八国联军公推德国陆军总参谋长瓦德西瓦大帅为总司令。慈禧光绪吓得一溜烟儿跑去了西安避难，一路上狼狈不堪，等到瓦大帅从德国不远万里来到中国，仗早打完了。瓦大帅得意洋洋地住进了中南海仪鸾殿，跟奕劻和李鸿章展开了一轮又一轮的讨价还价。大清国丧权辱国，赔偿白银四亿五千万两，折合一人一两。如此屈辱，怎一个惨字了得。

亚欧大陆这一端的大清王朝已经进入了生命的倒计时阶段，另一端的欧洲却是一派欣欣向荣的景象：世界博览会四月份就要在巴黎开幕，到时必定是冠盖云集；五月份巴黎还要举办夏季奥运会，运动健儿也将来到赛场一展身姿；北欧的瑞典政府批准设立诺贝尔基金会，日后这个名字将响彻全世界，无数科学家将以获得诺贝尔奖为最大荣耀。不过，此时此刻在瑞士苏黎世，毛头小伙子爱因斯坦最大的任务还是找工作，因为——他失业了。

爱因斯坦成了“苏漂”，一天到晚到处游荡。他彻底成了“四无”人士：无工作，无房，无钱，外带无聊，每个月就靠亲戚们从意大利寄钱给他过活。他焦急万分地到处投寄明信片，希望能在大学里弄个助教的职位干干，他还是喜欢在学术部门工作。现在学生毕业求职都要打印一大堆简历到处送，那个年代还没有这种先进的工具，也没有招聘求职网站帮助年轻人就业，凡事只能靠邮政系统。爱因斯坦搞了一堆明信片，写上求职意向，统统寄出去，然后就石沉大海，没有了任何消息。

爱因斯坦一边求职，一边准备博士论文。爱因斯坦那个时代，只要论文合格，就可以获得一个博士的学位。爱因斯坦写了一篇有关毛细管的论文，题目叫《由毛细管现象得到的推论》。这一年爱因斯坦就在一边写论文一边求职等回信中度过了。第二年，论文在莱比锡的《物理学杂志》上发表，没多久，爱因斯坦便获得了数学教师的证书，也就是说，上讲台教课的资格是到手了。

此时，在海峡对岸的英国，德高望重的开尔文勋爵在皇家学会的大会上做了一次颇有展望意味的发言。开尔文勋爵对自己的发言感到很满意，于是就记录下来发表了。这篇文章的题目是《在热和光动力理论上空的十九世纪的乌云》，发表的时候加了大量的资料。文章开宗明义就说了，动力学理论断言，热和光都是运动方式，但现在，这一理论的优美性和明晰性都被两朵乌云遮蔽，显得黯然失色了……

开尔文老爷子继续提出了自己的意见，光的波动理论已经被菲涅尔和托马斯·杨的实验证明了：假如光是在以太这种东西里面传播的，那么地球是如何穿过以太而没有丝毫察觉呢？这便是第一朵乌云。第二朵乌云，那便是有关麦克斯韦–玻尔兹曼的能量均分学说的。

对于第一朵乌云，开尔文勋爵写到，按照菲涅尔的思想，他是这么解释的：地球对于以太来讲可以毫不费力地穿过去，对以太只有部分拖动的效果。可是迈克尔逊和莫雷的实验完全检测不到这样的现象，以太相对于地球一动也不动。我看他俩的实验很严谨很精密，无懈可击，这该如何解释呢？斐兹杰惹和洛伦兹虽然做出了收缩假设，但是这样一个收缩假设已经动摇了以太的地位。因为假如收缩假设成立，那么我们就失去了任何测量以太存在的手段，换言之我们根本无法测量以太。一个不能测量的东西，到底有多少必要继续保留在物理学体系里面呢？以太的地位岌岌可危，我看这一朵乌云依旧浓密，以太只是暂时涉险过关。开尔文勋爵说话还是很严谨的。

至于第二朵乌云，是有关比热的观测。麦克斯韦–玻尔兹曼的学说，跟实验结果偏差得很大，这是为什么呢？十年前我就觉得这事儿不对劲啊，还给他们写了信，然后就没消息了。不过瑞利是支持我的，瑞利他明白，这是一个本质性的困难，没那么容易解决，我看还是否定这个理论比较靠谱一点。

这位老爷子算是比较保守的人士，毕竟岁数大了，但是这老爷子还是很有洞察力的。第一个问题，涉及后来爱因斯坦的伟大成就——相对论，第二个问题，则是涉及量子论的崛起。物理学经过了牛顿和麦克斯韦两位巨人以及无数科学家的努力，已经建成了宏伟的大厦，还差最后两块砖无论如何也塞不进去。仅仅因为这两块该死的砖头，不得不拆了整个大楼建了更加宏伟的双子塔。开尔文老爷子的洞察力，不得不叫人佩服。

到了1901年，老爷子的文章也发表了，不知道爱因斯坦是不是在第一时间看到这篇文章。那年头大家都需要通过专业杂志来了解研究的动态，消息也都不太及时。有时候，好几个月以后才能见得到，也可能有的杂志没看到，导致完全错过。

这一年开春，爱因斯坦还是没找到工作，不过瑞士国籍倒是申请下来了。工作上他已经不仅仅是盯着瑞士了，他申请了德国、荷兰、意大利的教学职位，结果照样没人甩他。他怀疑，是他老师韦伯搞鬼。其实人家韦伯才没那个时间精力跟你爱因斯坦过不去呢，大部分情况都是学术机构的人事部门不重视这个名不见经传的毛头小伙子，收到了他求职明信片，瞄上一眼就随手一丢，然后这事儿也就忘了个干净。最后爱因斯坦不得不降低门槛，到一所技术学校当临时教师，后来又到一所私立中学当老师。大学不要他，中学总可以吧，那一阵儿爱因斯坦过得真是艰难。

最后，还是人家格罗斯曼出手了，他找了自己的父亲帮忙。他老爸人脉很广，四处一打听，瑞士专利局要招人，局长还是老相识。格罗斯曼他老爸当然就推荐了爱因斯坦，专利局局长也觉得可以考虑，就发布了一份招聘启事，声明要找一个学习机械工程的大学毕业生，特别指定，要学过物理学的，这简直是那个年代瑞士版的“萝卜招聘”嘛！

那个年代的大学生本来就稀少，学过物理学的人就更少了。其他人都有了工作岗位，唯独爱因斯坦还没找到工作，这可不就是为他量身打造的职位吗！爱因斯坦自己也是这么认为的，他还挺感激格罗斯曼，毕竟人家老爸挺帮忙，就是为了照顾自己嘛。不过深究起来，瑞士专利局的确需要一个懂得电气工程的人才，电气时代已经是碾压般地滚滚到来，电不仅仅作为一种能源深入城市和乡村，深入人们的工作和家庭，还产生了迅速便捷的交流与通讯方式。蒸汽机只能放在工厂矿山里使用，电却可以拉根电线深入到方方面面。电气时代风起云涌，远超当年的蒸汽时代，各种各样有关电器的发明越来越多。专利局的那些审核人员都是学机械出身，对电器不熟悉，他们面临着知识的老化与落伍，因此特别需要有电器知识背景的人才加入。格罗斯曼的老爸一推荐，局长立刻就眼睛一亮。

就这样，爱因斯坦在1900年的年底，终于有了工作。不过专利局在首都伯尔尼，爱因斯坦不得不举家搬迁。米涅娃跟着他也毫无怨言，夫唱妇随嘛。米涅娃在苏黎世工学院学的也是物理，可以说是理工女，但是她拿的是一纸肄业证书，不得不说是一种遗憾。不过，瑞士专利局的工作需要走程序，等着各部门一环套一环的程序走下来，也要好多时间。爱因斯坦一等没消息，二等还没消息，更要命的是米涅娃要生孩子了，他俩还没举行婚礼呢，连订婚仪式都没有举行过。爱因斯坦的母亲拼命反对，别的事情都可以由着孩子自己决定，这事儿坚决不同意。米涅娃不得不回塞尔维亚父母那里去住，起码生孩子有人照顾。爱因斯坦没有工作，没有保障，一个丈夫该承担的养家糊口的任务，他都承担不了，也难怪双方家长都有意见。

为了维持生计，爱因斯坦决定给人当家教。当然，我国的家教都是围绕教材开小灶，要不就是音乐艺术之类的，爱因斯坦可不是，他给别人上物理课，而且收取费用。那个时代假如有互联网付费问答平台，恐怕爱因斯坦还有“科技网红”的潜质，但是爱因斯坦不会穿越，不能来到现代，他只能别无选择地遵循他那个时代的社会运行法则。于是爱因斯坦在报纸上刊登广告，果然找到几位喜欢物理学的朋友。他的第一位学生是个伯尔尼大学的学生，一个小时收三法郎，价格倒还公道。

就在1900年年底，爱因斯坦忙着申请专利局工作的时候，物理学界出大事儿了。十九世纪与二十世纪是个重要的关口，普朗克发表了新的辐射公式，其中包括一个崭新的能量子概念，公式里出现了一个“普朗克常数”。爱因斯坦开始还没太关注这件事情，毕竟这一年杂七杂八的事儿太多，后来才发现普朗克的思想非同小可。爱因斯坦隐约感觉到，过去的物理学体系是不完善的，也就是力学和电动力学并非普遍适用，在很多情况下，他们并不能解释所有的物理现象，比如黑体辐射问题，过去的理论就解决不了。这个黑体辐射问题，就是开尔文勋爵所描述的第二朵乌云，虽然不是同一个问题，但是背后的原因却是同一个。

经典的电磁学理论可以解释物体发光的现象，一个物体由基本粒子组成，按照电磁学理论，温度越高，这些粒子振动就越快，那么就会辐射出电磁波。频率低的时候，我们看不到，慢慢地温度升高了，频率加快了，就进入红外光波段。再升高，就进入到了可见光波段。我们看到烧红的铁发光，就是因为温度升高，辐射出来的电磁波频率到了红光波段。温度再升高，就开始发黄，最后发蓝甚至到紫外波段。瑞利提出了一个“瑞利公式”，就是根据电磁学理论推导出来的。这个公式在频率低的时候很管用，可是温度一高，数值误差就大了。到了紫外光波段，计算数值和实际测量的数值完全对不上茬，这在当时就叫做“紫外灾难”。

另一位科学家维恩也搞了个公式，这个公式在描述紫光、紫外光这类频率比较高的光都很好使。一到低频的红光红外光，立刻麻爪儿了——出现了系统性偏差。在这个当口上，普朗克出手了，他早就对黑体辐射很感兴趣，已经研究了好长时间了。他当时研究黑体辐射的动机还跟电气时代有关系，自打爱迪生鼓捣出了电灯泡，各个厂家也都开始改进电灯泡。1894年，电力公司委托普朗克研究如何能少用电，多发光，这样普朗克就开始研究辐射与温度的关系，他用拟合的办法，把瑞利公式和维恩的公式整合起来，得到了一个新的公式，这个公式在计算全部波段都跟实验吻合得很好，普朗克很满意。

作为一个理论物理学家，普朗克知道，仅知其然而不知其所以然是不行的。理论物理在很多时候就是如此，你必须根据尽量少的假设，推算出一个公式，如果这个公式跟实验结果相符，那么你的理论就是靠谱的，你的公式才真正揭示了自然界的奥秘。普朗克花了好几个月的时间来推算这个辐射公式，最后得到了一个新的公式，但是其中有个怪现象让人百思不得其解：这个公式居然是不连续的！要知道麦克斯韦电磁学理论和牛顿的力学理论构成了经典物理的基础，那都是连续的，可这个辐射公式偏偏是不连续的！普朗克自己也是一头雾水。他不知道的是，他已经叩开了量子力学的大门，可是他始终在门外徘徊不敢进去。那一年普朗克已经是个中年人了，相对爱因斯坦来讲，他是前辈。他的研究虽然在当时并没有引起多大的反响，但对后来的爱因斯坦有很大启发。前辈普朗克也很提携这个年轻的后辈，他们保持了一生的友谊，真可以说是惺惺相惜。爱因斯坦后来获得诺贝尔奖，也跟普朗克有莫大的关系，这是后话，按下不表。

人不光只有大脑在运转，肠胃也要运转。孔子说“民以食为天”，这话一点儿不假。孔老夫子说“唯女子与小人难养也”，恐怕那个时代的爱因斯坦也深有体会。物理学界的两朵乌云先放到一边，自己家的“两朵乌云”总是挥之不去，老婆孩子都要自己挣工资来养啊。爱因斯坦不得不接各种家教工作来做，人过得也很潦草。不久，岳父来了一封信，他又惊又喜，哆哆嗦嗦地打开“老泰山”的信，就等着劈头盖脸的一顿臭骂。原来米涅娃生孩子挺困难，费了好大的力气，已经没精力给爱因斯坦写信了，不得不由岳父来代写。爱因斯坦得了个女儿，“老泰山”也并没有过多地责怪这个承担不了丈夫责任的女婿，爱因斯坦暂时松了一口气。

爱因斯坦在伯尔尼过着“单身狗”的生活，很快就找到了一群志同道合的小伙伴愉快地玩耍。这群朋友有学医的，有学数学的，大家都对自然科学与哲学感兴趣，一帮人就自发组成了一个小团体，叫做“奥林匹亚科学院”。朋友们在一起高谈阔论，交换彼此对物理学的心得。也不仅仅关注物理学，上至天文下至地理，他们都有兴趣。爱因斯坦少不了跟他们探讨马赫的哲学理论和有关相对性的思想，还看到了法国数学大师庞加莱的书。庞加莱作为一名数学家，也对物理很感兴趣，在物理学方面也有很大贡献。爱因斯坦他们也制订了读书计划，开列了一大堆书单子。“奥林匹亚科学院”的活跃气氛，给了他非常好的感受，读书读累了，爱因斯坦抄起小提琴就给大家拉一段曲子活跃一下气氛，一个人的日子过得倒也逍遥自在。

如此过了一年有余，爱因斯坦的工作终于批下来了，年薪三千五百瑞士法郎，在专利局当审查员。爱因斯坦这才长出了口气，看来养家糊口有着落了。有人说爱因斯坦在专利局工作很清闲，其实不是这样的，每天的八个小时，他都过得很充实，他也的确喜欢这份工作。爱因斯坦可不是一个只会动脑子不会动手的书生，他小时候就常到家里的电气公司去玩，很多东西从小就接触，不过他到专利局还是恶补了不少机械方面的知识。电器方面，他自己本来就比较熟悉，这是他的强项。

爱因斯坦的工作就是审查每个申请的方案是不是跟别人有雷同，如果跟别人的类似，那就是就侵权；如果是机械方面，电器方面的申请，他还要看看这东西是不是能够运转。在很多情况下就是面前摊开的一张张图纸，剩下的全凭脑补。他需要想象一堆复杂的机械零件或者是电气线路能不能正常运行起来，运行起来之后是怎么一个样子。这样的工作无意中增强了爱因斯坦的一种能力，也是物理学诞生之初最古老的一种技法之一，叫做“思维实验”。爱因斯坦可是这方面的高手，他凭着这种能力，在思维的世界里纵横驰骋，终于找到了突破现代物理学瓶颈的钥匙。

爱因斯坦作为一个普通的专利局技术员，跟物理学界并无太多接触，他获取信息的渠道无外乎是看看物理学专业杂志，或者是与好朋友们在晚上闲暇时间聊天讨论。对于学术界各路大牛，爱因斯坦认识人家，但是人家不认识这个无名小卒。他当然不会想到，包括自己在内，很多研究者已经逼近了物理学的伟大转折，就看谁能坚决果断的最先迈出那一步，这一步必须走得义无反顾，干净利落，不能拖泥带水！

第7章　物理学的奇迹年

米涅娃回到了爱因斯坦身边，她一边带孩子一边操持家务，爱因斯坦的小屋开始变得干净整洁。爱因斯坦平时去专利局上班，办公室就在邮电大楼的四楼，视野十分开阔。好友贝索先生也来到了专利局工作，他们成了同事。爱因斯坦仍然喜欢业余时间与“奥林匹亚科学院”的成员碰头讨论科学问题，朋友们尊称爱因斯坦为“院长”，爱因斯坦也经常称呼另外一位成员哈比希特为“冷血的老鲸鱼”或者“干瘪的书虫”。索洛文和贝索先生也常来参加。小伙伴们相处得非常融洽，互相之间开开玩笑，偶尔恶作剧一下，也是很常见的事。

那时候，他们讨论最多的还是马赫的《力学史评》。马赫是一位奥地利的物理学家，也是哲学家，他在科学方面最大的贡献是发现了“激波”。为了纪念马赫在空气动力学方面的贡献。大家把速度与当地音速之比称为“马赫数”。他在哲学方面的影响也非常大，马赫的哲学思想被称为“马赫主义”，影响了后来的维也纳学派。马赫对很多过去的物理学思想持怀疑态度，对牛顿的绝对空间与绝对时间观念就非常反对。

牛顿拥有什么样的观点呢？牛顿认为是存在绝对空间和绝对时间的。“绝对”与“相对”是两个颇具哲学意义的词汇，时间就像一条河流，它均匀地流动着，永不停歇，不依赖外界事物。论语里面也有记载，子曾经曰过：“逝者如斯夫，不舍昼夜”，看来牛顿和孔老夫子想到一起去了。既然时间不依赖外界事物，那么无论是你的时间还是我的时间，都是一样的。空间也是一样，空间也与外界事物无关，一米的长度，无论是在我看来还是在你看来，都是一米，这有什么可奇怪的呢？在大部分人的脑子里，这简直是不言自明的真理，无论你走到天涯海角，一个小时就是一个小时，全宇宙处处相等，如果你发现有差错，那一定是你的表坏了。

并不是所有人都同意牛顿牛老爵爷的意见，莱布尼茨就不同意。莱布尼茨说时间不过是一连串事件的罗列。你看到过时间吗？没有啊！你看到的只是运动。沙漏里面沙子漏下是运动，河水流动也是运动，我们都是用周期运动来计量时间的，钟摆是周期运动，心跳是周期运动，电磁振荡还是周期运动。这一切的一切，概莫能外，没人能直接看到时间，我们只能看到运动。时间就如沙漏里面的沙子，不过是发生了一连串的沙粒掉落事件而已。

马赫敢于反对牛顿的思想，在当时很了不起，因为他居然敢说物理学祖师爷不对。他否定了牛顿的观点，认为一切都是相对的，直接反驳了牛顿为了证明绝对空间的“水桶实验”。爱因斯坦对马赫崇拜得五体投地，他觉得马赫说得太对了。

奥林匹亚科学院不仅仅看马赫的书籍，还看庞加莱的书籍，庞加莱的《科学与假设》他们就热烈地讨论过。不过爱因斯坦后来不怎么提庞加莱，庞加莱也不提爱因斯坦，个中原委，恐怕只有他们自己知道。倒是奥林匹亚科学院的另外几个人都回忆说庞加莱的书他们曾经看过，而且讨论过。庞加莱就旗帜鲜明地支持相对性原理，也认为应该支持。

小伙伴们都有疑问：到底运动学里的相对性原理，能不能在电磁学里适用呢？首先就要讲到参考系的问题。

所谓“参考系”，就是“观察者参考系”的简称。以谁的角度来观察物理现象，从参考系概念，又引申出了“惯性参考系”概念。在牛顿看来，假如一个观察者是在做匀速直线运动，或者静止，那么他就是一个惯性参考系，简称惯性系。惯性参考系也可以用牛顿第一定律来描述，一个不受力的观察者，就是惯性参考系。

伽利略在研究相对运动的时候，并没有这些名词概念。他只是坐到一艘全封闭的大船里，吩咐水手，开船的时候不要告诉他，船行驶要缓慢而且平稳，晃得太厉害就露馅儿了。实验的结果验证了伽利略的想法，他看不见窗外的景物，完全感觉不出船开着和停下有什么不一样，无论是测量钟摆，还是自由落体实验都没看出有什么不同（图7－1）。

图7－1　伽利略变换

牛顿在伽利略的基础上提出，不看外界参照物的话，到底是在做匀速直线运动或者干脆是静止，根本没法分辨，做力学实验是分辨不出来的。不管你弄个摆锤测周期，还是弄个石头搞自由落体实验，最终的测量数据都一样。

假设观察者A飘荡在太空里，不受任何力的作用，那么他就是一个惯性观察者。那A根本无法分辨自己是在动还是不动，他完全不知道自己所处的状态。A看到有个观察者B从旁边延直线匀速飞走，那么B也是惯性观察者。只是A与B不是同一个参考系，但A与B两个参考系的力学规律完全一样。假如两个观察者做相同的力学实验，结果也应该是相同的。你必须选定一个参考系，才能讨论物理现象。一个现象，在A看起来是这个样子，在另外一个观察者B看起来又是什么样子呢？两个参考系之间，能不能相互换算呢？

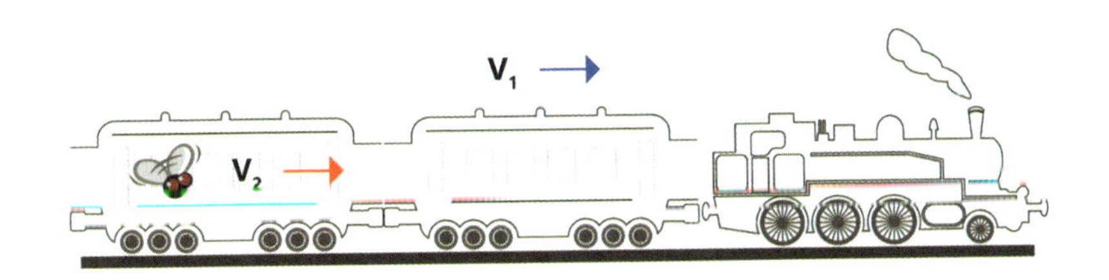

图7－2　运动叠加

比如说，在一列匀速直线运动的火车上，有一只苍蝇在飞（图7－2）。以火车为参照系的话，看起来很简单。假如以地面为参考系的话，地面上的人看来，苍蝇的速度是多少呢？显然这是火车速度和苍蝇飞行速度的叠加，简单的加加减减就可以算出来，因此这是中学物理最基本的一个运算，即“伽利略变换”。

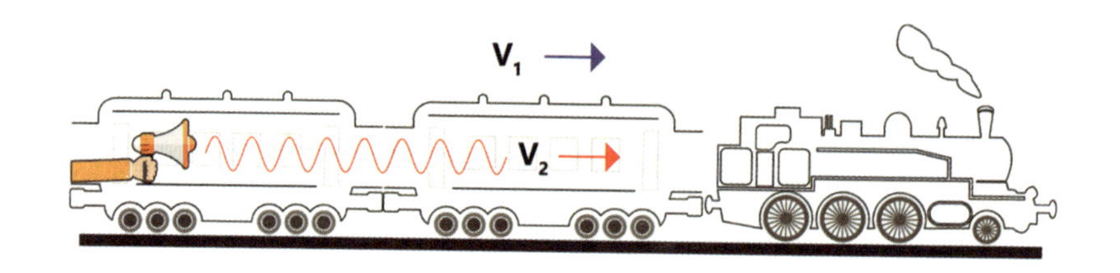

图7－3　声波叠加

假如换成声音呢（图7－3）？在火车上大喊一声，在地面上的人观察声音的速度，又会怎么样呢？其实道理还是一样，不过是把苍蝇的飞行速度，换成了声波的速度而已。声音依赖空气来传播，火车可是拉着一车空气跟着走的，这叫“完全拖拽”。因此，还是简单的加加减减就搞定了。

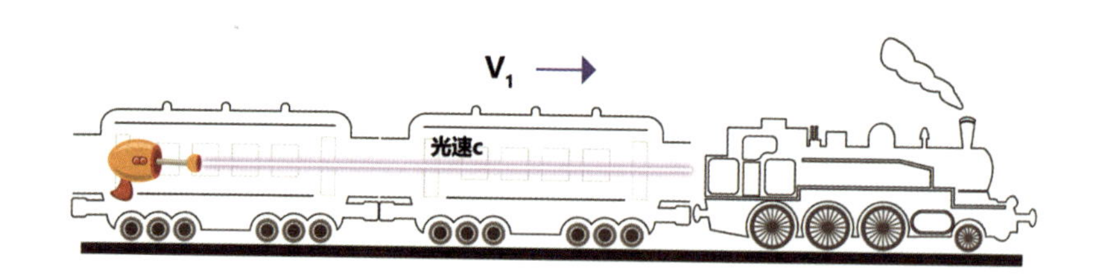

图7－4　光的叠加

要是换成电磁波呢（图7－4）？比如说一束光，火车上的一束光射向前方，毫无疑问，以火车为观察者来讨论，光速就是C，但是在地面上的观察者看到火车上这一束光，到底是什么速度呢？一大批物理学家们哭晕在厕所，因为电磁波可不是加加减减能搞定的了。说到底，是因为在那时候的物理学家们看来，电磁波是依赖以太传播的，但以太这东西太过诡异，实在是让人捉摸不透。

爱因斯坦和奥林匹亚科学院的小伙伴们都深知这个问题极其麻烦，按照麦克斯韦的电磁学理论，这个速度就是C。人家算出来的结果与观察者没啥关系，但是这显然跟大家公认的“伽利略变换”相矛盾。这事儿让物理学家们极其痛苦，为什么机械运动与电磁运动是那样的不同，能不能把电磁与机械运动统一起来呢？电动力学不就是干这个的吗？爱因斯坦陷入了深深的思索……

要说那时候的物理学界，已经慢慢地摸到了一场物理学革命的门槛上了，但是要跨越这道门槛，恐怕大家还有很多思想上的包袱。从理论上讲，摆在物理学家面前有个大矛盾：

- 麦克斯韦电磁学
- 相对性原理
- 伽利略变换

麦克斯韦电磁学与伽利略变换这两条理论是互相不兼容的，可是伽利略变换被认为是相对性原理的数学体现啊，这可麻烦了。

从实验上来讲，一连串的实验结果彼此相互矛盾：

洛奇旋转钢盘实验	以太根本不会被拖动
迈克逊–莫雷实验	以太被地球完全拖动
斐索流水实验	以太被流水拖动了一部分
恒星的光行差	地球在以太里面穿行（以太不动）

在洛伦兹看来，以太是绝对不动的，以太基本上可以看作绝对空间坐标系的化身。洛伦兹在以前研究的斐兹杰惹–洛伦兹收缩的基础上，推导出了新的变换。这个变换形式要比简单的伽利略变换麻烦多了，但也并非不易理解，有中学的知识水平都能够理解。

还以火车上飞行的苍蝇为例，火车速度是V_1，苍蝇在车厢里，相对车厢飞行速度是V_2，那么地面上的观察者看起来苍蝇是什么速度呢？按照伽利略变换，这事很简单，加加减减就搞定了。

$$V_{\text{地面}}=V_1+V_2$$

假如两者速度接近光速的话（苍蝇和火车的马力真大），简单的加加减减根本就不好使。洛伦兹凑来凑去，凑出了一个公式。我们捞干的，只讲速度叠加，先看公式：

$$V_{地面}=\frac{V_1+V_2}{1+\frac{V_2V_1}{C^2}}$$

C代表真空中的光速

假如速度火车运行得很慢，而且苍蝇飞得也很慢，那么洛伦兹变换就约等于伽利略变换。毕竟光速太快，火车和苍蝇的速度都小得可怜。假如V_1和V_2接近光速，折算出来的$V_{地面}$也是接近光速，但撑死了也不会超过光速，光速是极限速度。

洛伦兹对他的公式很满意，因为他的公式可以直接推导出斐兹杰惹-洛伦兹收缩，用他的变换公式代替伽利略变换公式。麦克斯韦方程不论怎么做变换，形式都不变。这时候有个物理学家叫佛格特，他跳出来了，说他1887年就已经推算出了这个公式。洛伦兹说你算错了，你把根号都弄到分子上去了，应该放在分母上才对，这不能算数。此时又有个科学家拉摩蹦出来说他1898年就算出来了，而且跟洛伦兹的公式是完全一致——拉摩的《以太和物质》里面已经给出了精确计算，他独立算出了跟洛伦兹一样的变换公式，而且也推算出了斐兹杰惹-洛伦兹收缩，比洛伦兹要早得多。洛伦兹也不服气，他1895年就算出来了，只是那时候计算出的是一阶近似，现在计算出的是二阶近似，他觉得自己做的显然更好。

数学家庞加莱在旁边围观好久了，不由得感叹——贵圈真乱！物理学家们掰扯不清，看来需要他这个数学家兼哲学家出手了！

庞加莱在《科学与假设》一书中提出了几个有预见性的思想：

1. 没有绝对的空间，我们能够设想的只有相对运动。

2. 没有绝对的时间。大家都认为钟摆摆过来和摆过去时间是一样的，真是这样吗？我们根本没有任何办法来直接比较过去的一分钟和未来的一分钟是否相等。

3. 发生在不同地点的两件事是不是同时的？我们甚至也没有直接的办法来知道。

4. 力学的事实是根据非欧几里得几何学描述的，非欧几里得几何学很麻烦，用起来不方便，但是它却像我们通常的空间一样是实实在在的。

庞加莱在1904年做的一次演讲中，讲到前面所描述的“相对性原理”，他是第一个完完整整地表述了相对性原理的人。他还预见到需要一种全新的力学，在这种力学里，光速将是不可逾越的障碍。普通的力学，是这种新力学在低速下的近似，在日常情况下可以好好地工作。

图7－5　庞加莱对钟

庞加莱提出了一个有趣的思考，对后人的影响是很大的，那就是有关对钟（图7－5）的问题。他提出的问题是：假如巴黎有一个钟，柏林有一个钟，如何才能把两边的钟校准呢？最好是用光信号来对钟，毕竟两地相隔遥远。假如我发射一束光，从巴黎到柏林，柏林看到这一束光，就立刻对准他的钟。只要扣除从巴黎到柏林，光在路上花掉的时间，两边的钟就校准了。那么从巴黎到柏林，光要走多长时间呢？这是不知道的，你必须对好了两地的钟，才能知道光走这段距离的时间差。这样一来，就成了“鸡生蛋，蛋生鸡”的问题了。庞加莱想出了一个非常巧妙的办法，那就是在柏林放一个镜子，一束光发射到柏林，然后反射回巴黎。一来一回的这段时间，就是柏林到巴黎光信号传递的时间差的两倍，毕竟一段路跑了个来回嘛。这样的话，就可以顺利地对准柏林和巴黎的钟了。但是庞加莱思想的深邃绝不仅仅在于抖机灵，他又提出了一个问题：为什么能够使用这种办法来对钟，这种方法需不需要前提条件呢？这就是一个哲学家思考问题的方式，永远在拷问一个结论的适用范围和前提条件。

庞加莱这个对钟的办法的确是需要前提条件，那就是光速一来一回是相等的。假如光从巴黎飞到柏林和从柏林飞到巴黎的时间不等，这个对钟的办法就根本不能用。庞加莱做出了一个规定，光正着走反着走，速度都一样，乃至于光朝任何一个方向走，速度都一样，术语叫做“各向同性”，这个前提是非常重要的。别忘了，假如按照过去的思想，光是靠以太传播的，地球在以太中穿行，以太相对于地球是有运动的。就好比小船在渡过一条河流，发动机功率又没变，顺流而下和逆流而上怎么可能是同一个速度呢？在迈克尔逊最初的想法里，光速显然不是各向同性的。

庞加莱的思想很伟大，他的预见性非常准确地体现在这个光速各向同性的规定里，其实也已经否定了以太了。但是庞加莱迈出去半步，又把脚收回来了——他不能放弃收缩性假设，假如庞加莱不放弃，那么必然没办法丢掉以太。在洛伦兹的思想里，这个以太是绝对不动的，它其实就代表着绝对空间。庞加莱自己的思想也有矛盾，爱因斯坦看过的他的书，他的思想也对爱因斯坦的启发很大。

现在，球已经摆到了罚球线上，大家还在彼此推让，洛伦兹还在观望，庞加莱在旁边指东指西的出主意提意见。磨叽了半天，就是没人起脚。庞加莱一看，皇帝不急太监急，干脆还是我来吧。他过去的思想都是发挥了作为哲学家的一面，现在要发挥数学家的那一面了。他在1905年写了一篇论文，叫做《电子的电动力学》，分析了光行差现象和迈克尔逊的实验。他提出：不可能存在绝对运动。又对洛伦兹的公式进行了整理，公式变得更简洁。“洛伦兹变换”这个名字也是他起的，他觉得这个荣誉应该属于洛伦兹。庞加莱还提出，收缩假设不再是个假设，是满足相对性原理的。现在他的状态，基本上已经站到了球旁边，摆好罚球的姿势，腿也抬起来了，正准备发力！突然发现：球已经被干净利落地踢进了球门，而踢球的不是自己！他不由得四下张望，旁边围观的广大吃瓜群众也十分不解，这是谁干的？谁？

在专利局小职员爱因斯坦自己看起来，1905年是不平凡的一年。他非常兴奋，在给奥林匹亚科学院朋友的信里，也抑制不住自己的开心——他这一年有六篇论文是分量最重的：

1.《关于光的产生和转化的一个试探性观点》

2.《分子大小的新测定方法》

3.《热的分子运动论所要求的静液体中悬浮粒子的运动》

4.《论动体的电动力学》

5.《物体的惯性同它所含的能量有关吗?》

6.《布朗运动的一些检视》

第一篇讲述的是光电效应，他提出了“光量子”概念。爱因斯坦日后凭这篇论文拿下了诺贝尔奖，他自己也说是“非常革命的”。其实每一篇分量都很重，都不亚于他拿诺贝尔奖的第一篇论文。一个人在短短的一年之内就拿出来这么多高质量的论文，的确是个奇迹。但是最有里程碑意义的是第四篇论文，因为在现在看来，这一篇论文是一场不折不扣的物理学革命。

但是，就当时整个物理学界来说，爱因斯坦的论文并没有引起太大的波澜，直到他的论文引起了普朗克的注意。普朗克当时正担任《物理学年鉴》的主编，他一看，这篇论文写得不简单，思想非常大胆新颖。普朗克对爱因斯坦非常赏识，他觉得爱因斯坦简直是当代的哥白尼啊！人们要感谢普朗克，他有两个伟大的发现：第一个是发现了量子，第二个是发现了爱因斯坦。

那么爱因斯坦的论文到底写了些什么，引得普朗克赞赏有加？首先，爱因斯坦一上来就表达了不爽，就拿当年法拉第做的那个螺线管实验来讲吧，一个螺线管，假如有个磁铁从里面快速地抽出来，螺线管就会感应出电流，这个实验恐怕中学也都演示过。但是按照现有的电动力学来看，螺线管固定不动，抽动磁铁是一回事儿，反过来，磁铁不动抽动螺线管是另外一回事儿。这两个过程的计算方法完全不同，虽然最后的结果是一样的，造成这种问题的罪魁祸首就是所谓的“绝对空间”。拿出这样不对称的理论，大家有脸没脸啊？这样的理论，实在是不够优美。

爱因斯坦一顿抱怨过后，指出现实中的困难。一系列妄图证明地球相对于光媒介运动的实验都失败了，大家想找以太，找来找去也找不到。“光在虚空之中，总是以固定的速度传播，跟光源无关”，这应该是一条公设，公设是一切数学推导的基石，不需要光以太这种概念，以太是多余的。

普朗克估计一看到开头就已经两眼发直了，这小子胆子真大，大家讨论了一百年的以太，他说扔就扔了；接着往下看，普朗克发现后边的东西更加毁三观——爱因斯坦把“同时性”给废了，他坚持两个基本的公设。

1. 相对性原理

2. 光速不变

在这两条前提之下，可以推导出整个体系。

那时候的物理学家们已经知道了“同一地点”是相对的，比如说，有一位乘客在行驶的公交车上买车票，他把钱交给了售票员，售票员又把票交给了这位乘客。他们都觉得这是在同一个地点发生的事，因为乘客把钱交给售票员的时候，还有后面售票员把票交给乘客的时候，他们都站着没动，可以认为这是在公交车上同一地点发生的。但是，假如地面上也有一位观察者，他目睹了这一切，他会觉得，这两件事并非在同一地点发生。乘客把钱交给售票员是在某处，等到售票员把票交给乘客的时候，公交车已经开出去好几百米了，这两件事不是在同一地点发生的。所谓的“相对性”，就是不同的观察者，观察同一件事，看到的东西是不一样的。

由此可见，“同一地点”是相对概念，并不是各种状态的观察者看到的都是同样的情景。物理学家们普遍都知道这回事，但是大家都觉得：“同时性”是不会有问题的。比如说七点钟火车到站了，那么意味着手表指针指向七点和火车到站这两件事就应该是同时发生的，在路边蹲着的人看到这件事同时发生；在飞速驶过的火车上看，这件事也同时发生；在天上的鸟看来，这两件事还是同时发生的。但爱因斯坦并不这么认为，他认为：在光速不变的情况下，“同时性”也是相对的。假如观察者的状态不同，他不见得会看到这两件事同时发生。

爱因斯坦是思维实验的高手，他描述了一个思维实验（图7－6）来说明“同时性”的问题。他是这么描述的：在一列飞驰的火车上，天上打雷了。这个雷打得有点奇怪，在地下的观察者A看来，这一头一尾是同时被打中的；在车顶也有一位观察者B，他在火车的正中心，头尾到他的距离是一样的；人只能依靠车头车尾传过来的光来知道发生了什么事。火车在往前开，光速可是不变的，车头的光走得近，因为火车往前走，人是迎接飞过来的光；车尾的光走得远，因为车尾的光要多赶几步才能追上观察者。这下倒好，在列车中间的观察者看来，这两件事就不是同时发生的了。因此爱因斯坦说，绝对的时间观念是不存在的，因为观察者的不同，你觉得这件事是同时发生的，其他人看来可不见得是这样，那种放之四海皆准的统一的时间刻度并不存在。

有了这个思想，眼前豁然开朗，一个新的物理学时代就此到来。时间也是相对的，并不存在绝对的、统一的时间概念。爱因斯坦一开始也并没有能够想到这一点，后来在自己的心路历程中回忆到，那是一个晴朗的日子，他去找好朋友贝索先生，两个人就时间问题讨论了好久。

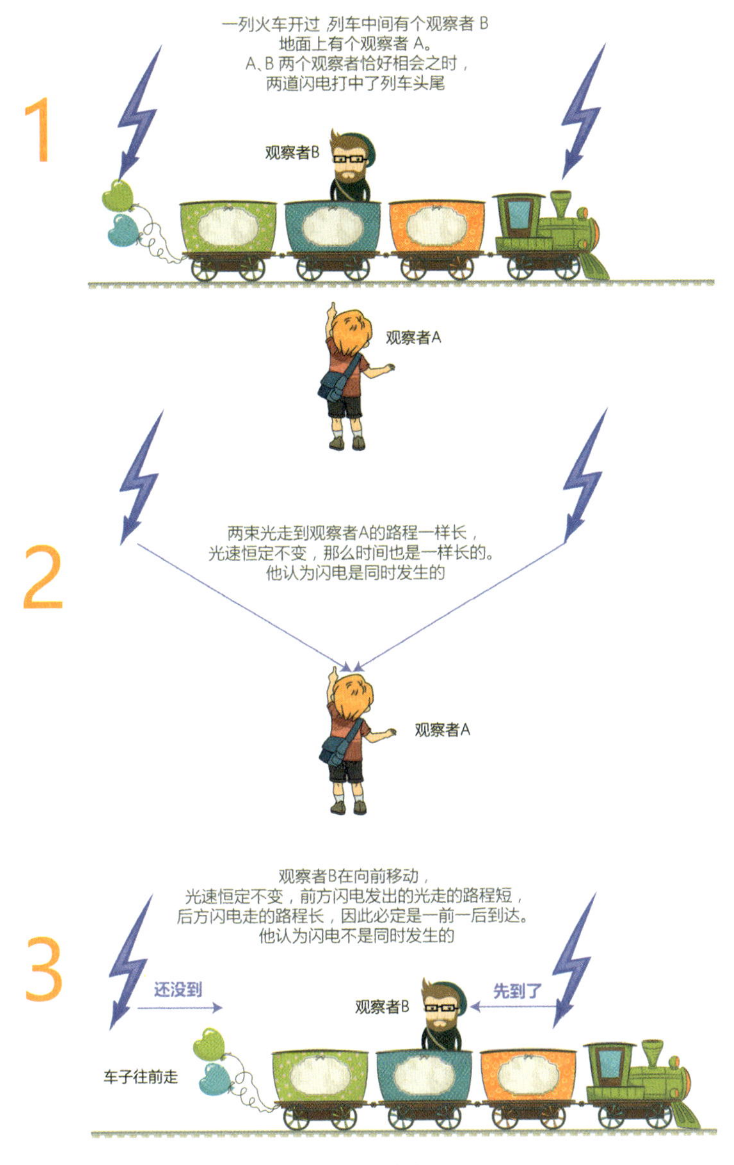

图7－6　同时性问题

他突然开窍了：原来时间和信号的速度之间有着密不可分的联系。贝索先生倒是一脸懵圈，他并不知道自己哪句话启发了爱因斯坦。不出几个礼拜，爱因斯坦那篇划时代的论文就写完了，他在论文的后面还不惜笔墨地写上了感谢贝索先生花时间与他侃大山，给了他很大的启发，于是贝索先生这个打酱油的也一不留神跟随着《论运动物体的电动力学》这篇论文名垂青史。

我们可以想象，普朗克作为《物理学年鉴》的主编，看到这一段的时候是如何三观尽毁。这是一个思想的突破口，同时性这个概念一旦被打破，很多东西就可以顺理成章地推导下去。爱因斯坦就以光速不变和相对性原理两条基本公设为前提，顺利地推导出了与洛伦兹完全相同的变换公式。但是这个公式的含义却与洛伦兹的理念不同，洛伦兹认为，他的变换公式是绝对空间与另外一个惯性参照系之间的换算公式，但是爱因斯坦早就放弃了绝对空间这种概念，爱因斯坦认为，这一套公式是任意两个惯性系之间的变换公式，尽管我们仍然称这个公式为“洛伦兹变换”，但爱因斯坦赋予它的意义与洛伦兹天差地别。自然而然，“洛伦兹收缩”也可以顺理成章地推导出来，还包括菲涅尔的“拖拽系数”。只是洛伦兹必须事先唠叨很多假设：假设以太存在，假设光会受到以太的影响……

物理学的游戏规则就是如此，我们要用尽量少的假设来搭建整个理论体系，人为的规定越少越好。洛伦兹还是需要一个静止的以太，但是爱因斯坦根本就不需要这个劳什子，他只用简单的运动学就搞定了。不过在解决了一大堆过去非常头痛的遗留问题的同时，爱因斯坦也搞出了一堆奇葩结论，比如说“钟慢尺短”效应，爱因斯坦还是用思维实验来描述这个现象：假如有个人匀速沿着直线从你面前飞驰而过，他手里拿着一把一米长的尺子，你也拿着一把一米长的尺子；飞驰而过的一瞬间，两个人相互对比了一次尺子，双方都觉得，对方的尺子比自己的短，尺子在运动的方向上会发生收缩现象。洛伦兹他们一帮物理学家以前就为这个收缩伤透了脑筋，他们认为这是真的缩短了，因此想法子用各种实验去检测。其实这不是真的缩短了，而是因为双方的运动状态不同，因此他们有着不同的空间尺度，所以才会出现匪夷所思的一幕：双方都觉得自己的尺子长，对方的尺子短了。

不仅仅是空间是相对的，时间也是相对的，这还是靠思维实验来描述。爱因斯坦说，沿着直线排列一大溜的钟，这些钟彼此都是对准的，一个人沿着这条直线飞驰而过，他手里也端着一个钟，这个钟在事先也和其他的钟对好。他在路过一个个钟的时候，拿手里的钟和路边的钟做比较，会发现路边的钟与他的钟走的不一样了——路边的钟走得慢。反过来讲，路边如果有一位观察者的话，他也会发现，对方的钟慢了。空间收缩，时间延缓，这两个效应就被合称为“钟慢尺短”效应。

爱因斯坦还得出了另外一个结论，那就是光速是一切运动速度的上限，没有任何有质量的物体运动速度能超过光速，也没有任何信号的传播速度能超过光速。爱因斯坦在电磁学部分还讨论了电子动能的问题：假如可以超过光速，那么电子的动能会出现无穷大的情况，这显然是不可能的。动能无限大，其实就是质量无限大，质量的大小似乎跟蕴含的能量是相关的，而且质量是包含能量的直接度量。这个思想在爱因斯坦给哈比希特的信里提到过。当时，放射性已经被发现了，爱因斯坦希望能用放射性来证明自己的设想，比如说，镭盐辐射出了一定的能量，那么质量必定会有变化。

到了1907年，爱因斯坦在一篇新的论文——《关于相对论原理和由此得出的结论》中明确描述了这种现象，在第十一节里他描述了“质量对于能量的相依关系”，一系列的公式经过不断简化，得到了一个非常漂亮的公式：

$$E=mc^2$$

这表明，质量和能量是一回事。横看成岭侧成峰，你观察的方式和角度不同，物质展示出来的形式也不同，可以是质量，也可以是能量。过去大家都知道的质量守恒定律和能量守恒定律，现在已经要合并在一起，称为“质能守恒”了。这个公式太过简洁优美，即使不懂物理学的人也很容易记住，可以说是物理学中知名度最大的公式。

图7－7　带有爱因斯坦质能方程的美国核动力航空母舰“企业号”

美国核动力航空母舰“企业号”（图7－7）庆祝服役四十周年，水兵们就在甲板上摆出了这个质能方程。

我们在100多年以后回望这段历史，会非常敬佩那个年纪轻轻的毛头小伙子爱因斯坦。很多人死活都不放弃以太这个东西，美国的迈克尔逊一辈子念念不忘这个“可爱的以太”，当时掀起了一股“保卫以太”运动，英国的汤姆逊甚至在1909年还宣称：“以太并不是思辨哲学家异想天开的创造，对我们来讲，就像我们呼吸的空气一样不可缺少。”爱因斯坦很崇拜的哲学大神马赫，也不承认爱因斯坦的理论，洛伦兹也不同意爱因斯坦的观点，尽管爱因斯坦推导的公式和他的一模一样。洛伦兹倾向于放弃相对性原理，爱因斯坦的两条公设里面就有相对性原理，于是洛伦兹为了区别爱因斯坦的理论和自己的理论，把爱因斯坦的理论称为“相对论”。对于这个名字，爱因斯坦并不认为是自己理论的精髓，因为相对性原理由来已久，并非自己的独创，他更加偏爱光速不变原理，这才是他自己的独创，也是整个理论的支柱。不过后来大家叫开了，都叫相对性原理，爱因斯坦也就逐渐接受了这个名字，相对论就相对论吧。

爱因斯坦的支持者不算多，但是质量很高，以普朗克为首的一波大牛力挺爱因斯坦。但是，一个法国人把一道难题摆到了爱因斯坦的面前，这个难题至今还是物理爱好者津津乐道的问题，也是各类科幻题材常用的一个理论。这到底是什么问题呢？且听下回分解。

第8章 双生子佯谬

爱因斯坦的相对论发表以后，普朗克一班物理学大牛们纷纷表示支持，但是更多的人表示反对，更多的人抱着当吃瓜群众的心态，先让消息飞一会儿再说吧。很多年轻人都在窃窃私语，但看见各位资深物理学家们都不说话，他们也不敢大声嚷嚷。不过，大家普遍对爱因斯坦那些奇葩的结论感到新奇，“钟慢尺短”这种事真的会发生吗？能不能用实验来解决问题呢？

那时候，人们已经发现了电子，电子是可以用电场来加速的。但是人们发现，不同速度的电子，好像折算起来质量是不一样的。早在1878年，罗兰就用实验证实了“运动的电子会产生磁场”。J·J·汤姆逊提出，既然带电粒子要比不带电的粒子做的功更多，那么说明带电粒子拥有的质量更大，大家给这个现象起了个名字叫“电磁质量”，运动的电荷就会引起这种电磁质量。1901年，考夫曼用实验证实了“不同的速度下，电子的质量是不一样的，速度越快，质量越大”。1903年，有一位物理学家亚伯拉罕推算出了电子质量公式，按照经典的电磁理论，的确也可以推导出电磁质量公式。到了1904年，洛伦兹就利用洛伦兹收缩假设，推导出了自己的电磁质量公式。1906年，考夫曼宣布，他的测量结果跟亚伯拉罕的公式吻合得很好，而洛伦兹的那个公式是不对的。洛伦兹泄气了，他觉得自己的公式有问题，打算放弃。

爱因斯坦可不这么看，他当然站在洛伦兹这一边，因为洛伦兹得到的结果跟他用相对论得到的结果是一致的。这也非常好理解，他们俩的基础公式都是洛伦兹变换，只是大家对公式的意义理解不同。洛伦兹的那个电磁质量的公式，说得全一点应该叫做“爱因斯坦-洛伦兹”公式。爱因斯坦知道亚伯拉罕的曲线跟实验观察的结果符合得更好，但是他铁口直断：要是实验结果更加精密，结果肯定是对自己有利。爱因斯坦心里有底，他的公式来自于更加严密的逻辑推导，亚伯拉罕的公式只不过是凑巧蒙上了。果然，一年以后，有人再一次做了电磁质量的实验，还是洛伦兹-爱因斯坦公式符合得更好。再后来类似的实验做了一次又一次，特别是大型粒子加速器的建造使得这种实验可以在接近光速的条件下来搞，实验数据都高精度地证明了爱因斯坦的相对论是正确的。

我们从这里也可以看出来物理学家们都在干啥，你的理论并非只是简单地预测出来钟会变慢，或者尺子会变短，这样的结论仅仅是定性的描述，你还要能够高精度地计算出到底变了多少，是不是跟实验数据相符合。在本书中会遇到很多案例，科学家们提出的各种假说都是要到小数点后面n位去决一胜负。在当时，实验精度不够的情况下，大家当然免不了犹豫不决，到底谁对谁错，要等消息飞一会儿，先不忙下结论。

在爱因斯坦的论文里面提到过一个问题：地上有一个钟A，有另外一个钟B，这两个钟彼此对准。假如B钟跑出去溜达了一圈再回来，谁比较慢呢？爱因斯坦当然回答：那个运动的钟变慢了。他后来没有详谈，本来他也没觉得需要详细谈，可是很多了解相对论的人都感觉不解：运动是相对的，A觉得B跑出去溜达了一圈，那么应该说是B变慢，但是在B看来，应该是A反向跑出去溜达了一圈，A变慢才对啊！那到底是谁变慢了呢？这个问题就被称为“时钟佯谬”。

图8-1　朗之万（左二）与爱因斯坦，1923年

后来，法国的一位物理学大牛发话了，这一位就是朗之万（图8-1），他是

大名鼎鼎的居里先生的学生。在1911年发表的一篇题为“空间和时间的演进”的文章中，朗之万为了描述得更加人性化一点，不采用钟表来描述时间，而是用了人的年龄。爱因斯坦总是喜欢描述：“对方路过你的时候，你瞥一眼看看对方的钟”，这哪里能看得清楚啊？朗之万觉得这事不好办，需要一个能够累计时间误差的玩意儿，于是他想到了人的年龄。后来为了表述对比更加明确，又给描述成了双胞胎比较年龄的问题，于是“时钟佯谬”就变成“双生子佯谬”（图片8-2）了。

图8-2　双生子佯谬

这个“双生子佯谬”是这么描述的：A、B两个人是双胞胎，年龄几乎一样大；A蹲在地上不动，B坐着火箭出去溜达了一圈；只要火箭够快，出去溜达的时间够长，那么假以时日，当B调头返回原地的时候，他发现，自己居然比A年轻，两个人的年龄出现差异了。这是真的吗？所谓“佯谬”的含义就是看上去是错，实际上是对的。那么我们现在已经知道答案了，那就是这个问题是对的，的确会出现两个人年龄不一致的情况。朗之万的解释是：谁做了加速运动，谁就老得慢。A蹲在地下没动，那么说明他没做加速运动，是个惯性系的观察者。B则不然，他开始跟A在一起啊。然后，他开着火箭飞出去了，火箭必定有一个从速度为0，然后不断加速的过程，不然飞不出去啊。然后飞了好多年，B肚子饿了打算回家吃饭，那么他就需要把火箭掉个头，然后往回飞，靠近地球以后还要减速才能着陆，回到A的旁边。那么这一顿折腾，B根本就不是一个惯性观察者，B飞出去再飞回来这个过程里，必然是有加减速过程的。谁有速度变化的过程，谁的时间就变慢，因此看起来就年轻一些。

这是朗之万的解释，后来别人也给出了其他的解释。比如说劳尔在1912年也给出过一个解释：他认为B在调头的时候，改变了参考系，这才是问题的关键。后来爱因斯坦在1918年也给出了一个解释，影响同样很大。不过，不管有多少种解释，答案是一样的：B比较年轻。

我们还可以做个具体的描述，这样各位读者才能有个感性认识。最近在比邻星发现了太阳系外行星，假如要派一个飞船飞过去看看，应该怎么办呢？比邻星距离我们太阳系4.3光年，飞船以3g的加速度一直加速到25万千米/秒，然后关了发动机靠惯性飞行，快到比邻星的时候以3g的加速度刹车，不然就停不下来了。3g的加速度并不好受啊，要知道这就相当于宇航员每时每刻都要承担自己体重三倍的重量，还要支撑好多天。到了比邻星看一眼就回来，还是3g的加速度推进到24万千米/秒，然后关发动机，快到太阳系再减速。一来一回，地球上的人觉得飞船走了十二年，但是飞船上的人觉得才七年啊。这一来一去，飞船上的人就慢了五岁。

假如我们去探测银河系的中心部分，就不能这么逍遥自在了。我们离银河中心大约是2.8万光年，路途极其遥远。假设火箭一直以2g的加速度在加速，一直飞到路途中间，然后开始减速，中途是不关闭发动机的，到了银河中心，马上回来。这样的话，宇航员大概感觉自己过了四十年时间，出发的时候三十岁，回家的时候已经是七十岁的古稀老人了。但是地面上的人感受可就完全不同了，因为地面上已经过去了六万年！假如人类还没有灭绝的话，他们大概会列队欢迎八辈祖宗胜利凯旋，八辈？恐怕太少了点，六百辈都不够啊！要不说，双生子佯谬这个理论是科幻题材的宠儿之一，有关时间的快慢长短的确会给人带来匪夷所思的感受，但是，这到底是怎么一回事呢？为什么加速运动会延缓年龄的增长呢？

这个问题，其实背后还有爱因斯坦的数学老师闵可夫斯基的贡献，闵可夫斯基看到了爱因斯坦的相对论，十分惊奇，原来那个时常翘课的学生还是个潜力股！自己是万万没有想到。闵可夫斯基在苏黎世教授《分析力学应用》，爱因斯坦听过他的课。从1905年开始，闵可夫斯基把全部精力都放到了电动力学方面，大家都看得出来是受到了学生爱因斯坦的激发。他开始把爱因斯坦的相对论进行系统化的整理，并在整理的过程中使用了矩阵。毕竟人家是数学家，对于数学工具的使用有更深厚的功底。闵可夫斯基在整理的过程里发现，仿佛时间t在矩阵中的地位是和空间轴 x、y、z 平起平坐的。他觉得应该把时间与空间同等对待，时空是不可分离的坐标体系，应该称为“四维时空”。庞加莱也提出过类似的想法，在闵可夫斯基看来，假如你用时间（t）+地点（x,y,z）来描述一个四维时空里面的事件，那是不依赖参考系的，计算起来更加简洁明了。

我们来举个例子说明这个问题：2001 年 9 月 11日 v 发生了一个重大的事件，那就是911恐怖袭击。早上8：46，美国航空11号班机撞向纽约世贸中心北座大楼；9：37，另一组劫机者控制美国航空77号班机撞入华盛顿的五角大楼美国国防部。在我们地球人看来，这两件事儿发生地相距330千米，时间相隔五十一分钟。假如正好有外星人驾驶飞船高速飞过，那么他们在高速移动的飞船之上看到的这两件事，还是相隔五十一分钟吗？相距的距离还是330千米这么长吗？按照爱因斯坦的相对论来计算，显然外星人看到的时间与空间都与我们地球人是不同的。钟慢尺短，外星人看到的距离更短，时间间隔也更短，因为我们地球人与外星人属于不同的惯性系。按照当初闵可夫斯基老师的想法，假如把四维时空里的坐标统一起来，那么这两个不同地点不同时间发生的事件就可以用四维时空中的勾股定理来计算一下四维距离。当然，时间要折算成距离才可以混进去计算。用光速作为转换因子，五十一分钟时间就可以折算成五十一分钟内光走过的距离。闵可夫斯基为什么要算这个距离呢？当然有他的用处，因为闵可夫斯基发现，不管是地球人还是外星人，他们看到的两地距离是不同的，看到的两件事的间隔时间也是不同的。但是他们用四维时空的勾股定理计算一下四维距离，居然是相等的，是不变的。这就是所谓的“不依赖参考系”，物理学家们看到不变的东西，可开心了。

那么，我们用闵可夫斯基的办法就可以画出时空图来计算了。我们来看看双生子佯谬在图上是怎么表示的（图8－3）。

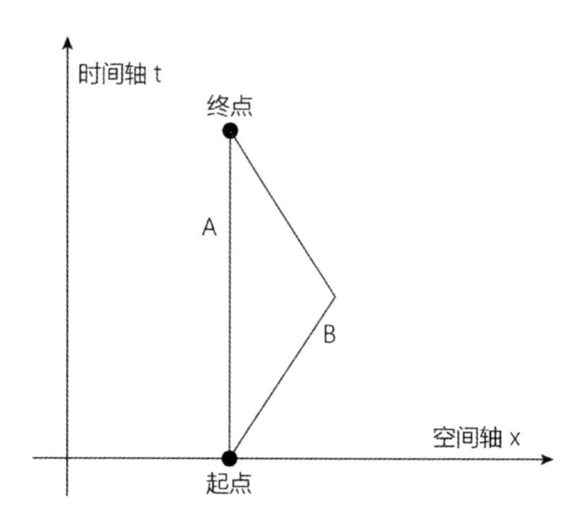

图8-3 双生子佯谬

二维的纸上画不出四维的时空，只能简单画个示意图。我们为了简化问题，假设B坐着火箭沿着X轴运动。这样Y轴和Z轴就不用画了，反正跟它们没关系，以后还有类似的图表也是这么处理。

A蹲在地上不动，但是时间滚滚向前不能停止，因此他在时间轴上还是在运动的。A在图上拉出了一条垂直线，B沿着X轴向前飞行，在空间轴上有运动，同样时间轴上也有运动，因此在图上显示的是一条斜线。他们起点是一致的，从同一个地方出发，终点也是一致的，因为他们再次见面了，必定时间和空间都一致才能见到。B在中间做了一次大转弯，调头向回飞行，因此在时空图中，B的路径是一条折线。我们现在看出来了，原来A与B在四维时空中走过的路径是不同的。根据闵可夫斯基的理论，我们现在画出的时间轴叫做“坐标时”，并非是每个人自己感觉到的时间。每个人自己拿着钟测量出来的时间叫做“固有时”，固有时才是两个人自己的时间。四维时空中的线的长度，就是两个人真实的年龄，因此我们已经可以清晰地看到，两个人在时空图中走过的路径不同，因此路径长度也不一样。

照着我们平常的思维，空间中直线最短，曲线要比直线长。按理说应该是A比B要短，那么应该是蹲在地上的A比坐火箭出去溜达的B要年纪小。但为什么答案是相反的呢？其实问题就出现在闵可夫斯基老师的这个坐标上，闵可夫斯基老师说：时间是第四个维度。但是时间是个虚数坐标，跟其他三个坐标是不一样的。所谓的虚数就是负数开平方，中学老师会告诉你负数开平方是不行的，任何负数的平方都是正数，因此没可能出现哪个数的平方会是个负值。但是到了高中阶段，高中老师会告诉你，负数是可以开平方的，开出来的结果是个“虚数”。虚数实际上是跟实数轴垂直的另外一个坐标轴，对数的概念有了个大大的扩展。闵老师描述的这个四维时空，时间轴是一个虚数，在三维空间里的勾股定理如下所示：

$$s^2 = x^2 + y^2 + z^2$$

三维空间的长度的平方是三个坐标平方和。既然是四维时空，当然还是要加上时间轴t了。因为时间轴是虚数，因此还要乘上虚数单位i。四维时空的勾股定理如下所示：

$$s^2 = x^2 + y^2 + z^2 + (i \times t)^2 = x^2 + y^2 + z^2 - t^2$$

公式采用自然单位制。所谓“自然单位制”其实就是省略了所有的系数和常数，这样的公式只表示物理量的关系，但是不能用于定量计算。做定性的分析，自然单位制显得非常清晰明了。这里省去了光速c，时间t本来要乘上光速c才能变成长度，放到式子里去计算。

大家看到，最后在时间轴t的前面是个减号，正是这个减号搞出了一堆的奇葩结论。闵可夫斯基描述的这个时空，跟我们平常数学课上接触的欧几里得空间是不同的。我们平常接触的欧几里得时空中所有的维度都平等，闵可夫斯基时空的时间轴跟空间轴并不一样。闵可夫斯基时空又被称为“伪欧几里得时空”。在伪欧时空里面，直线反而比曲线短，因此蹲在地上不动的那个A拉出来的直线，反而比B走的曲线还要长，也可以说，比任何一条曲线都长。A与B在时空里面划出的线，就称为“世界线”。这个世界线非常重要，是我们理解四维时空的有用工具。

爱因斯坦一开始还不以为然，他觉得闵可夫斯基老师数学搞得太多了，掩盖了物理学的内容。层层包裹，故弄玄虚，最后归根到底还是洛伦兹变换。但是他很快就发现了四维时空的好处，洛伦兹变换，其实就是在闵可夫斯基时空里的坐标系旋转，物理学的问题，已经被转化成几何学问题了。后来，几何成了整个相对论体系的精髓所在。

爱因斯坦后来对闵可夫斯基的评价非常高，闵可夫斯基对相对论做出了非常重要的贡献。遗憾的是，闵可夫斯基于1909年因为阑尾炎发作而去世，年纪不过才四十八岁。他们兄弟三人在老家柯尼斯堡都很出名，从小就是出了名的神童，他是家里最小的一个孩子。二哥就是发现胰岛素和糖尿病有关的著名医学家、被称为“胰岛素之父”的奥斯卡·闵可夫斯基；侄子鲁道夫·闵可夫斯基后来成为美国著名的天文学家。闵可夫斯基是在1907年左右拿出的四维时空的思想，也就在这一年，爱因斯坦也在寻求新的突破，闵可夫斯基可以说是恰好在关键的时间节点上推了爱因斯坦一把，这也是闵可夫斯基最后的贡献了。

爱因斯坦在思考什么呢？尽管很多物理学大牛都支持他的相对论，但是反对的声音依然很强烈。更多的学者保持了沉默，因为他们也不知道这东西对还是不对，怕一不留神说错话惹人笑话。倒是年轻的后生们都在窃窃私语，讨论着各种各样毁三观的问题。对于一般的反对和质疑，爱因斯坦是有信心的，因为他们都没说到点子上。但是自己的相对论并非刀枪不入没有罩门，有两个关键的缺陷，大家都没意识到，爱因斯坦自己意识到了：

1. 惯性系无法定义

2. 引力放不进相对论的框架

这两个可是大问题，爱因斯坦论文里面说了半天惯性系，但是大家都没注意到，惯性系的定义成了一个难题。按照过去的描述，相对于绝对时空做匀速直线运动或者是静止的观察者就是惯性观察者，可是现在爱因斯坦否定了绝对空间的概念，根本就没有绝对的空间。那你如何判断是不是匀速直线运动呢？立足点已经没有了。有人提出，我们可以按照牛顿第一定律的表述来定义参考系，现在大家还是这么说的，一个不受力的观察者就是惯性观察者。爱因斯坦对此也不满意，你如何知道不受力？为什么惯性系就比其他的参考系优越呢？

这里就要讲讲惯性系与非惯性系的不同了。惯性系，就是符合牛顿运动定律的参考系。假如一个观察者做匀速直线运动或者是静止，比如说你是在均匀行驶的火车上，你会看到什么呢？挂着的摆锤垂直向下纹丝不动，自由落体会笔直向下掉落，反正一切看来都是符合牛顿运动定律的。可是一个非惯性的观察者又会看到什么呢？大家可能有体会，大客车急刹车的时候，所有人都会莫名其妙地感到有一股力量推着自己往前跌，人要花好大力气才能站稳。车辆如果不是匀速行驶的，那就不能算是惯性系了，牛顿运动定律是不好使的。比如有个车厢在做匀加速直线运动，那么你在车厢里挂一个摆锤，这个摆锤会自然而然地朝一边歪，并不是垂直向下，它仿佛受了一个水平的拉力。你做自由落体实验，也不是笔直下落的，而是斜着掉下去。这一切的一切，在牛顿看来都是惯性搞的鬼。

对于非惯性运动的观察者来讲，大家实验结果并不相同。在缓慢加速的地铁上挂摆锤和飞快转弯的战斗机上挂摆锤，恐怕实验数据就完全对不上茬。所以呢，惯性系的优越性就体现出来了，惯性系里面，不管速度如何，方向如何，实验结果都一样。对于非惯性系的观察者，必须要考虑惯性的因素才行。法国的达朗贝尔就提出了：假如把惯性折算成一种力，给牛顿的方法打个补丁，那么就能方便快捷地搞定各种非惯性系。在这个基础上，达朗贝尔、拉格朗日等人搞出了一套分析力学，惯性被描述为一种虚拟的力，保证卫星不掉下来的离心力，导致热带气旋形成的科里奥利力，都是惯性导致的虚拟力。

爱因斯坦曾经上过有关分析力学的课程，主讲老师正是闵可夫斯基。可惜爱因斯坦老是翘课，两人见面的机会不多。现在爱因斯坦也碰到非惯性系的问题，想想就头痛，假如是老派的物理学家们，估计会一辈子都在想如何给现有的系统打个补丁。他们长期以来养成的习惯就是如此，物理学就是建立在公设之上，用为数不多的几条公设作为地基，然后用数学不断地推导出各种各样的理论。这些理论就像骨架一样互相支撑，然后在骨架之上再搭建新的骨架，层层叠叠，组建成了高耸入云的铁塔。每搭建一层，就要用实验验证一下，这根骨架打歪了吗？那个铆钉可靠不可靠？实验的结果还可以告诉你下一步楼往哪边盖，如果出了个小麻烦，打个补丁就OK了，没人愿意大动干戈拆了重建。假如某些实验结果不符合就把楼拆了重新盖，恐怕是一件费力不讨好的事。偏巧爱因斯坦可不管这一套，因此很多前辈物理学家们扔不掉的顾虑，他满不在乎地就扔掉了。比如说惯性系的问题就是如此，干脆咱就不要惯性系了吧！他打算把相对性原理推广到所有的观察者，做任何运动的观察者，物理学规律都是一样的。

且慢且慢！那个恼人的惯性该怎么处理呢？非惯性运动，惯性力可就冒出来了。爱因斯坦一个头两个大，他一时找不到解决的办法，惯性到底是个什么东西？牛顿老爷子留下了一个大坑啊！他描述了惯性与质量成正比，但是他从来也没说过惯性到底是怎么来的。爱因斯坦站在邮电大楼专利局办公室里，久久地凝视着窗外。他想起了马赫，马赫的思想对爱因斯坦的影响很大，他在《力学史评》这本书中反驳了牛顿的绝对空间观点，针对的就是当年牛顿牛老爵爷的“水桶实验”。牛顿当初也考虑过空间的相对性问题，他的意见是：惯性运动因为不受力，因此很难分辨自己的运动状态，可以说是相对的。但非惯性运动很容易就能分辨自己的运动状态，因此是绝对的。他专门设想了一个思想实验来描述这个问题（图8－4）。

有一个大水桶，里面装半桶水，在水桶里有个观察者，他完全看不到外界的景象。那么外界吊起这个水桶，带动水桶旋转，水桶内的观察者跟着水桶一起旋转。一开始，因为惯性，水是静止的，水桶在转。观察者会发现，水面是平的，桶和水有相对旋转，慢慢地，水被桶带动了。因此桶内的观察者会发现，水跟桶在同步旋转，并没有相对速度，但是水面凹下去了。这时候，外界刹车，桶停止转动了，水相因为惯性的缘故，不能马上跟着停下来。那么此时桶内观察者发现，水和桶有相对旋转，但是水面是凹的。慢慢地水面因为摩擦，也停下来了，水面又变成了平面。

图8－4　水桶实验

这就是桶内观察者观察到的全部过程。那么这个桶内的观察者，能不能分辨出来到底是桶在转还是水在转呢？我们可以列出一张表来粗略地分析一下：

●水面下凹，没有相对旋转　——　水和桶一起转

●水面下凹，有相对旋转　——　水转，桶不定

●水面平静，没有相对旋转　——　水和桶都不转

●水面平静，有相对旋转　——　桶转，水不转

你看，即便是封闭在桶里，看不到外界状况，仍然可以判断出自身的状态。牛顿说，正因为绝对空间的存在。因此水是否相对于绝对空间在转动，你只要看看水面是不是凹下去就足够了。不管桶做什么样的运动，不管观察者状态如何，你都能做出判断。水受到离心力的作用，而转动不是惯性运动，对于非惯性运动来讲，空

间是绝对的。看上去，牛顿的逻辑很严密，但是仍然被马赫挑出了毛病。

马赫在自己的书里曾经质疑过祖师爷牛顿，他认为不存在绝对的空间，也不存在绝对的时间。马赫说：水旋转会发生水面下凹的现象，并不是因为水相对于绝对空间在旋转，而是因为水相对于宇宙间的万事万物在旋转。万事万物与水之间，有相互作用，惯性就起源于万事万物之间的相互作用。假如是宇宙里的万事万物都绕着水旋转，那么水面照样会变凹。到底是水面旋转，世界不转，还是水面不转，世界在旋转，你根本无法分辨。牛顿属于偷换概念，你那个小小的水桶，对水的影响太小了。

总之，马赫的观点总结起来就两条：

1. 惯性起源于物质间的相互作用。

2. 不存在绝对的空间与时间。

爱因斯坦当年跟奥林匹亚科学院的小伙伴们一起研读马赫的书籍，对这段论述是大加赞扬，这真是说到了爱因斯坦的心坎里去了。不过对于这些话，爱因斯坦并不是真的全信。马赫老爷子充分发挥了哲学家的特色，说起话来高屋建瓴，云山雾罩，惯性到底是起源于什么样的相互作用呢？马赫没说，这等于又挖了一个坑。爱因斯坦当然也知道，整个宇宙是不可能绕着一桶水旋转的，因为距离遥远的天体必定会旋转速度超光速，这与相对论相违背。但是马赫的话仍然给了爱因斯坦一定的启示。他说惯性起源于相互作用，引力好像也起源于相互作用啊。惯性与质量成正比，引力也与质量成正比。质量到底是怎么样的一个物理量？为什么惯性与引力这两件互不相干的事，居然都跟同一个物理量——质量有关系呢？

我们知道，温度只管一件事，那就是冷热。速度只管一件事，那就是快慢。凭什么质量这个物理量就管了两件事呢？其实牛爵爷已经开始怀疑了，他在《自然哲学之数学原理》一书中是这么描述质量的：质量就是物质的量。我们平常用天平秤来称取物质，本质上利用的是引力效应。可是牛顿力学定律还告诉我们，质量跟惯性成正比。质量越大，惯性越大。牛顿提出的是两个质量的定义，他怀疑这里面有问题，这件事并不能依靠理论来推导，只能依靠实验来测量。

我们不妨把通过引力效应测量出来的质量叫“引力质量”；依靠惯性测量出来的质量，可以叫做“惯性质量”。牛顿现在需要想办法证明：引力质量与惯性质量是一样的，它俩没区别。最早想到做这个实验的人，是老前辈伽利略。传说伽利略做了一个名垂青史的实验，那就是“比萨斜塔实验”：两个球同时落地。当然也有人考据说，伽利略并没做这个实验。不管是谁做的这个实验，结果大家都看到了：轻重两个球，从同样的高度，以初速度0同时下落，基本上是同时落地的。这个实验很巧妙，用地球引力来提供加速运动需要的力。引力质量和惯性质量就被联系到了同一个公式里面，这样就可以靠实验来验证两者是否相等。但是牛顿深知，伽利略的实验是不严谨的。起码释放小球就需要机械装置，而不能靠人手。自由落体那么短的时间，也不利于观察和计量，因此牛顿就设计了一个单摆实验。单摆实验其实是自由落体的改进版，牛顿不断比较各种材质的摆动周期，假如引力质量与惯性质量不相等，不同材料的摆动周期必定有差异。牛顿换了各种材料：金、银、铅、玻璃、沙子、食盐、木头、水、麦子……测量了一大堆物质，发现引力质量和惯性质量就是一回事。牛顿的实验经度达到了千分之一的精确程度，由此可见，他的态度是严谨的。

图8-5　厄缶用的仪器

单摆也好，自由落体也好，都要受到空气的影响。匈牙利物理学家厄缶想出来一个新的办法，他用一个非常灵敏的扭秤来进行实验（图8-5）。一根非常细的细丝，悬挂着一个平衡杆，两端挂着两个重物，重量完全一样，但是材质不同。两个重物都会受到地球自转产生的离心力作用，也都会受到地球的引力。假如引力质量和惯性质量不相等，平衡杆就会歪斜。哪怕有极其微小的歪斜，也能被观察到。而且这套实验装置是静态实验，没有大幅度的运动，空气阻力完全可以忽略不计，因此精度非常高。1889年，厄缶拿到了第一次观测结果，精度达到了5×10^{-8}，1908年得到了第二次结果，精度达到了2×10^{-9}。物理学是个实验的科学，有了实验的验证，现在可以理直气壮地说，引力质量与惯性质量就是一回事，它们是同一个物理量。

爱因斯坦当然了解其中的奥妙所在，他在专利局的办公室里呆呆地坐着，凝视窗外若有所思，一个念头涌上脑中：从办公室窗口跳下去，会发生什么呢？

第9章　第五公设

从专利局办公室窗口跳下去这个想法，的确不是个好创意。他要是说出来，会把同事们吓个半死。前一阵子，物理学界有两位科学家去世了，一位是彼埃尔·居里，他是出门不小心被马车撞死的，居里夫人成了寡妇，这是科学界的意外悲剧。但是另外一件事就更令人惋惜了，统计物理的大牛玻尔兹曼上吊自杀。我们以现在的眼光看来，绝对是抑郁症的结果。玻尔兹曼最大的贡献就是成功地解释了热力学第二定律。热力学第二定律有很多表述，最常见的表述是："一个封闭系统中，熵只增不减。"熵在统计意义上表示"混乱程度"，熵值越高，混乱度越大。玻尔兹曼自己的大脑熵值抑制不住地增高，直到完全混乱。于是他在度假胜地的宾馆里，用一根窗帘拉绳结束了自己的生命。这样的悲剧也不是孤例，玻尔兹曼的学生埃伦费斯特在1932年也因为抑郁症，用枪打死了自己患有唐氏综合征的小儿子，然后饮弹自尽，想起来就叫人心痛不已。

若是平常开开玩笑，大家也不会当回事，但是有玻尔兹曼的前车之鉴，大家也不敢掉以轻心。爱因斯坦倒是绝没有自杀的意思，毕竟他还有伟大的使命没有完成呢？贝索先生倒是更了解爱因斯坦，他一定想到什么了吧？谁知道呢？反正他脑子里总有奇思妙想。

从楼上跳下去会感受到什么呢？当然是疼啊！然后呢？没有然后了，摔死了嘛！不！爱因斯坦真正注意到的是"失重"，这是至关重要的一个东西。做自由落体的时候，会感到自己失去了重量。在爱因斯坦看来，失重状态就是引力与惯性力完美的抵消了。人在失重状态下，是完全感受不到力的，这岂不就是完美的惯性系？

在传统的观念中，做匀速直线运动的才是惯性系。牛顿的伟大贡献就是指出了地球上的苹果落地和宇宙星辰相互绕行是相同的物理过程。在爱因斯坦看来，一颗炮弹，只要出膛速度是一样的，角度是一样的，无论是一颗铅弹还是一颗石头弹，他们划出的轨迹都是一样的。跟物体材料没有关系，仿佛它们划过的轨迹是空间中固定的轨道一般。

爱因斯坦眼前已经豁然开朗，假如失重状态是完美的惯性系，为什么它走过的路径是曲线而不是直线呢？这显然跟牛顿的描述不相符。因为空间本身是弯曲的，所以惯性运动不见得走直线，在弯曲的空间中，走的就是曲线。爱因斯坦想到了大学的时候，听闵可夫斯基老师讲过的高斯曲面理论。可惜他当时没好好听课，现在看来，真不该逃课。思想上出现了突破，那么现在就可以动手，把相对论推广到更大的适用范围去。

图9-1　等效原理

爱因斯坦提出了非常重要的一个基石，那就是“等效原理”（图9-1）。一个质点，到底是受到引力还是受到惯性力，它根本没法分辨出来。爱因斯坦想象了一个电梯的思想实验，当然我们换用火箭也是一样的道理：一个电梯，静止在地面上，里面“啪哒”掉下个苹果，这是个自由落体运动。在一个匀加速运动的电梯里，你扔一个苹果，那还是一样的结果，也会出现一个自由落体的效果。爱因斯坦说：“这是不能分辨的。”等效原理还分为强等效原理和弱等效原理。弱等效原理就是指，你做力学实验没有办法区分引力和惯性力。强等效原理是指，不仅仅是你做力学实验没法分辨，就算是做电磁学实验，也照样没法分辨，做任何实验都没办法分辨。当然了，爱因斯坦特别强调，这是一点及其邻域的范围内，范围大了，就能分辨了。爱因斯坦的这个惯性系实在是太小了，在一点及其邻域之内是好使的，并不具有实用性，一般还是拿我们地球当做惯性系来对待。当然，太阳参考系是更好的惯性系，银河比太阳又会更好，总之，地面上就是近似惯性系。

经过爱因斯坦的推算，物理学中的时空不再是硬邦邦冷冰冰的概念。时空是柔软的，可以弯曲的，宇宙也是柔软的，可以弯曲的。这就需要一套能在弯曲时空中好用的数学工具，这不是爱因斯坦擅长的领域，即便他当年不逃课，恐怕也搞不定。数学家们总是独自闷在屋里，闷头打造一个又一个稀奇古怪的独门利器。可是他们打造出来以后就往边上一扔，从来也不会去告诉物理学家们。物理学家要到数学家的储藏室里不断地翻找，看看能不能翻出两件趁手的法宝，然而爱因斯坦连去哪儿翻找都不清楚。

在这几年，爱因斯坦并非只考虑引力和惯性的问题，他的职场生涯也已经打开局面，走上了快车道。他先是在专利局升职，年薪已经达到四千五百瑞士法郎，从三等技术专家变成了二等技术专家。他在物理学领域也取得了不少成果：他研究固体比热和黑体辐射，写了好几篇论文，这些论文也普遍得到了大家的认可。爱因斯坦在物理圈子已经小有名气，1908年7月，他接受了日内瓦大学名誉博士学位，9月参加萨尔斯堡德国自然科学家协会第八十一次大会，和普朗克等一班大牛碰了个头，还作了《我们关于辐射的本质和结论的观点的发展》报告。10月份，苏黎世大学聘请他去当副教授，他犹豫不决，因为当教授的工钱不如在专利局多。后来人家特地给他加薪，他才答应从专利局辞职出来，到苏黎世大学任教，这已经是1909年的事了。

1911年2月，洛伦兹请爱因斯坦去荷兰的莱顿大学访问，爱因斯坦就跑了一趟荷兰。后来布拉格大学又要他去当正教授。苏黎世大学着急啊，爱因斯坦不能走啊，我们给你加薪！薪水加到了五千五百瑞士法郎。但是，爱因斯坦还是去了布拉格大学任教。这几所大学都在德语区，不过他到法国能用法语做演讲，跟居里夫人、朗之万也能相谈甚欢。布拉格那时候还在奥匈帝国的统治下，弗兰茨皇帝亲自过问，批准爱因斯坦到布拉格来任教。弗兰茨皇帝当年也是年轻英俊的帅小伙啊，茜茜公主的老公，此时此刻已成为一个八十高龄的老人了。

1911年10月，爱因斯坦去布鲁塞尔出席了索尔维会议，这是当年的物理学家的峰会。工业巨头索尔维因为搞出了大规模的制碱法而发了家，特别想回馈社会。那年头，大富豪们都比赛花钱搞慈善。当然他们搞慈善，并不是直接开粥厂救济穷人，都是投资于人类的未来，文化、艺术、科学技术就成了他们重点关注的对象。卡内基建立了卡内基音乐厅，创办了卡内基梅隆大学，洛克菲勒也在办大学，芝加哥大学就是洛克菲勒办的，后来他还办了洛克菲勒大学。洛克菲勒还广泛投资医学事业，我国的协和医院、协和医科大学就是洛克菲勒家族掏的钱。老头子有一句名言："把财富带进坟墓是可耻的。"

在这种风气影响下，欧洲人也不甘落后。这个索尔维也想青史留名，搞个科学奖项出来，无奈的是被炸药大王诺贝尔抢先了。人家搞出来个诺贝尔奖，现在成了科学界的最高奖项。索尔维也不甘人后，他打算搞一个顶尖科学家们的定期聚会，为他们提供最好的交流环境，让他们畅所欲言地讨论科学问题。索尔维就找到了一个在科学界有头有脸的人物，他叫能斯特，著名的物理学家、化学家，他最大的贡献是搞清楚了热力学第三定律。热力学第三定律的一种简单的表述就是："不可能通过有限次操作，把物体的温度降到绝对零度。"他跟工业界和科学界都比较熟，因此就由他出面，邀请了一帮物理学家们，在布鲁塞尔的大都会酒店里面开会，好吃好喝好招待。

能斯特是大会的秘书长，大会主席还是请德高望重的洛伦兹来担任。一直到洛伦兹去世，索尔维会议的主席都是他担任的，他会N国外语，时不时地还要帮着当各国科学家的翻译，万一碰上语言不通的科学家大吵架，洛伦兹老爷子能忙得人仰马翻。有两位年轻的后辈充当大会的秘书，负责整理记录各位大牛的发言。其中一位大会秘书的弟弟后来看到了会议记录，发疯似地爱上了物理学。果然这个小子后来一个雷天下响，因为一篇博士论文而拿到了诺贝尔物理学奖，他姓德布罗意……

图9-2　索尔维会议

现在我们可以看到索尔维会议的照片（图9－2），爱因斯坦在哪儿呢？他在后排最右边第二位，桌子一端坐着的是大会主席洛伦兹。爱因斯坦还是后起之秀，只能往边上站。洛伦兹左边那位就是工业大亨索尔维，不过拍照当天他不在，他的形象是后来用冲洗照片的暗房技术给补上去的，那年头就已经有了类似PS的技术啦。爱因斯坦起码进了大牛们的朋友圈，据说他跟庞加莱聊了聊，后来挺失望，庞加莱不支持他的相对论，恐怕这里面掺杂着感情因素，不完全是对科学的理解问题。庞加莱毕竟离关键的转折点曾经是那么近，哪想到被爱因斯坦这个毛头小伙子抢了先啊！

1912年2月埃伦费斯特来访，爱因斯坦和他一见如故，两个人结成了莫逆之交，爱因斯坦的朋友圈在不断地扩大。10月份，爱因斯坦又回到了母校苏黎世工学院任教。苏黎世工学院1911年已经升格成了有完整博士授予权限的工业大学，格罗斯曼早就留校任教了。爱因斯坦和同窗好友成了同事，因此他才有机会跟格罗斯曼一起研究弯曲时空的问题。格罗斯曼也并不知道该用什么样的办法去计算，他停下自己手头的工作帮爱因斯坦查了好几天的资料，回来告诉爱因斯坦，有几个意大利人正在研究一门学问，叫做黎曼几何，相信这本“武功秘籍”可以帮到你。格罗斯曼是他一生中的贵人，帮了他两次大忙。第一次是大学考试的时候借给他笔记，这样爱因斯坦才能顺利地从大学毕业。第二次是帮助安排了专利局的工作，解决了生计问题。要不然，恐怕也没有这样安逸的环境来保障爱因斯坦的物理学研究。

这一回，是格罗斯曼第三次帮到爱因斯坦。

爱因斯坦早就知道黎曼几何，他当年在奥林匹亚科学院就读过庞加莱的数学科普书籍，知道有黎曼几何这么一门学问。书到用时方恨少啊，这时候爱因斯坦临时抱佛脚去啃黎曼几何，哪有那么好啃！这东西是难以想象的复杂，要了解黎曼几何是怎么回事呢，就必须从几何学的起源讲起。

大家现在普遍都熟悉的几何学，那是古代一个叫做欧几里得的人整理出来的，所以叫做“欧几里得几何学”。当年徐光启碰上了从西方来的传教士利玛窦，俩人谈起《几何原本》这本书，徐光启当时就感到十分惊奇，于是他就缠着利玛窦，俩人一起翻译这本书。为啥徐光启对这本书这么感兴趣呢？因为这是一个用公理系统作为骨架，然后一步步推理出来的逻辑大厦，好几百条的定理，都是由最开始的五条公设推出来的。徐光启知道，我国过去儒家士大夫们对这样的思维方式很不熟悉，古代没有这种东西。这样的思维体系正是西学之精髓所在，正因为有了这种方式，整个数学系统才是一个严密的体系。

欧几里得几何学，是以五条公设开篇的，这五条公设非常重要，它们就是几何学大厦的基石：

1. 任意两个点可以通过一条直线连接。

2. 任意线段能无限延伸成一条直线。

3. 给定任意线段，可以以其一个端点作为圆心，该线段作为半径作一个圆。

4. 所有直角都全等。

5. 若两条直线都与第三条直线相交，并且在同一边的内角之和小于两个直角，则这两条直线在这一边必定相交。（平行公理）

第五公设说得很复杂，简化版本就是直线外的一点，只能做一条线与此线平行。

这五条公设人为设定，是显而易见不证自明的。欧几里得的设定都是日常司空见惯的东西，是长期的实践中检验过的，因此整个欧几里得几何学与实际的生产生活之中的测量结果完全符合。

但是大家觉得有点不爽的是第五公设，也就是平行公设。前面几条都简单易懂，一句话解决问题，但是这个第五公设就描述得十分啰唆，而且，欧几里得的前二十九项都没用到第五公设。大家想，第五公设能不能简化呢？又或者能不能去掉这条公设，从其他的公设推出这一条？要知道，一个体系的公设越少，那么普适性就越好。到了十九世纪，好多数学家就跟这条公设不断地死磕。

一般来讲，这种极端基础的问题，直接证明是很困难的。大家就想到了反证法，能推出矛盾，就说明假设是错误的，那也就反证了第五公设是对的。首先是意大利的数学家萨开里设想了一个萨开里四边形（图9-3）。一共四个角，两个底角是直角，剩下的两个角呢？他假设三种情况：

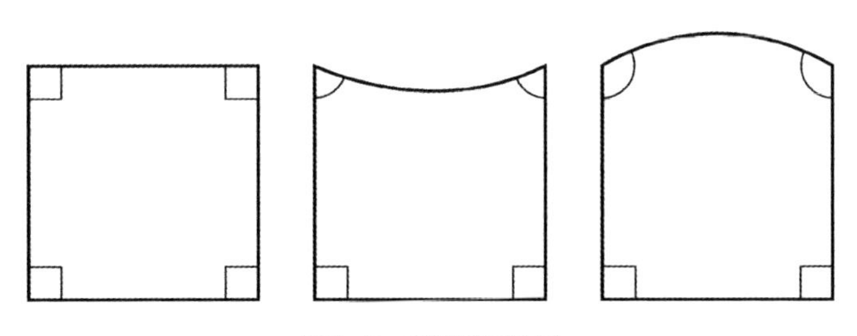

图9-3　萨开里四边形

1. 都是直角，那么与跟欧几里得一致。

2. 都是锐角?

3. 都是钝角?

假如锐角成立呢？看看有啥奇葩的结论出来，他一口气推导了三十几个定理，这些定理都很古怪。萨开里觉得，差不多了，这些奇葩的结论肯定不靠谱啊，那么第五公设应该是没问题的。

后来出场的是个匈牙利人，他叫亚诺什·鲍耶，他也跟这平行公设过不去，也死磕第五公设。他的父亲是著名数学家法尔科斯·鲍耶，老爹一看儿子跟第五公设死磕，当时连哭的心都有了，自己当年也曾希望把几何学中的这个白璧“微瑕”消除干净，但发现最后只是赔上了自己的时间、健康和生活的快乐。亚诺什倒是觉得，虽然推导出来的结论很古怪，但并非真的有矛盾，这种几何学，看着虽然不爽，看时间长了，慢慢也就习惯了。那时候，一批数学家就开始鼓捣这种偏离了欧几里得祖师爷的几何学，统称叫做“非欧几何”。

1832年亚诺什的论文最后还是作为他父亲用拉丁文所写的数学书的附录发表了，老爹到底是向着儿子。法尔科斯还写信给了大数学家高斯寻求帮助，高斯号称数学王子，各个方面都有涉及，是哥廷根数学学派的开山祖师爷。高斯自己也有类似的想法，十五岁的时候，他也和第五公设死磕过一阵子，这种想法大家都曾经有过。高斯接触非欧几何也不是平白无故地找祖师爷欧几里得麻烦，而在大地测量学之中常常碰到弯曲表面的形状计算。大地表面毕竟是个球面，并非是平面。

于是高斯写了封回信，信里写道：“如果我一上来就说我不能赞赏这项工作，你一定会大吃一惊，但我不得不这么说，因为赞赏这篇附录就等于赞赏我自己。实际上这篇附录的方法和结果，都和我三十年来的某些工作极其类似……我认为你的儿子有着第一流的天赋。”老爹法尔科斯一看回信，心里还是蛮高兴的，毕竟儿子和大名鼎鼎的高斯想到一起去了！可儿子亚诺什却憋了一肚子气，自己辛辛苦苦地折腾半天，高斯就来了这么一句评语，这简直是“还乡团下山摘桃子”啊！你让他怎么能舒心呢？亚诺什心眼有点小，后来发现罗巴切夫斯基拿出的东西跟自己的很相似，第一反应还是认为人家是剽窃。后来才搞清楚，人家完全是独立思考的结果，之后他还是蛮支持罗巴切夫斯基的。

高斯当然了解非欧几何研究的一些动态，但是他主要还是把精力放在了微分几何上。这是一门运用微积分来研究空间的几何性质的数学学科，高斯就是微分几何的开创者，他还跟俄国的罗巴切夫斯基通了信。这个罗巴切夫斯基是俄罗斯喀山大学毕业的，然后就留校任教了。他们之间也讨论了不少有关第五公设的事，最后就是这个罗巴切夫斯基把这个工作给完成了。

罗巴切夫斯基设定：过已知直线外一点至少可以作两条直线与已知直线平行，代替欧几里得的第五公设。在这个前提下，他推导出了一整套几何学。他也认为，这些理论非常古怪，但是系统内部是没有矛盾的。1826年，他发表了论文，那时候他还是个年轻人，站上讲台宣讲他的理论，底下的一大群教授听他讲得云山雾罩，脑洞大开，一个个都冷嘲热讽的，还有人直接就写文章骂他。他写了篇回应的文章，但是人家杂志社审核没通过，硬是没给发表。然而罗巴切夫斯基顶住了压力，他坚信自己是正确的。不仅数学家冷嘲热讽，连文学家也来凑热闹，德国的歌德在《浮士德》中写道："有几何兮，名为非欧，自己嘲笑，莫名其妙。"高斯是罗巴切夫斯基的朋友，私下里挑大拇指称赞罗巴切夫斯基了不起啊，但是在公开场合，高斯一句鼓励的话也没说。罗巴切夫斯基后来当了喀山大学的校长，去世的时候大家都说了一堆冠冕堂皇的话，他给喀山大学做了多少多少贡献等等，但是对他的几何学，一个字都没提。

罗巴切夫斯基的这一套几何学与欧几里得的几何学是不一样的，因此也被称为"罗氏几何"。他去世的时候是景况凄凉，死后不久，意大利的数学家贝特拉米就证明了，其实罗氏几何学是在弯曲的表面上实现的几何学。欧式几何与罗氏几何这两个看似矛盾的理论体系，其实并不矛盾，彼此之间是可以互相转换的。如果欧几里得的几何学是正确的，那么罗巴切夫斯基的几何学也是正确的。人们这才豁然开朗，罗巴切夫斯基也被称为数学界的哥白尼。因为他打破了欧几里得几何学的一统天下，大大扩展了数学界的视野。原来早已经熟悉的几何学还能这么玩儿啊！到了1893年，喀山大学的门口为他树立了一座雕像，纪念他在几何学上的成就，这也是第一次为数学家塑像。当然啦，喀山大学的人物像不止一座，有一座雕像，雕刻的是一个年轻人，他背着行囊，风尘仆仆的样子，仿佛要去远方旅行。这个年轻人叫弗拉基米尔·伊里奇·乌里扬诺夫，他自己也不喜欢这个贵族化的名字，另外一个名字震撼了整个二十世纪，他的笔名叫列宁。

罗巴切夫斯基的假设是过直线外一点，起码可以做出两条线与此直线平行。有人就开始唱反调了：别说两条平行线，一条都做不出来，不存在平行这种情况，必定是要相交的。敢出此狂言的人是谁啊？此人叫黎曼，他是高斯的学生，也推出了一整套几何学，叫“黎曼几何”。要知道，杨振宁点出了几个在几何学的发展史上做出重大贡献的人物，那就是所谓的“欧高黎嘉陈”：欧几里得、高斯、黎曼、嘉当、陈省身。这个黎曼可不得了，能够成为几何学大家，功力非同小可。他描述的是球面的状况，罗巴切夫斯基描述的是马鞍面的状况，欧几里得描述的是平面的状况。各种稀奇古怪的几何学，本质上其实就是空间弯曲方式不一样造成的。黎曼延续的是老师高斯的微分几何的思想，空间弯成什么样子都能计算。

在弯曲的空间里，是没有直线可言的，只有在欧几里得空间中才会有真正意义上的直线，弯曲空间中只有“短程线”这个概念。我们用地球表面做例子：地球是个球面，从上海飞往洛杉矶的飞机航线，往往要路过日本和阿留申群岛。我们在地图上看，并不是简单地沿着纬线在走，而是沿着“大圆航线”在飞行。航空公司当然愿意把油水榨干，没人愿意走费力不讨好的长线。地球上两点间路程最短的线，顾名思义叫“短程线”，也叫“大圆航线”。南北极之间有无数条短程线，经线都是短程线，但是上海到洛杉矶之间，只有一条短程线。

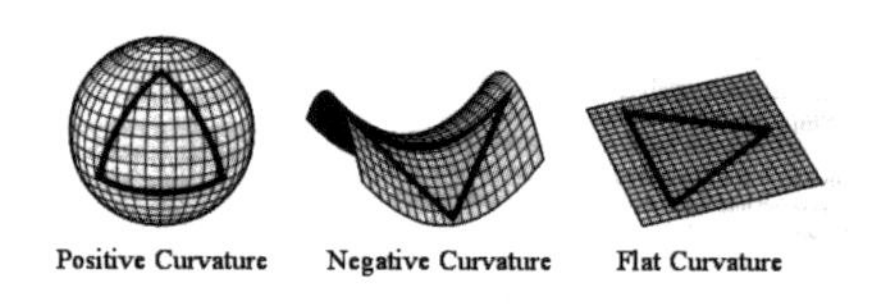

图9－4　弯曲空间里的三角形

球面上的三角形，内角和总是大于180度的。双曲面上的三角形，内角和总是小于180度。平面上上的三角形，恰好等于180度。（图9－4）

短程线在大地测量学上很常用，因此还有另外一个名称叫做“测地线”。广义相对论中也借用了这个概念。不过奇葩的是，测地线在广义相对论里，反而是两点间最长的线，并非最短。还记得我们前面讲述“双生子佯谬”时提到过的闵可夫斯基时空吗？时间轴是“虚数”。前面那个负号导致了一系列奇葩的结论，曲线反而比直线短。在广义相对论中，也还是类似的情况：弯曲的四维时空中，测地线是最长的线。这样古怪的几何学，没多少人懂也是常理。

就在黎曼和许多数学家的推动下，非欧几里得几何学得到非常大的发展。高斯自己也推导过曲面理论，他生前没有发表过这方面的著作，很多思想都记录在与朋友们的通信中。他开创的微分几何思想正是解决弯曲空间的重要途径，但是他只推导了三维空间内的情况，对于四维空间甚至是高维空间应该是什么样的，他并没有涉及。他的学生黎曼在这方面走得比老师可远多了，他按照高斯的微分几何思想来建立自己的体系，空间不管如何弯曲，在一个微小的局部总是可以建立一个类似欧几里得平直空间的坐标系统，广义相对论的计算全都离不开这种微分几何的思想。

格罗斯曼和爱因斯坦，在数学资料里面一顿找，最后他们发现，黎曼的几何理论最合适。他们需要处理的那些恼人的问题：黎曼、里奇和勒维他们已经解决了，爱因斯坦和格罗斯曼正式把黎曼几何引入相对论的研究中。一百多年前，拉格朗日、拉普拉斯他们几个法国人用漂亮的微分方程把牛顿喜爱的几何方法扫地出门，哪知道几何学竟然以如此玄妙的方式高调回归了物理学界，二十世纪的物理学革命，很大程度上得益于数学工具的发展。理论物理领域，数学早就与物理水乳交融不可分离。

爱因斯坦尽管找到了称手的数学工具，但是在探索广义相对论的道路上仍然是屡屡碰壁。因为数学提供了太多的可能性，到底哪一条路才是正确的呢？爱因斯坦不得不花费极大的精力去一一尝试。他探索广义相对论的历程曲折而漫长，从1907年他开始有初步的打算，一直到他最终拿出完整好用的理论，花了近八年时间。因此，广义相对论并不是像狭义相对论那样，“砰”地一声就搞定了。狭义相对论最大的难度是在观念的突破上，广义相对论则要难得多。爱因斯坦和格罗斯曼引入了一个比较陌生的概念，叫做“张量分析”。“张量”这个概念很难通俗地解释清楚，大约可以描述一下：标量是0阶张量，1阶张量就是矢量。普通人都是一个头两个大，但是张量分析是广义相对论必须使用的手段，躲也躲不开。

广义相对论的推导过程是个漫长的历程，当时爱因斯坦已经在物理学界小有名气，还参加了索尔维会议，因此社会活动也越来越多。他受邀去法国访问，见到了朗之万和居里夫人，还用法语演讲，几个人聊得都挺投机。爱因斯坦跟朗之万聊了聊，话题当然离不开引力问题。爱因斯坦邀请他们来阿里苏黎世访问，后来，法国人还真的到苏黎世访问了爱因斯坦。大家讨论的主要议题集中在原子模型上，当时有个年轻人提出了一个新的原子结构模型。爱因斯坦当时大概不会想到，他和这个年轻人保持了一辈子的友谊，也吵了一辈子的架。这个年轻人叫玻尔。

1913年7月，能斯特和普朗克跑到苏黎世拜访爱因斯坦。普朗克和能斯特来访，苏黎世都有点儿受宠若惊的样子。大家纷纷传诵：能让能斯特亲自跑一趟的这个家伙，一定是不得了的大人物。这回不但是能斯特来了，普朗克也来了，无事不登三宝殿，这二位来到苏黎世所为何故呢？他俩来请贤啊！邀请爱因斯坦到德国去入伙："德国这个山头大，你来入伙吧！"两位世界级顶尖科学家组成的猎头团队是有史以来最强的！其实爱因斯坦并不喜欢德国，如果他喜欢德国，何苦中学时代就放弃了德国国籍呢？可如今到德国工作，是威廉二世皇帝特批的，皇帝陛下的面子也不能不给啊！爱因斯坦经不住这两位前辈一顿劝，答应了回故乡德国发展。当然爱因斯坦还有一堆事务要处理，并不是马上就能动身的。

就在1913年底，爱因斯坦和格罗斯曼一起发表了一篇论文——《广义相对论和引力理论纲要》。数学部分格罗斯曼操刀，物理部分是爱因斯坦的手笔。这篇论文中首先提到了引力场方程，黎曼几何第一次有了实实在在的物理学意义，不再是数学家们脑子里的奇妙空想。但是这方程仅仅是一个初步的成果，还有许多毛病要去解决，爱因斯坦为了解决这些毛病又足足花了两年的时间。在此期间，他给美国威尔逊山天文台的台长海耳写了一封信，差点让海耳台长把他当成无知的疯子。他问了一个普通人都不会问的问题，那就是——白天能看见星星吗？

第10章　弯曲的时空

爱因斯坦早在1911年就已经预言：光线路过大质量天体附近的时候，会发生弯曲，光线会沿着时空的曲率行进。因为在爱因斯坦看来，所谓的引力，就是时空弯曲，并不是真正的“力”，那么该如何验证这一点呢？一般的物体，质量都微不足道，引起的空间弯曲根本不值一提，没有办法被仪器测量到。假如能方便地测量，也轮不到爱因斯坦来鼓捣相对论了。只有太阳这种大质量天体，才会引起光线的一点点偏折。光线越靠近太阳，偏折越厉害，但是靠得再近，偏折也是以秒来计量的，数值微乎其微。圆周360度，1度可以等分成60分，1分可以分成60秒，可见秒是个非常小的角度单位。因此，观测到光线的偏折非常不容易，观测方法就像下面的图片（图10－1）示意的那样。

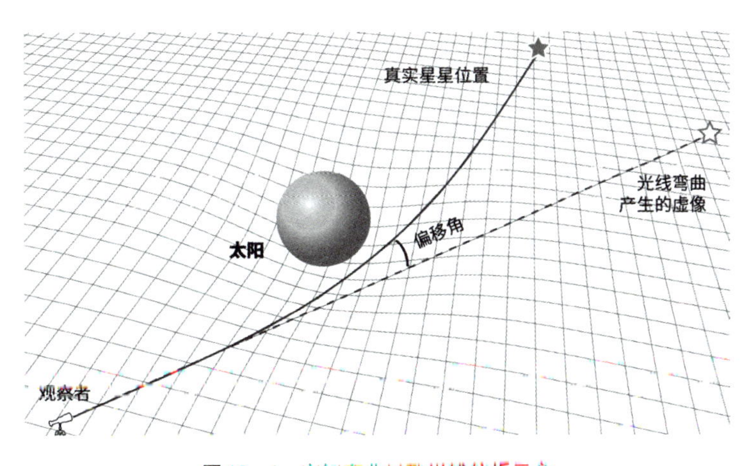

图10－1　空间弯曲导致光线偏折示意

假如能看到太阳旁边的那一颗星星，然后记录它在星空里相对于其他星星的位置，等过了半年，太阳离开了那个区域，我们就可以在晚上看到那颗星星，再来测量一下那个星星的位置，看看有没有差异，这样就可以测出光线偏折了多少。当然，爱因斯坦也知道，假如太阳在那颗星星旁边，是没法测量的。因为这是大白天，在耀眼的太阳附近看星星根本不可能。1913年，爱因斯坦又用新方法重新计算了一遍，发现结论比过去计算的结果要大一倍，他又开始心痒痒了。正巧也不知道是哪个好事者说白天能看见星星，爱因斯坦就来了兴致，他问苏黎世工业大学的天文学教授莫特："白天看星星这事儿行不行啊？"莫特差点笑喷了，这是常识好不好啊，白天看星星怎么可能啊，除非脑袋被人打了一闷棍，眼冒"金星"。只有耐着性子等到明年8月21号日全食发生的时候才能检验一下，看理论计算是否是正确的。

爱因斯坦又给美国威尔逊山天文台的海耳台长写了一封信，询问白天能否看见星星的问题。莫特一看，恐怕人家海耳会把他当做疯子不予理睬的，于是就在这封信后边写了好多客气话，又把苏黎世工学院的公章给盖上了。这算是公函，你总不能不回复吧？结果可想而知，人家海尔台长估计看到来信哭笑不得，最后还真的回了一封信，说白天看星星显然是胡扯。这下爱因斯坦便不得不耐着性子等待这次日全食的来临了。

1914年，爱因斯坦大搬家到了柏林。他一边继续计算场方程，一边等待着日全食的到来。好几支远征队要去观测日全食，有去俄国的，有去美国加州的，也有去南美的。爱因斯坦迫切希望他们能成功观测到光线偏移，但是人算不如天算，1914年6月28日，一声枪响改变了无数欧洲人的命运，上百万年轻人将命丧黄泉。奥匈帝国的王储斐迪南大公夫妇，在萨拉热窝遇刺身亡。

一开始大家也没觉得这一次刺杀能引起世界大战，毕竟欧洲已经和平了很多年。人死了，无外乎道歉、谢罪、赔钱，惩办凶手。普通老百姓哪知道，巴尔干半岛早已成了一个火药桶。斐迪南大公去萨拉热窝之前已经见过了德国皇帝威廉二世，他们早想在巴尔干半岛用兵了，斐迪南这次来就是为了搞一次军事演习，好好吓唬吓唬塞尔维亚，顺便到萨拉热窝视察。这倒好，一下子把塞尔维亚的民族主义者给激怒了，刺客普林西普抬手几枪打死了费迪南大公夫妇。而德国那边早就按捺不住了，打！大打出手！这是千载良机。奥匈帝国的老国王弗兰茨本来就很犹豫，何苦呢？反正斐迪南大公也不是他亲儿子，他跟茜茜公主的孩子早就不在了。皇太子，也就是他们的亲儿子鲁道夫，在三十岁的时候跟女友在一处行宫里殉情自杀身亡。茜茜公主作为母亲心碎欲绝，得了严重的抑郁症，后半辈子只穿黑色衣服。1898年，有个恐怖分子本来想刺杀奥尔良亲王，但奥尔良亲王临时离开了，刺客偶然又在报纸上看到茜茜公主正在本地旅行，就用一把磨尖的锉刀刺杀了茜茜公主。弗兰茨皇帝非常难过，亲人的厄运总是接二连三地降临，他弟弟在南美也是被人暗杀身亡的。

哈布斯堡王朝不仅家族成员屡屡传出噩耗，国家也是日渐衰败，弗兰茨皇帝为了治理这个多民族的帝国已经操碎了心，他可以娴熟地使用奥匈帝国国内所有八种不同的语言，每天勤奋工作十二个小时，却仍然没法挽回这个江河日下的帝国。老了老了，他已经八十多岁，现在接班人又被暗杀，白发人送黑发人，他也没有任何办法。全国上下一片喊打之声，特别是外务大臣一个劲地撺掇，终于老皇帝同意了开战。奥匈帝国绑在了德国的战车上，走上分崩离析的不归路。

7月28日，第一次世界大战正式开打。

爱因斯坦他们怎么能预料到战争就要爆发呢？好几位天文学家正忙着要去世界各地观察日全食，他们选了好几个观测地点。一伙人去了美国加州，一伙人去了南美，还有一伙人去了俄国。巧不巧，去了俄国的那批人刚到，几个国家就相互宣战了。俄国人一看这帮家伙带着长枪短炮，扛了一大堆仪器，还带着照相底片，再看一个个都显得贼眉鼠眼，说不定是敌方的特务，先关起来再说！于是去俄国的那一支远征队就被关了起来。另外两支远征队也跟着走了霉运，南美那边儿天气不好，老天爷不给面子，日食当口，天空飘来几团乌云。只剩下美国加州那边的或许还有一线希望。结果老天爷依旧不肯配合，紧要关头，一片云彩偏偏把太阳遮了起来，日食一结束，立马云消雾散，晴空万里。看来大自然始终不愿透露自己的秘密，三番五次为难人类。

1914年7月，爱因斯坦正式成为普鲁士科学院的院士，他就在化学家哈伯的对门设了一个办公室。米涅娃因为感情不和跟他分居，带着孩子一直住在瑞士，并没有搬来柏林。缺了女主人的照料，家里一片狼藉。学生到他家拜访，发现他正穿着一只袜子在找论文。对爱因斯坦来讲，日食观测的事只好先放一边了，因为下一次日食要到1919年才会出现。

当然爱因斯坦已经是社会名流，社会活动很多。现在又是多事之秋，整个欧洲都打起来了，想要放下一张平静的书桌也很难，学术界也没办法独善其身。

《告文明世界书》纯粹是为德国发动战争而辩护，普朗克签了名，能斯特也签了，能斯特和哈伯还因为当上了国防部的顾问而穿上了少校军服。有人也想鼓动爱因斯坦签名，普朗克给挡了驾，因为普朗克很了解爱因斯坦，他绝不会签的。爱因斯坦和哲学教授尼古拉·别尔嘉耶夫联合起草了《告欧洲人书》，他从小就反对战争，《告欧洲人书》就是针对许多德国社会名流签署的《告文明世界书》的。可惜签署的人寥寥无几，报纸也不敢发表，在社会上的影响微乎其微。爱因斯坦也只有一头扎进场方程的计算里，才能摆脱这恼人的时局。

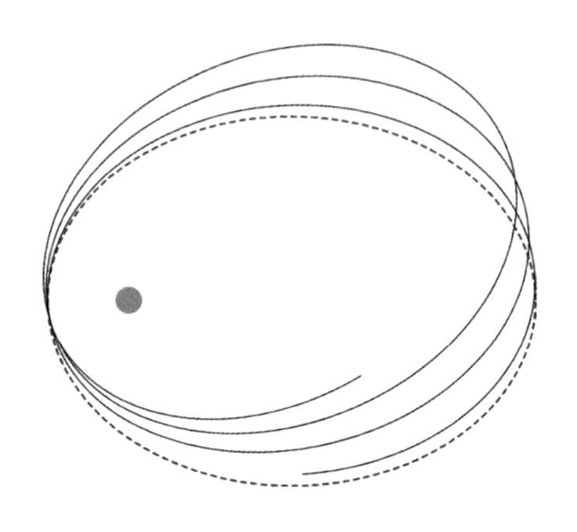

图10-2　进动曲线示意

中间的黄色圆点代表太阳，虚线代表行星应该走的椭圆轨道。黑线为进动走出来的“花瓣”曲线。真实的水星轨道没这么夸张。

爱因斯坦把目标对准了另外一个让天文学家们百思不得其解的现象，那就是水星进动问题。我们在本书第一章就讲述了人们是如何在勒维耶光荣事迹的感召下，疯狂寻找“火神星”的，就是因为水星的轨道并非是标准的椭圆，而是一个类似花瓣的曲线（图10-2）。近日点会不断发生移动，扣除了金星和地球的影响，还残存43角秒/100年的误差消除不掉。这43秒的误差非常微小，而且变化是平摊在100年里的，可见科学家们是多么认真细致。物理学的很多重大成就，就是在小数点后面n位死磕出来的。按照当年天文学家们的设想，应该是一颗未知天体对水星造成了影响，大家找来找去就是找不到一丝一毫线索。爱因斯坦认为，不需要一颗未知行星来解释水星进动，正因为大质量天体的周围空间是弯曲的，才造成了额外的水星进动现象。其实太阳系的行星都应该有进动，但只有水星比较明显，其他天体离太阳太远了，进动太小难以察觉。

爱因斯坦在计算水星进动的过程中走了很多弯路，他算来算去，都与观测数据不相符。在一次讲座上，他详细讲述了自己的广义相对论思想。说者无心，听者有意，底下听众中有一位差点玩了个“截胡”，抢了爱因斯坦广义相对论的功劳，此人就是哥廷根大学的一代数学宗师希尔伯特。希尔伯特比爱因斯坦年长十七岁，早在1912年，两人就有过书信来往。后来，希尔伯特邀请爱因斯坦来哥廷根讲学，第一次爱因斯坦婉拒了，希尔伯特又一而再，再而三地邀请，爱因斯坦不好驳他面子，就来到了哥廷根。他前后共做了六次物理学讲座，一次两小时，并与希尔伯特和克莱因聊得很High，大家都非常开心。

高斯是哥廷根开宗立派的祖师爷，黎曼、狄利克雷和雅可比继承了高斯的工作，在代数、几何、数论和分析领域做出了贡献，克莱因和希尔伯特则使哥廷根数学学派进入了全盛时期，有关希尔伯特的数学名词就不下一打。希尔伯特对物理学研究也有很深厚的功底，正是爱因斯坦的报告激起了他对引力问题的兴趣，也开始研究广义相对论的推导工作。希尔伯特的数学功底无与伦比，爱因斯坦一不留神，就给自己制造了一个竞争者。

大概在1915年10月，爱因斯坦才知道希尔伯特也在搞类似的工作，当时急得一脑袋汗，然后他就开始不眠不休地冲刺，时不时还要处理他那一团乱麻的家务事。他与希尔伯特有不少通信，特别是在冲刺阶段的11月份，因此这也给后人判别广义相对论到底是谁搞定的造成了很多麻烦。现在一般认为11月15号是爱因斯坦拿出最终结果的时间。爱因斯坦终于搞定了水星进动的计算，计算结果跟天文观测完全相符，而希尔伯特最后拿出计算结果要比爱因斯坦早了那么几天。

11月18号，爱因斯坦收到希尔伯特的信，发现希尔伯特的东西跟他的几乎完全一致。要知道，爱因斯坦折腾广义相对论已经足足八年了，广义相对论简直比他亲儿子还亲呢！现在有人要抢走成果，爱因斯坦“护犊子”心态显露无遗。他立马回信给希尔伯特，强调是自己首先搞定的，希尔伯特很大度，他恭喜爱因斯坦计算出了水星进动，表明了自己并不想抢功劳，而且还说：“如果我能像您那样计算迅速，那么电子将会在我的方程中缴械投降，氢原子也将会为其不能辐射的原因表示抱歉……”

后来科学史界还在不断发掘史料，看看到底是谁最后搞定的。希尔伯特的文章居然少了半截，那页纸的头部三分之一居然失踪了，天知道里面写了啥东西，这足以引起科学史专家们好一顿口水仗了。喜欢了解详细过程，而且自认为高数学得不错的话，可以去网上自己搜索自行判断，建议看卢昌海先生的博文或者书籍，里面有详细的介绍。我这里还要提醒一下，还有第三个人不能忘记，那就是格罗斯曼，他可是爱因斯坦一辈子的贵人啊！爱因斯坦后来讲广义相对论的时候，不怎么提到他，这是不合适的。当然，大家也可以看得出爱因斯坦“护犊子”的心态有多强烈，我这里还是赞同希尔伯特的态度，广义相对论还是要归功于爱因斯坦，而不是数学家。希尔伯特的成就太多，他没必要跟爱因斯坦计较。希尔伯特也没有在《告文明世界书》上签字，这一点上他与爱因斯坦是一个战壕里的战友。

$$G_{uv}=R_{uv}-\frac{1}{2}g_{uv}R=\frac{8\pi G}{c^4}T_{uv}$$

我们好好端详一下爱因斯坦的场方程，这是个简洁优美的式子。

- $G_{\mu\nu}$ 称为“爱因斯坦张量”。
- $R_{\mu\nu}$ 从黎曼张量缩并而成的里奇张量。
- $g_{\mu\nu}$ （3+1）维的时空度量张量。
- $T_{\mu\nu}$ 能量–动量–应力张量。
- G 引力常数。
- c 真空光速。

公式的一边表示时空的形状，另一边表示物质和能量。引用后来物理学家惠勒的话来描述：时空告诉物质如何运动，物质告诉时空如何弯曲。看起来公式也不复杂，其实这只是个假象。“$G_{\mu\nu}$”（μν念作“miu niu”）这种“双下标”写法是爱因斯坦的一大发明，展开了是一大堆啰嗦的方程组，被爱因斯坦简写成了双下标模式。对此，爱因斯坦还十分得意，自己也可以发明数学符号了。真要把这些式子全都摊开写，谁看着都头晕。这还只是看上去复杂而已，更麻烦的是：这个方程是个二阶偏微分方程，是非线性的。物理学家看见非线性的方程式，就像脑袋被打了一闷棍一样，眼前一连串眼冒金星。这东西根本没有一般性的通用解法，只有某些特殊情况，比较容易解出来。现在大家津津乐道的宇宙中的奇葩天体黑洞，就是这个方程式的特殊解。可见爱因斯坦的场方程，在当时没几个人可以搞懂。同样大量接触二阶偏微分方程的领域是气动流体领域，即便是大型计算机普及的年代，计算流体也不是一件轻松的事。好在气动流体有个相对论所不具备的优势，那就是可以用风洞吹风做实验，爱因斯坦的场方程可就没那么容易了，你怎么做实验呢？没有足够大的质量，空间的弯曲也就微乎其微，难以测量，只能靠天文观测来验证，无意之中宇宙本身也成了观察与实验的对象。

现在，爱因斯坦之所以获得大家的喝彩，是因为他神奇地计算出了水星进动。大家恍然大悟，原来不需要额外的行星来摄动水星，就可以解释水星的额外进动。除此之外呢？爱因斯坦拿不出证据来证明他是对的，计算水星进动是在答案已知的情况下去找原因，人家完全可以说是凑数凑出来的，相对论还没有表现出它的预言性，星光弯曲倒是有充分的预言性，所以爱因斯坦只能眼巴巴等待着有人能在1919年趁着日食去测量星光的偏移。

实验暂时做不成，理论大家又都搞不懂，广义相对论陷入了尴尬境地。一批物理学家正在领会爱因斯坦的文件精神，要想搞懂，恐怕大批人要去补课微分几何与张量分析了。更多的科学家可能根本没时间去研究这种深奥、古怪、一时半会用不上的物理学理论。

第一次世界大战是欧洲国家普遍进入工业化时代的第一次大战，科学技术可以是生产力，也可以是破坏力。大家发现这场战争中高科技的成分十分明显。科学无国界，可是科学家有国籍，大量科学家都积极投身于军事科技的开发。比如能斯特也决心为皇帝陛下效忠，无奈年老体衰，眼睛近视，没让他上阵。不过他的儿子上了战场，为德国而战，他学生林德曼也在英国为皇家空军服务。而法国的朗之万在研究怎么对付潜艇，大西洋里最厉害的潜艇，就是德国人的U-Boat。

最狂热的人当属爱因斯坦办公室对门的哈伯，这个哈伯是个化学家。他当年发明了人工合成氮肥的方法，因此才有了现代化的化肥工业。要知道炸药多半也是氮化合物，合成氨技术与军事有着密不可分的联系。英国人以为控制了智利的硝石（硝酸钾KNO_3）出口，就能憋死德国的炸药生产，在哈伯看来是痴心妄想。大气里面有的是氮，根本不用大老远进口硝石。也正是他的科学成就，使得德国可以在战前积攒大批军火，没有这项技术，德国根本不敢发动世界大战。

哈伯对战事非常关心，看到大批德国士兵在战场上痛苦地死去，他决定研究大规模杀伤性武器。在他的技术支持下，大批氯气被送上战场（图10-3），前线飘荡着黄绿色烟雾，所过之处非死即伤，化学武器这只恶魔被哈伯放了出来。哈伯的妻子也是一位化学家，她竭尽全力阻止哈伯参与化学武器的研制，但哈伯充耳不闻，直到妻子举枪自杀，以死相谏，他才有所警醒。但为时已晚，悲剧已经铸成，上百万人倒在化学武器的烟雾下，其中有9.1万人死亡。

图10－3　哈伯指导使用毒气弹，指指点点的那个人就是哈伯

德国拥有化学武器，对方也不甘落后，双方大打毒气战。欧洲以往都流行大胡子或者八字胡，战时流行嘴唇上方一小撮的板刷胡子，也叫“卫生胡”。展开毒气战的时候，大家发现，大胡子和八字胡漏气，防毒面具戴不紧，一夕之间，士兵们的大胡子全都剃了。要么剃光，要么只留下嘴唇上一小撮板刷胡子，这种“卫生胡”后来风靡了整个二十世纪的二十到三十年代。当然啦，最后“卫生胡”成了某人特有的形象标记，此人一战时期正在战壕里面当传令兵，因为英勇无畏而获得了一枚铁十字勋章。后来又被毒气熏晕了过去，一般来讲不是眼睛瞎掉就是变成“脑残”，幸运的是他没落下除歇斯底里以外的任何后遗症，他总觉得这是“天将降大任于斯人也，必先苦其筋骨，饿其体肤，空乏其身……”从此，他的人生拐了一个弯。对了，他的名字叫阿道夫 · 希特勒。

爱因斯坦在德国这边反战，英国那边照样也有人反对战争，这个人就是爱丁顿，著名的天文学家、物理学家。爱丁顿拒绝服兵役，老子就是不去，你能拿我怎么办？好在同事们找了各种理由替他遮掩，倒也没摊上麻烦。英国当局不好勉强，前面已经有一位青年才俊莫塞莱死在了战场上，你总不能把这么多优秀的科学家当炮灰都填进绞肉机。不过爱丁顿也从此变成英国政府的重点监控对象。爱丁顿倒是跟爱因斯坦惺惺相惜，他俩没见过面，但是已经有过通信联系。战争时期通信不容易，要通过第三方周转。后来爱因斯坦名声大噪，成为物理学宗师，还要拜他大力协助之功。

一战期间，诺贝尔奖的颁发已经停止，谁也没有那个闲情逸致。普鲁士科学院一开会，大家都长吁短叹，谈不了几句就要扯到“你儿子在哪个部队”，“下雨天坑道积水排不出去”，“我家孩子在战壕里泡着”之类的话题，倒是爱因斯坦还沉醉于学术研究。

爱因斯坦没想到，有一位炮兵上尉在俄国前线简陋的条件下已经开始默默地解算场方程了。当然，爱因斯坦的方程式要想计算，就必须给出一堆前提条件，比如球形的、对称的，这样可以简化计算。爱因斯坦没想到这么快就有人折腾出结果，他接到此人的信，不由眼前一亮，这位炮兵上尉可是天才啊！十六岁就计算过三体问题（又是这个三体问题，天才们都拿这个问题来试刀：拉普拉斯、拉格朗日、庞加莱……都在年少的时候就计算过三体问题，难道这个问题是少年天才的试金石）。后来他当了哥廷根大学天文台的台长、波茨坦天体物理台的台长，而且还是科学院的院士。院士上前线？德国恐怕真是暴殄天物！他的名字叫史瓦西，史瓦西看到爱因斯坦发表的场方程以后，在1915年，计算出了一个球对称引力场中的解，这个解被称为“史瓦西解”。这个“史瓦西解”成了他最后的科学成就，爱因斯坦帮他投寄了论文。此时此刻，史瓦西正蹲在俄国前线计算弹道呢。

史瓦西计算的是一个非常简单的情况，那就是，在真空中，一个静态的、球对称的引力场是如何分布的。比如真空中只有一个太阳，其他地方空无一物，离开太阳一段距离的地方引力如何分布。太阳不会忽大忽小地变化，假定太阳也不旋转，是个纯粹静态的天体。假如质量缩减为0，那么这个时空就退化成平直的闵可夫斯基时空，在离开太阳无限远处，时空也是平直的。史瓦西在计算的时候就发现了一个问题，在计算出来的史瓦西解里面，球体的正中心，曲率会是无限大。物理学家们看见这个横躺的符号“∞”脑仁都疼，有个专用的词叫“发散”，不论你怎么变换坐标系，这个发散点都去除不掉，在这个点上，时空完全坑坏了！这好像不好理解，我只能举个通俗的例子来帮助大家理解：比如在地球的南北极点上，因为经线全都交会在一起，那么南北极点属于哪个时区呢？这就没法算了，因此南北极点就是个计算不出时区的点。但是呢，南北极点跟地球上其他的点相比，并不特殊，人站在那里也没啥异样，钟表也照样在走动，计算不出时区那是因为经纬线这种坐标划分方式本身不完美而导致的，换个坐标划分方式，南北极点也就不特殊了。史瓦西解里面就有这么个发散点，这个点不论你怎么变着法子变换坐标系，也搞不掉，你换用任何坐标系，在这个点上都能鼓捣出恼人的发散，这个点就称为奇点。这种不论怎么折腾都消不掉的奇点叫做“内禀奇点”，太奇怪了。

过了一个月，史瓦西又给爱因斯坦来信了，他又计算出来一个惊人的结果：一个天体，假如密度够大，半径够小的话，当半径小于某个数值时，发出去的光居然都跑不出去，这个星星居然是个暗星，完全看不到。史瓦西的名字从此跟这一类奇异的天体联系在了一起，我们在本书一开端讲到的那个被拉普拉斯从《天体力学》中删除的“暗星”又高调地回来了！这也是爱因斯坦的广义相对论产下的第一个蛋。暗星里面发生了啥，打死也别想知道了，人毕竟是靠光来看见里面的景象，因此这个半径也叫“史瓦西半径”。半径等于史瓦西半径的那个球面，会形成一个边界，这个边界被称为视界面。史瓦西半径公式如下：

$$r_s = \frac{2Gm}{c^2}$$

- r_s 代表史瓦西半径；
- G 代表万有引力常数，即 $6.67 \times 10^{-11} \mathrm{N\ m^2 / kg^2}$；
- m 代表天体质量；
- c 光速；

假如太阳被压缩成一个半径3千米的球，就会发生这种事情，光完全逃不出来。地球压缩成2厘米大小的球，也会发生这样的事。史瓦西解是第一个场方程的严格解，虽然拉普拉斯当年计算的结果与史瓦西半径一模一样，背后的原理却大相径庭。一个是基于牛顿的光微粒说和万有引力公式，另一个是基于爱因斯坦场方程空间弯曲，计算结果相同只是个巧合。并非拉普拉斯有先见之明，这种巧合在科学史上也并不罕见。

史瓦西很快就回到了德国，倒不是他胜利凯旋，而是被人抬回来的，他得了一种罕见的皮肤病——天疱疮。史瓦西在医院躺了两个月，于1916年5月不幸去世。爱因斯坦和大家一起怀着沉痛的心情哀悼了史瓦西。史瓦西本人并没有看到他这篇论文发表，这未免是一种遗憾，爱因斯坦帮助他完成了遗愿，将它发表在了《普鲁士科学院会刊》上。

爱因斯坦自己也在计算场方程的解，场方程用来参与描述宇宙再合适不过。不过这个场方程有好多个非常奇葩的解，我们刚刚讲述了一个史瓦西解，爱因斯坦自己也解出来了一个非常奇怪的解，一念之差，他就犯了一个一生中最大的错误……

第11章　宇宙常数

1917年，欧洲的战事仍在继续，而且还在不断地扩大。美国人参战了，他们老是趁别人打到一半两败俱伤的时候才掺和进来。美国人半截参战可以用很小的代价获取最大的利益，二战的时候也是这样，最后还成了救世主。俄国爆发二月革命，沙皇政府倒台。到了这年11月，又爆发了列宁领导的革命，一切权力归了布尔什维克。

前方战事吃紧，后方爱因斯坦又病倒了，接连患肝病、胃溃疡、黄疸病。一个比一个麻烦，这些病断断续续拖了四年才彻底根治，估计跟这几年爱因斯坦生活饮食起居不太规律大有关系。表姐艾尔莎搬来与他一起居住，以便照顾调理这个虚弱的病人。爱因斯坦脑子一刻也不能停止思索，他深知，广义相对论在解决宏观问题上是比较擅长的。那时候物理学界仅仅知道两种基本的力，一种是万有引力，一种是电磁力，我们日常看得见摸得着的东西，大部分跟电磁力有关。金刚石为什么那么硬？石墨又为啥那么软呢？这都跟原子结构排布有关系，各种原子之间有化学键的连接，才形成了各种各样的物质，有的软有的硬，有的是液体，有的是气体。化学键说白了还是电磁力在发挥作用。

对于万有引力，大家也都有直观的感受，我们的体重便是由地球的引力造成的，天空中日月星辰绕圈运行也是因为有万有引力的作用。但是，引力作用太过微弱了，一个小小的磁铁就可以吸起一枚一元的硬币。你可知道，脚下庞大的地球在与这一块小小磁铁的拔河之中是个输家，电磁力比引力要强10^{37}倍，双方的数量级相去甚远。因此爱因斯坦心里很清楚，广义相对论在微观层面体现不出来，只有宏观宇宙级别才是广义相对论最大的舞台，他的眼光就这样投向了宇宙本身。

何谓“宇宙”？四方上下曰“宇”，古往今来曰“宙”。“宇宙”二字描述的就是时空，宇宙本身，也可以用方程式来描述与计算。从爱因斯坦的方程也能看出大体思路：等号的一边表示空间的弯曲程度，通俗地讲也就是引力；另一边的是能量，动量，宇宙大体就是这两部分在起作用。方程式非常难解，写成张量形式看上去还蛮短，摊开了就是十个二阶偏微分方程联立，已经够让人头痛的了。

解这种偏微分方程，必须有初始条件和边界条件，爱因斯坦认为宇宙就是现在这个样子，它是不变的。为什么呢？因为我们用望远镜看到的不仅仅是空间的距离，还是时间间隔。遥远的星系，他们的光传到我们地球上，也要好多年的时间呢！我们看到的是它们小时候的样子。爱因斯坦断定，看来宇宙过去和现在没啥不同，远处的天体与近处的天体看起来都差不多，并没有明显的差异，因此就以现在的状况作为初始条件。

边界条件呢？爱因斯坦认为我们这个宇宙是个有限无边的宇宙，一般的物体都是有限的，起码体积重量都是有限的，但是“无边”可就不好理解了，一个欧几里得平面是没有边界的，叫做“无限无边”。有限无边的东西，又是什么样子呢？爱因斯坦说，你看到过球面吗？一个球，表面积是有限的吧？但是哪有边界啊？没边界嘛。在三维空间中的这个二维球面，就是有限无边的，我们的宇宙也是类似的情况。宇宙空间可能是个三维超球面，因为没有边界，那么边界条件就不要了。

当然，还有很多条件都是显而易见的，但不得不提。比如说在大尺度上宇宙是均匀的，局部的确有聚集效应。比如说太阳系99.75%的物质集中在了太阳上，这当然极端不平均，小尺度内，物质很喜欢抱团聚集，但是你放眼全宇宙，太阳系连个沙粒都够不上，总体来讲还是比较均匀的。还有一个重要的特性就是各向同性，我们在地球上放眼望去，各个方向看到的宇宙没啥不同，大尺度内还是各向同性的。爱因斯坦总结了一下，提出了一个宇宙学原理：在宇观尺度上，宇宙是均匀且各向同性的。宇观尺度，就是比10^8光年更大的尺度。

凑齐了条件，立马开算。他铆足了劲开始解这个方程式，越解越不对劲，完全没办法得到一个静态的宇宙。这个宇宙是动态的，不会老老实实安安静静地维持现状，宇宙始终在变化，要么膨胀，要么收缩，收缩到极点还会反弹，就像颗跳动的心脏。爱因斯坦在个人观念上并不喜欢变化的宇宙，在他的观念中，宇宙是静态的，稳定的，不随时间变化的，于是他一抬手就给自己的方程式加了一个常数，这个常数是用来平衡一下宇宙的运动和演变，这样就可以得到一个不变的宇宙了。场方程也就变成了带有宇宙项的样子，宇宙项本身意味着排斥效应，这样就可以平衡引力效应，达到稳定平衡。

$$G_{uv}=R_{uv}-\frac{1}{2}g_{uv}R+\Lambda g_{uv}=\frac{8\pi G}{c^4}T^{uv}$$

$\Lambda g_{\mu\nu}$ 就是宇宙项，Λ 就是宇宙常数。

爱因斯坦先前在计算水星进动的时候，就想把这个项加进去，但是他算了半天发现不行，加了这个项，计算结果就不对了，于是他就把这个宇宙常数拿掉了。现在，爱因斯坦摆不平动态宇宙，不得已又把这东西拿了出来。他多多少少有点纠结，因为宇宙项并没有物理上的根据，仅仅是为了满足不变的宇宙而硬塞上去的。但是爱因斯坦意想不到的是，他无意间放出了一个“幽灵”，这个“幽灵”一直盘桓不去，给当今的物理学家惹来无尽的烦恼……

一方面，爱因斯坦在家调理身体，一方面就折腾这些计算。最近战事不顺利，德国经济也撑不下去了，物价开始飞涨。德国马克大战前是与黄金挂钩的，货币坚挺，俗称叫“金马克”，可是战端一开，大批财富灰飞烟灭，马克挺不住了，开始不再与黄金挂钩，俗称“纸马克”。到了1917年，物价狂翻不止，爱因斯坦本来是高薪阶层，每年拿一万多马克，但是战争一起，钞票就变得如同废纸。别忘了，米涅娃在瑞士的生活费还要他负担，瑞士法郎并没有贬值，爱因斯坦痛苦地忍受着每个月要拿出越来越多的马克去兑换越来越少的瑞士法郎的局面。

基尔港的水兵发动起义，柏林也跟着响应，大批工人罢工学生罢课。德意志帝国岌岌可危，军官们也不再给威廉二世卖命了，哪怕是老牌的保皇派元帅兴登堡也劝皇帝走人。1918年11月，威廉二世宣布退位，灰溜溜逃走避难。荷兰的威廉明娜女王收留了威廉二世，毕竟欧洲皇室全是拐着弯儿的亲戚，差不多全都沾亲带故。英国维多利亚女王号称欧洲祖母，她的女儿孙女嫁给了不少欧洲王室，一战可以说是表兄弟们打了个昏天黑地。

皇帝退位，国家一片混乱，爱因斯坦当然不喜欢搞军国主义的威廉二世，他觉得这是德国迎来共和的伟大的时刻。他寄了不少明信片给别人报告所见所闻，但是一切都乱糟糟的。爱因斯坦还跟着一帮子教授名流一起呼吁人们不要狂热，保持秩序。政府倒台之后没人管事，学生们搞了个委员会，第一件事就是把校长抓起来了，系主任也跟着遭了殃。爱因斯坦和几个教授跑前跑后，呼吁恢复秩序，先把校长放出来再说。

就在这混乱的时期，爱因斯坦还有件私人的大事要办，那就是跟米涅娃离婚。他去瑞士正式办理了离婚手续，孩子全判给了孩子他妈。至于分手的费用，爱因斯坦认定自己必定能得诺贝尔奖，将来要是得了诺贝尔奖，奖金全给米涅娃当补偿，现在没钱，先欠着好了。

一战战败以后乱糟糟的社会总算可以安稳下来，但是经济一直没起色，物价还是在涨。德国战败，必须俯首帖耳接受协约国处置。1919年，各国首脑在凡尔赛宫举行巴黎和会，讨论战后处置的问题，美国总统、法国总理、英国首相，各自带着地理学家开始重新划分欧洲的版图。当然，我们最熟悉的就是巴黎和会上，德国在山东的权益给了日本，中国国内爆发五四运动。

这一年，对爱因斯坦也是至关重要的一年。1919年将要发生日全食，这是一次验证爱因斯坦的广义相对论的绝佳机会。上次去俄国的那队人马被战争搅黄了，另外的队伍老天爷也不赏脸，这一次不能再错过了！

英国著名的天文学家、物理学家，也是著名的反战分子爱丁顿开始组织远征队到非洲去观测日全食。爱丁顿争取到这次机会也不容易，英国没有多余的经费，再说了，英国民众也不答应，英国跟德国打了一仗，不知道多少年轻人死在了对方手里，这事儿就算完啦？况且英国和德国科学界一直不睦，这是老祖宗牛顿和莱布尼茨当年结下的梁子，爱丁顿你小子居然要证明我们英国伟大的牛爵爷错了，你算哪边的？但是，科学家虽然有国籍，科学却是没有国界的，族群恩怨不牵扯到科学探索。

爱丁顿知道自己跟英国政府关系不好，他还是英国政府重点关注监控的对象。于是爱丁顿就撺掇皇家天文学家戴森出面去申请，戴森1900年以来搞过好多次日全食观测，经验非常丰富，说服力也强。当然了，公关工作也不能忽视，也需要搞点儿政治意义出来，此次远征观测，就成了英德和解的象征。德国科学家的理论，由英国人检验，大家一起为全人类做贡献，妥妥的正能量啊！里里外外一忽悠，领导们就给钱了。英国政府勒令爱丁顿将功补过，必须参加戴森的观测队伍，这可正中爱丁顿的下怀，他心里顿时乐开了花。

爱丁顿忙前忙后，组织大队人马就去了非洲的普林西比，同时还有另外一支远征队去了南美。这一次日食的时间长达六分多钟，老天爷看来是给足了面子，两个远征队都拍摄了不少照片。照片分析过程很漫长，好几个月也没搞出结论。到了1919年11月6号，英国皇家学会和皇家天文学会举行联合会议，正式宣布了爱丁顿的观测结果及结论。会议由电子的发现者、皇家学会主席、著名实验物理学家汤姆逊主持。在巨幅的牛顿画像前，戴森报告了观测结果，他表示，在仔细研究了照相底片之后，他认为它们毫无疑问地证实了爱因斯坦的预言。最后的测量结果与牛顿理论计算的结果出入较大，爱因斯坦的理论符合较好，故爱因斯坦胜出。第二天一早，各大报纸的头条消息便引爆了公众舆论。

这无疑是科学史上的一个辉煌时刻，不过在那之前，爱丁顿的观测结果就在一个小范围内传开了。早在9月22日，洛仑兹就已经迫不及待地搞了个“剧透”，发电报将消息告诉了爱因斯坦。稍后，10月4日，普朗克向爱因斯坦表示了祝贺。10月22日，普鲁士科学院院士、德国哲学及心理学家斯顿夫也向爱因斯坦表示了“最诚挚的祝贺”，并表示：在经历了军事和政治的失败后，德国科学能够取得这样的胜利令人感到自豪。从此，物理学完全进入了崭新的时代。

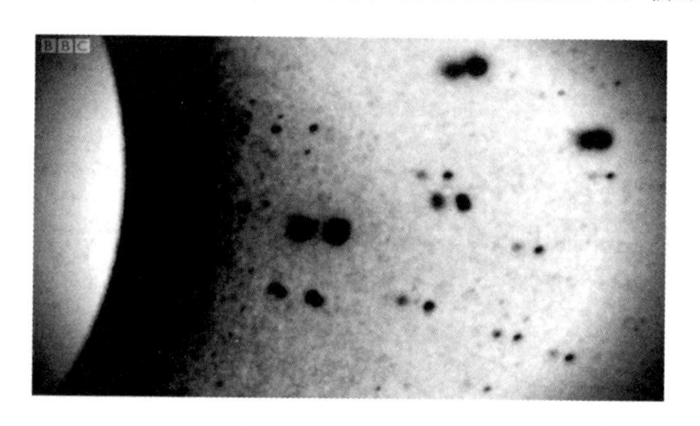

图11－1　通过照片对比，发现星点发生了位移

我们现在回过头再去审视这件事，发现爱丁顿他们使用的数据并不完全严谨，因为测量误差比较大，高达30%，这样的结果要是严格审核的话恐怕很难服众。有人怀疑是不是数据有问题，爱丁顿提供了全套的观测数据，他没有做任何保留，你要是不信，可以自己去算。从品行操守上，他没有瑕疵。后来又发生了剧情大反转，爱丁顿抛弃的数据反而更贴近爱因斯坦的计算。

尽管当时爱丁顿的数据有人质疑，但是大家还是很喜欢爱因斯坦的理论。爱因斯坦坚信他的理论是对的，后来他写过一段话表明其思想：“我认为广义相对论主要意义不在于预言了一些微弱的观测效应，而是在于它的理论基础和构造的简单性……”

在1919年以后，大家陆陆续续地又测量了好多次星光偏转（图11－1），精度一直上不去，因为测量偏移都依赖于拍了照以后对玻璃感光底片的测量。爱丁顿拍摄的时候在非洲，大太阳底下温度很高，底片膨胀，当拿回欧美的实验室做测量时，温度下降，底片收缩，热胀冷缩掺杂进去，精度可就完蛋了。此外，还有一堆乱七八糟的因素阻碍着精确测量。后来的人们就干脆在观测地建立了暗室，当场冲洗底片，全程保持在恒温状态，即便如此，精度仍然不够。到了二十世纪的六十年代，出现了一个新的理论叫布兰斯－迪克理论，这个理论预测的星光偏折比广义相对论差了8%，这意味着分毫之间决胜负。相对论与牛顿力学预测的结果相比，差两倍，误差大点还马马虎虎。要打败这个布兰斯－迪克理论，精度起码1%左右，而光学测量恐怕很难达到这个精度。

爱因斯坦梦绕魂牵的就是白天看见星星，可见光波段固然不能实现，射电波段却是可以的。二十世纪七十年代，天文学家们也真是拼了，用甚长基线干涉技术终于把精度提高到了1%左右，爱因斯坦的广义相对论胜出。当然，那时候大家都已经毫不怀疑相对论的正确性了。到了1991年，射电观测把精度提高到了1/10000，再次证明爱因斯坦是对的，离当年首次测量星光偏折，已经过去了七十二年。

让我们把思绪拉回到1919年，随着各大媒体头版头条通栏大标题的宣传，爱因斯坦名声大噪，成了全社会的“偶像明星”。接下来的几年间，他到处讲学访问，甚至环游世界。1921年，爱因斯坦首次访问英国，下榻在霍尔丹勋爵伦敦的住所，霍尔丹的女儿见到这位著名的客人来到她家，一时激动竟然晕了过去，爱因斯坦此时俨然成了“学术超男”。

爱因斯坦越来越繁忙，他横渡大西洋去完美国，又去日本访问讲学。当他路过上海做停留的时候，喜讯传来，瑞典驻上海总领事正式通知了爱因斯坦：他获得了1921年的诺贝尔物理学奖。

诺奖委员会很保守，不太想涉及相对论，但是此前早就有人提名爱因斯坦，各方呼声实在太高了，尤其是普朗克力挺，不给诺奖怎么也说不过去。1921年全年都没能确定这一年的奖项颁发给谁，最后还是折衷了一下：因为爱因斯坦提出光量子学说，成功解释了光电效应，所以颁发给他1921年度的诺贝尔物理学奖。这是一个迟到的奖项，1922年才宣布颁发，同时宣布获得1922年度诺贝尔奖的是后起之秀玻尔。玻尔还有点心怀忐忑，他生怕自己在爱因斯坦之前获奖会内疚，好在他俩的奖项是一起宣布的。那几年，诺奖颁发时常延误，普朗克的奖项也是延迟颁发的。

爱因斯坦环游世界回到欧洲，先跟瑞典人联系，看奖金怎么划拨到账，转成德国马克恐怕没几天币值就会跌去不少，还是看看换成别的货币是不是更合算，这笔钱最终是要交给米涅娃作为补偿费的。就在这个时候，从新生的苏联寄出来一篇论文，投到了德国的权威杂志，这篇论文的作者叫弗里德曼，他用和爱因斯坦一样的办法来计算宇宙，结果也得到了一个动态的宇宙。这个宇宙要么像心脏那样跳动，一张一缩，要么就是一直膨胀下去。静态稳定的宇宙是不存在的。

稿子被爱因斯坦看到了，他觉得弗里德曼算得不对。这个问题自己早就解决了，添加一个宇宙项就能搞定，况且，爱因斯坦本人对动态的宇宙是持否定态度的。正是因为爱因斯坦的否定，文章没能发表，弗里德曼当时也不知道是爱因斯坦审稿。后来有苏联科学家出国访问，见到了爱因斯坦，碰巧谈起这件事，才发现原来这篇论文的审稿人正是爱因斯坦。弗里德曼得到消息，立刻给爱因斯坦写信，他为自己做了辩护，认为自己是对的，但爱因斯坦没给任何回音。弗里德曼用的方程式不带宇宙项，因此爱因斯坦在审稿的时候认为他是错的。弗里德曼后来转投了德国的一个数学杂志，知道的人不多，他的名气也不是太大，但是他有个叫伽莫夫的学生名气可不小。此人在宇宙学的发展上有很大贡献，后文我们会提到。

弗里德曼的论文发表在一份数学杂志上，但名气不大，很多人都没看到过这篇论文。到了1927年，一个比利时人也算出了类似的结果：宇宙并非是稳定状态。此人用的方程式跟爱因斯坦用的一样，是带着宇宙项的方程，哪怕是这个带着宇宙常数的方程，也还是会得到膨胀解或者是脉动解。一个稳定的，不变的宇宙，是很难存在的。此人兴奋异常，不仅仅是因为科学的成果，也是为了毕生的信仰。他是个神父，名叫勒梅特，毕业于比利时的天主教鲁汶大学，虔诚地信仰上帝。自打伽利略那个时代起，上帝就在慢慢地失业，星球的运行这事儿牛顿说不是上帝干的，他只是推了一下，剩下的交给引力与惯性了。到了康德那时候，康德提出天体的形成与运行彻底跟上帝没关系，不用劳烦上帝推，自己会转圈。拉普拉斯也差不多得出了类似的结论。到了达尔文时代，把上帝造物给否定了，这回上帝彻底下岗了！作为一个虔诚的基督徒，勒梅特计算出了这个解，他能不高兴吗？我相信他内心里是有这份期盼的，可算给上帝找到了一份工作！

勒梅特欣喜异常，因为一个膨胀的宇宙，意味着历史具有开端。假如宇宙一直在膨胀，显而易见的是：时间往回倒退，只要倒退得足够久远，宇宙的体积势必要缩成0，哪怕不是0，体积也是非常小的，再往前追溯，恐怕就无法追下去了。那么是谁造就了这么一个起点呢？对于勒梅特这个天主教神父来讲，结论是不言而喻的：上帝创世，第一句话就是“要有光”，所以，科学界很多无神论者对勒梅特报以白眼。勒梅特后来去找爱因斯坦，爱因斯坦也评价他“数学不错，物理很差”。但是科学的魅力就在于此，不论你信仰什么，大家都可以用数学公式来交流。上帝是标量还是矢量？难道是张量？反正勒梅特也没把上帝写进公式里，他一直认为自己把信仰与科学分得清清楚楚。可是别人不一定这么想，宗教领袖们当然喜欢把这个计算结果当做神迹，想要分清科学与宗教，恐怕由不得他自己。

后来，罗伯逊和沃尔克两位科学家，综合了弗里德曼和勒梅特的思想，搞出了一个罗伯逊–沃尔克（RW）度规，他们两个是分别在1935年和1936年独立搞出来的。这个度规就是根据“宇宙学原理”，描述一个四维时空之中有限无边的三维超球面。因为弗里德曼的贡献，有时候也把弗里德曼的名字加上，叫做弗里德曼–罗伯逊–沃尔克（FRW）度规。一般省事的话，都不加弗里德曼的名字。当然如果少数的情况下不嫌麻烦，也会把勒梅特的名字加上，叫做弗里德曼–勒梅特–罗伯逊–沃尔克（FLRW）度规。

RW度规不依赖爱因斯坦场方程，纯粹是从宇宙学原理推导出来的。所以即便爱因斯坦理论错误，RW度规仍然不受影响。我们来打个比方，RW度规就是描述了一辆自行车，有两个因素特别重要，一个是车把的方向，你是朝前直走，还是朝左或者是朝右拐弯呢？用曲率k来表示，k存在三种情况：

- $k>0$，那么宇宙就是一个封闭的超球面，体积有限。
- $k=0$，那么宇宙是个平直的宇宙，是开放的，体积无限大。
- $k<0$，那么宇宙是一个超双曲面，也是开放的，体积无限大。

所谓开放和封闭是如何判断的呢？其实也很容易想象，你在一个空间里面，计算两点间的距离，假如这个距离是有极值的，无论如何都不会超过某个值，那么这个空间必定是封闭的。你随便去测量地球上两点间测地线的长度，无论你怎么量，反正数值不会大于赤道长度。地球表面是个在三维空间中的二维球面，是有限无边的。假如两个点想离得多远都行，不受任何限制，那么必定是开放的空间。

还有一个因素就是尺度因子a，就好比自行车走了多远，如果尺度因子a不随时间变化，那么就是个静态的宇宙。仅有RW度规，我们只是有了一辆自行车，这辆车是没人骑的。我们已知，自行车可以向前走，也可以拐弯。但表演者不上场，我们压根不知道这辆自行车将会玩儿出什么样的特技，这个表演者，正是爱因斯坦场方程。爱因斯坦的场方程告诉了这辆自行车，应该走多快，走多远，朝哪边拐弯。当然了，你换个其他度规也是可以的，就相当于换个其他交通工具。比如你换个挖掘机，你还是可以让场方程上去驾驶一下耍耍，至于计算出来有啥现实意义，那就两说了。场方程你要硬解那是很难解出来的，有了度规还比较好办。当然，现代有大型电子计算机，霸王硬上弓也不是不行，可在当年那是不可想象的。

现在我们知道了，尺度因子a是和时间相关的，因此是个动态宇宙。我们的宇宙一刻不停地在演化着，宇宙尺度的变化不仅仅可以通过计算来得到，还可以通过观察来得到。爱因斯坦之所以认为宇宙应该是静态的，是因为以前从来也没人观测到尺度变化的痕迹。因此爱因斯坦一晃脑袋，不认可勒梅特，也不认可弗里德曼。哪知道，仅仅过了两年，爱因斯坦就被啪啪地打脸。

第12章　开天眼

早在伽利略那个时代，伽利略通过望远镜就看到了大量的恒星，比肉眼看到的要多得多。后来哈雷又发现，这些恒星也不是不动的，其实它们也在运行，恒星也是天体。既然如此，那么恒星也有远近，也有组织结构。后来有人提出，看来这些恒星并不是孤立存在的，它们之间应该存在着某种联系。

1750年，英国天文学家赖特提出：天上所有的恒星和银河共同组成一个巨大的天体系统，它的形状像是一个车轮或薄饼，太阳系就在其中。站在这个天体系统向外看去，就可以看到银河的形象，他甚至猜测到银河轮廓的不整齐，很可能是由于太阳不在银河中心的缘故。

1755年，德国哲学家康德在他的著作《自然通史和天体论》一书中，发展了斯维登堡和赖特的思想。他认为貌似"云雾状的星体"实际上是比恒星大几千倍的恒星世界，其中每一个恒星都联系在一个共同平面上，从而组成一个协调的整体。他还认为整个宇宙是无限个这样有限大小的天体系统所组成的总体，就像群岛一样，因此也叫做宇宙岛。

1761年，德国学者朗伯提出了一种无限阶梯式的宇宙模型，他认为太阳系是第一级体系；太阳及其周围的许多恒星构成的恒星集团是第二级体系；银河系这种庞大的恒星集团的总和，构成了第三级体系；第四级、第五级以此类推直至无穷。

当然很多东西在当时是看不清楚的，比如说"星云"。康德说星云也是恒星组成的星系，有人则不同意这种说法，他们认为，既然叫"星云"，那就是一片云。

这时候一个音乐家站出来了，他叫赫歇尔，是个半路出家的天文学家。他最大的本事是磨制望远镜，家里都变成望远镜作坊了。他磨制的望远镜，让英国格林尼治天文台都羡慕不已。他一共出售了几十个望远镜来补贴家用，还把他弟弟妹妹和儿子都拉下了水，全家老少一起研究天文学。赫歇尔最有名的贡献是发现了天王星，不过，他还对恒星和星云也做了大量的研究，坚持不懈地对天上的星星做了统计。他通过一千〇八十三次观测，一共数了六百八十三个取样天区中的十一万七千六百颗恒星，获得了丰富的观测资料。他发现银河附近的星星比其他地方的星星多得多，天空中的星星并不是均匀分布的。1785年，赫歇尔给出了一幅扁平、轮廓参差不齐、太阳居中（这是错误的）的银河结构图，首次用观测证明了银河与众多恒星确实构成了一个天体系统，这就是银河系。

图12－1　赫歇尔的“大炮”——反射望远镜

赫歇尔还做了一项在当时非常有影响的工作，那就是对星云的观测。他使用当时首屈一指的反射望远镜（图12－1）观测那些“云雾状天体”（当时也有人称之为“无星的星云”），一共选择了二十九个观测对象，结果，它们中的绝大多数都分解为一个个暗弱恒星的集合体。赫歇尔认定“星云”就是星系，他认为，一些在现在的望远镜中无法分辨出恒星的“星云”，是因为现在的望远镜还不够大，分辨率还不够高，将来更大的望远镜中也许会分辨出其中的一颗颗恒星。由于赫歇尔的声望，他的结论一发表就产生了很大的影响。

然而，毕竟还是有大量的星云无法分解成一颗颗恒星，因此这事没有定论，到底星云是个什么东西？赫歇尔就发现一个星云，中间一颗恒星，周围有云气状的结构。赫歇尔麻爪了，看来的确无法分解成一颗颗恒星，于是他把它们叫做“行星状星云”。后来我们知道，这些行星状星云是年老的恒星爆发的产物，说白了就是老年恒星“死给你看”，恒星临死之前爆发了一把，气体被爆炸喷成了一个云团。美国宇航局网站上常常会放出行星状星云（图12－2）的照片，都很漂亮！（不漂亮的人家根本不拿出来好吧 Θ.Θ！）

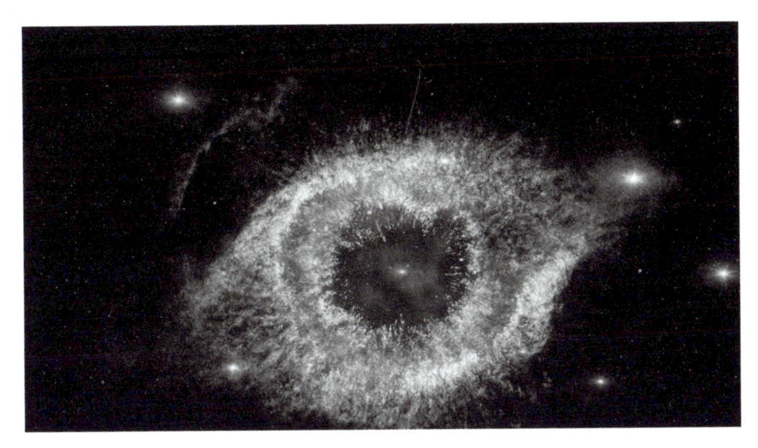

图12－2　行星状星云

后来，爱尔兰的罗斯伯爵下决心超过赫歇尔，他磨出来的大望远镜口径远远把赫歇尔的望远镜甩在了后面，但是很多星云依然没法分解成一个个恒星。大家折腾了好久，对星云这东西还是说法不一。这时候物理学大发展，给天文学提供了不少技术手段，天文学家们发现，天体是可以测量光谱的。有的是光谱里面某些部分明显比较亮，有一系列的明线，有的是光谱里面明显有暗线。两种情况恰好相反，是不是可以拿这个特征作为区别的依据呢？大家都觉得可以。可是没多久大家又都泄气了，因为陆陆续续发现了不少星云的光谱既没有亮线，也没有暗线。这事吵了近二百年，到现在也没得出个明确的结论，星云的本质仍然是个谜。

就在科学家们为天上的星云不断争论的这些年间，世界格局出现了大的变化，那就是美国崛起了。赫歇尔正在研究恒星结构的时候，美国爆发了独立战争，科学家们开始研究恒星光谱的时候，美国恰好打了南北战争。在打完南北战争以后，美国进入了突飞猛进的阶段。发明重机枪的马克沁是1840年出生，发明大王爱迪生是1847年出生，发明电话的亚历山大贝尔也是1847年出生。迈克尔逊生于1852年，莫雷生于1838年，他们大多在这个时代成长起来。当然了，同时代还冒出了很多富可敌国的大企业家，比如大财阀摩根1837年出生，报业大王普利策1847年出生，洛克菲勒1839年出生。南北战争一结束，这批人刚好是风华正茂的年轻人，整个美国显得富有野性也富有生机，就像一个进入了青春期的棒小伙子，几年不见就长成了一个人高马大的壮汉。

美国人有钱了，在工业技术方面突飞猛进，可是在理论科学方面就显得薄弱了。他们羡慕人家欧洲人底蕴深厚，理论科学的中心一开始在英国（牛顿、胡克那一批），慢慢地转到了法国（拉普拉斯，拉格朗日，拉瓦锡等），再之后又转到了德国（普朗克、能斯特、爱因斯坦等）。美国差得好远，不过美国人有钱啊！咱们可以农村包围城市，先从实验性的观测性的东西下手，然后再往理论方向突破。美国人就是这么干的，他们有钱任性。特别是美国人出了一个天文学家叫海耳，这个海耳在研究太阳方面有非常大的贡献，发明了单色光照相机。有了这东西，就可以看到过去难以观测的太阳色球层，俗称叫“日珥镜”。日珥的爆发就是在色球层才能看到。

图12－3　威尔逊山胡克望远镜，口径2.5米

不过呢，他对天文学最大的贡献还不是这个，而是学会了拉赞助。他游说金融家C·T·叶凯士出资建造了叶凯士天文台，并安装了世界上最大的1米折射望远镜（1897年落成）。还游说商人胡克和卡内基基金会共同出资在威尔逊山天文台建成100英寸（2.54米）的反射望远镜（图12-3），1917年建成之后的三十一年中它一直是世界上最大的望远镜。1928年他筹款建造200英寸（5米）望远镜和帕洛马山天文台，该望远镜直到1948年才建成，背后出钱的是洛克菲勒基金会，为了纪念海耳，望远镜被命名为海耳望远镜（图12-4）。天眼巨镜，成为窥探宇宙奥秘的独门利器。当然，我们可以解读出洛克菲勒与卡内基比赛花钱的味道，建大望远镜的事儿，两家没少掰腕子。

海耳最大的贡献，就是忽悠一帮子富豪掏钱建立天文台，建造大望远镜。这些大望远镜获得的成果，远远超过了他自己单打独斗。天文学毕竟是一门观测的科学，没有趁手的家伙是玩不转的，谁的望远镜大，谁就容易出成果。美国人的思路也很清晰，理论水平不如欧洲不要紧啊，咱们先搞实践。天才的脑袋瓜子千金难买，仪器设备是可以砸钱堆出来的。

图12-4　帕洛马山海耳望远镜 口径5米

海耳在芝加哥大学当过教授，学生里面有不少人很仰慕海耳的贡献，有一个年轻人就是因此喜欢上了天文学。海耳几年后去了叶凯士天文台当台长，这个年轻人二十八岁的时候也去了这个天文台当研究生，不巧的是海耳去了威尔逊山天文台继续搞更大的望远镜。后来美国参加一战，这个年轻人当了两年的兵。到了1919年，这个小伙子来到了加州威尔逊山天文台工作。他倒是追随着海尔的脚步，海耳到哪儿，他就奔着哪儿去，这个小伙子，就是后来大名鼎鼎的“哈勃”（图12－5）。

图12－5 哈勃在观测

哈勃来到威尔逊山的时候，100英寸望远镜刚刚建成两年，正是大家伙新鲜出炉的时候。哈勃非常兴奋，今日长缨在手，何时缚住苍龙，此时正是大显身手的机会，他便把眼光投向了星云问题。在哈勃看来，这个问题的关键，并不在于星云能不能分解成一颗颗恒星。对于那些异常遥远的天体，再大的望远镜都没有办法看清细节，天体的距离才是最关键的。怎么测量远近呢？那就缺不了一大摞量天尺。

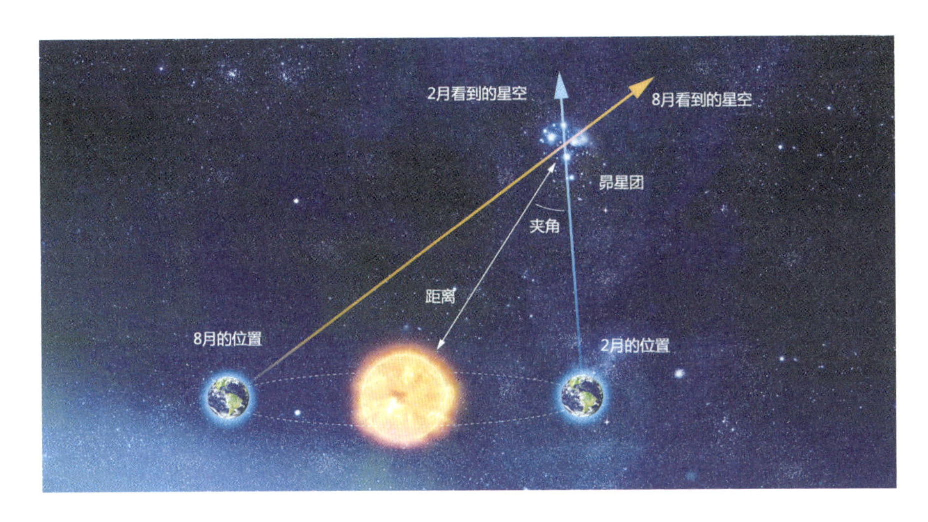

图 12－6　三角法测量距离

天文学领域，一把尺子是不够的，而是各种办法各管一段，每一段都有重合部分。遥想当年，地球上绘制地图，都是用三角法（图 12－6）来测量远处的目标。一个三角形，底边的长度已知，两个底角也知道，那么目标的远近就能计算出来。底边越长，计算精度越高。要想测量月球的距离，那就必须用地球的直径来做底边，才能获得够用的精度。一个望远镜在地球这边，另外一个在另一边，同时测量月亮的角度，汇总起来，就能计算出月地距离。假如要测量恒星距离，地球的直径都不够用了，那么就利用地球的公转轨道直径作为基线。夏天测量一次角度，冬天再测量一次角度，就可以算出某些比较近的恒星距离。当然，天文测量，不可能像地面实验室那样，测量出那么高的精度，能搞对数量级，也就差不多了。超过五百光年的天体，用三角法就无能为力了，需要用别的办法来测量。

第二个用到的办法是标准烛光，一个一百瓦的电灯泡，离得近肯定看上去比较亮，离得远看上去就比较暗，这是生活常识。我们只要知道了这个大灯泡的真实功率，就能利用这个灯泡的亮度来计算远近，关键是你要知道这个灯泡是几瓦的。假设把一颗恒星放到32.6光年以外，然后测量它的亮度，天文上称“绝对星等”。天文学家们可以利用恒星的光谱来简单的估算绝对星等，但是这个办法也仅仅对银河系内的星星有效，万一人家不在银河系内呢？

图12－7　勒维特和同事们

十九世纪九十年代，哈佛大学天文台招募了一些聋哑女性对天文台拍摄的照相底片进行测量和分类工作（照顾残障人士就业），1893年勒维特（图12－7）作为残障人士之一参加了这项工作。勒维特在工作中注意到，小麦哲伦云中的一些变星光变周期越长，亮度变化越大，这些变星被称为造父变星，他们的光度会发生周期性的变化。1908年，她把初步观测结果发在哈佛大学天文台年报上。要知道小麦哲伦云的范围并不大，是银河系的一个卫星星系，我们在地球上，基本可以认为小麦哲伦云里面的星星远近都差不太多，一个天体看起来亮，那就是真的亮。经过进一步研究，最终于1912年确认了造父变星的周光关系。到了1915年，天文学家们就用造父变星作为标准烛光，计算出了银河系的大概范围。

哈勃手里有世界上最大的望远镜，大望远镜果然厉害，哈勃在拍摄的仙女座大星云（m31）和附近的m33星云照片中发现了造父变星。这可是大发现！哈勃观察了好久，收集了大量仙女座大星云里的变星变光周期，经过计算就可以知道仙女座大星云大致的距离。当时的计算结果是80万光年，我们今天知道靠谱的数值应该是220万光年。他当时的计算误差稍大，即便是80万光年，天文学界也很震惊，因为银河系大多数星星都在10万光年的范围左右，仙女座星云看来根本就不在银河系之内。如此说来，仙女座大星云（图12－8），应该是与银河系平起平坐的大星系，甚至比银河系还要大不少。

图 12－8　仙女座大星系和卫星星系

现代的天文爱好者，很喜欢在秋天拍摄仙女座大星云的照片，从目镜里观察，只能看到模模糊糊的一个亮斑。如果真的用冷冻 CCD 经过长时间曝光和叠加计算，呈现在我们面前的仙女座大星云会是个非常美丽的大漩涡，面积比月球的视面积还要大好几倍（图 12－9）。肉眼即使通过望远镜，也只能看到星系的核球部分，旋臂是看不到的。

图 12－9　仙女座大星系和月亮视觉大小对比

天文学界两百年也搞不清楚的事，终于水落石出。那些望远镜里没法分解成一颗颗恒星的星云，的确是弥漫的气体云，是我们银河系里面的天体。那些螺旋形状的模糊天体，是与银河系不相上下的星系。

哈勃一时名声大噪，到了1929年，哈勃又拿下了一个重要成果：他分析了二十几个星系的光谱，发现越远的星系，红移越厉害（图12－10），越近的红移反倒不明显。

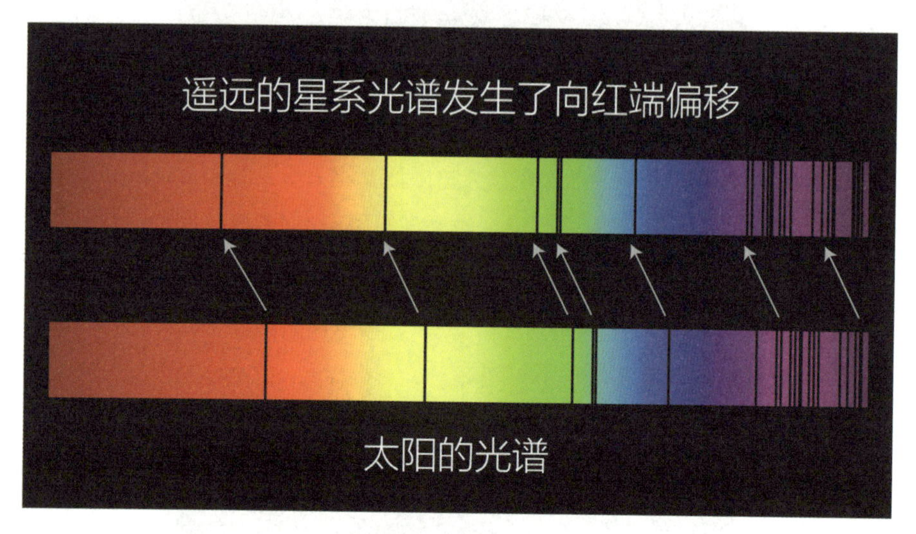

图12－10　红移

所谓“红移”，就是观察天体的光谱，会看到不少的谱线。这些谱线就像天体的指纹一样，是有特征的。因为每个天体上面有氢、氦等一系列元素，就会在光谱中形成对应的“指纹”，可以通过光谱来分析天体的化学成分。但是哈勃发现，每个星系的“指纹”都不一样，大部分都略略往红端偏移，这就是所谓的“红移”。哈勃认为，这些偏移是星系运动造成的，远离我们的那些星系，光谱线就会偏红，哈勃说这就是多普勒效应。就好比汽车按着喇叭离开我们飞驰而去的时候，音调会变低是一个道理。不过后文我们会讲到，这其实不是多普勒效应，哈勃是“歪打正着”（见图12－11）。

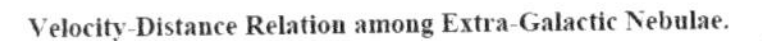

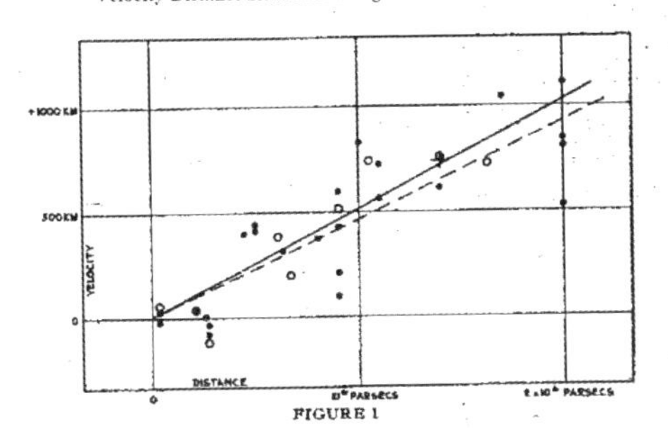

图12－11　哈勃的原始图表

既然红移跟退行速度有关系，他就提出了一条著名的哈勃定律：退行速度和距离成正比，比值被称为哈勃常数，所有的遥远星系都在远离我们，离得越远跑得越快。天文学界都震动啦！原来宇宙从整体上不是静态的，是在膨胀中。物理学界也震动啦，特别是那个神父勒梅特。

勒梅特神父听到这个消息以后乐坏了，他还特地跑到美国去见了哈勃一面。双方谈话，估计对方都不是太懂。勒梅特是理论物理学家，他与哈勃这种搞观测的天文学家干的不是一个学科，关注的问题也不一样。但勒梅特还是很兴奋，这毕竟印证了他两年以来的猜想：宇宙膨胀真实存在，宇宙不出所料是从一个蛋里面蹦出来的。勒梅特当时就指出了，这个膨胀过程，并没有中心点，最形象的比喻就是一个气球，上面随便涂上几个黑点儿，当气球被吹大。每个点彼此都在远离。无论你从哪一个点去观察别的点，你都会发现离你近的黑点跑得慢，离你远的跑得快，和哈勃看到的天体红移现象是一致的。

我们现在可以知道，哈勃看到的那些星系的红移现象，并非是多普勒效应。而是因为宇宙的膨胀，光波被逐渐拉长。还记得上一章我们讨论的那个尺度因子a吗？光波的红移，与尺度因子有关。尺度因子随着时间在不断地变化，因此光波的波长也随着时间在逐渐变化，并不是一蹴而就的，但是多普勒效应则不是这样，从飞驰的汽车上发出的声波，可以说是一步降到位，声音离开了汽车以后，波长就一直保持稳定，并没有发生变化。这与宇宙膨胀导致的渐渐被拉大是有区别的。

勒梅特当然希望宇宙最开始是一个体积极小，密度极高的点，也就是“宇宙蛋”。当然，这还要看那个空间曲率因子k的大小，假如k＝0，宇宙基本平直，那么初始时刻，宇宙的体积是0。宇宙真的是从一个点上演化出来的，我们今天看到的万事万物，都是从这个点之内演化出来的。假如 $k \neq 0$，那么宇宙从一开始就是无穷大，从无穷大膨胀到更大的无穷大。可能大家对更大的无穷大感到不太好想象，说起来道理也很简单，整数的数量比偶数数量多。但是整数的数量是无穷大，偶数的数量也是无穷大，显然整数的数量远比偶数要多得多，这有助于我们来理解比无穷大更大的无穷大。好在我们今天观测计算出来的宇宙的曲率大约是0，是个基本平直的宇宙，万事万物的确是一个蛋里面产生的。不过这反倒成了一件奇怪的事，为什么我们所在宇宙的居然是平直的？那个时代的科学家们，还没考虑到这一步，这个问题容我卖个关子，后文再解答。本书基本上是沿着时间的脉络往下梳理，毕竟科学史就是人类的认知史，人类的科学发现往往是“按下葫芦起了瓢”，刚搞定这一头，那边又翘起来了。就像破案解谜一样充满着悬念，宇宙绝不会那么浅显直白，一层窗户纸一捅就破。

爱因斯坦一开始不太同意弗里德曼的观点，勒梅特是在弗里德曼的基础之上推演的，爱因斯坦也不是很认可。后来哈勃观测到了哈勃红移，这证明宇宙中的天体的确不是静态的，并且计算出了哈勃常数。事实摆在面前了，爱因斯坦也为之震动，看来宇宙真的不是静态的，而是在不断地演化中。爱因斯坦也很后悔，认为宇宙常数是他一生中最大的一个错误，但这句话来源是别人转述的爱因斯坦的话，并没有明确的证据和出处，因此也不能确定到底爱因斯坦是不是做了这样的表述。但是爱因斯坦错了，这是毫无疑问的，也就说明了一个问题：爱因斯坦小看了场方程，他对宇宙还有某种传统上的执念。

对公式的理解不一致，这种情况在物理学史上并不罕见，与此类似的还有薛定谔不懂“薛定谔方程”。再者呢？那时候加一个常数进去，也并不是啥天大的事情，发现不对头，撤掉就是了。但是，这也预示着爱因斯坦已经过了他创造力最鼎盛的阶段，这一年爱因斯坦五十岁了，物理学也好，数学也罢，都是年轻人打开局面。

大概1927年左右，量子物理学蓬勃发展，领军人物就是哥廷根大学跑出来的一批娃娃博士：泡利是1900年生人，海森堡是1901年出生，狄拉克1902年出生。这一批“00”后年轻有为，大有后来居上的意味。1927年以后，就是这帮物理学男孩的天下。后来玻尔跟爱因斯坦在索尔维会议上还有几次著名的大辩论，那是有关量子力学领域“上帝扔不扔骰子”的问题，玻尔虽然不善言辞，但是与老爱辩论从来没有输过，爱因斯坦铩羽而归，终究年岁不饶人，他老了。

德国上下都搞了不少活动来庆祝爱因斯坦五十岁的生日，社会上搞得热热闹闹的，但是研究爱因斯坦生平的专家派斯曾说："爱因斯坦在1925年之后就应该去钓鱼，而不是继续做研究。"的确，爱因斯坦的重要贡献，大概都是在1925年前搞出来的。后来爱因斯坦越来越成为一个社会活动家，一个名人，他不知不觉之间开始扮演另一个角色，那就是一块优秀的"磨刀石"。任何一个新锐思想，你都可以拿到老爱这里来磨一磨，多半会得到反对的意见，但是你把他提出的那些尖锐的问题都解决了，你的理论就能来个升华。你要是一块好钢，那么你与磨刀石绝不是敌对关系，爱因斯坦可以把你磨得更加锋利。

爱因斯坦后悔加入这个宇宙常数之余，也发现了一个现象：某人拿着不带宇宙常数的方程计算一遍，立马就会有人拿带着宇宙常数的人再算一遍。里外里论文数量多了一倍，他不留神放进去的宇宙常数就成了刷论文数量的利器。不过，老爱就是老爱，犯错误都犯得非常潇洒帅气。日后这个宇宙常数会成为暗能量的一个重要的候选者，这恐怕真有点塞翁失马的辩证法味道了。科学家也是人，也会犯错误，也会有情绪，他们也并非生活在真空之中，社会的发展与变迁都会对他们造成影响。

1929年是历史上注定值得大书特书的一年：美国华尔街股票崩盘，出现了大灾难。当时的人们告诉胡佛总统，出现经济危机啦！胡佛总统安抚大家说，哪有经济危机这么严重啊，只是市面上稍微有点"萧条"而已。哪料到，胡佛总统一不留神创造出了一个比经济危机更加恐怖的名词叫"大萧条"。大批工人失业，银行挤兑，大家生活在凄风苦雨之中。抬眼望去，满街愁云惨雾，娱乐业倒是逆势繁荣，人们都蜂拥进了电影院去寻找短暂的愉悦与满足，毕竟现实世界"英雄难抱美人归"，从来也不会有"大团圆"的结局。就在这一年，美国颁发了第一届"奥斯卡奖"，迪斯尼的米老鼠开始风靡世界，大家在虚拟世界里获取虚幻的满足之余，也都在盼望着现实世界有实实在在的好消息传来。

1929年哈勃发现了哈勃红移，这让美国科学界在欧洲人面前扬眉吐气了一把。第二年，1930年，汤博发现了冥王星，这也成了农村小子的励志传奇。汤博是个热爱天文的农村高中生，没机会上大学深造，偏巧家里庄稼遭了灾，被冰雹打得颗粒无收。于是他决定外出打工，仅仅投寄了一份简历，就被罗威尔天文台录用。天文台最近钱紧，希望用农民工代替那帮价格昂贵的人。汤博坐了三十个小时的火车去了远方，那里有的只是一望无尽的旷野与满天繁星。罗威尔天文台就在旗杆镇上，是世界上第一个远离大城市光污染的天文台。罗威尔老爷子选址的时候恐怕想不到，六十里地之外的那个大坑就是陨石撞击造成的，那就是举世闻名的亚利桑那大陨石坑。天意？也许吧！

天文台领导把那种枯燥且技术含量低的工作分派给了汤博，汤博就靠着他的耐心努力与认真细致，年复一年地玩着“大家来找茬”的游戏（比对照片），最终发现有一个小黑点（底片是黑白颠倒的）发生了移动，于是一颗新的行星——冥王星被发现了。这妥妥的是美国梦的典型，励志的光辉榜样啊。1931年，迪斯尼就把米老鼠家的宠物狗起名字叫“Pluto”，就是冥王星的意思，可见此事在社会上的影响之大。冥王星这名字是报纸上征集来的，来自一个英国小女孩的奇思妙想，用冥界之主来描述冷暗遥远的深空行星，那是再合适不过了。

欧洲经济当时也好不到哪里去，德国也乱糟糟的。爱因斯坦到美国加州理工讲学，觉得美国学术环境也还不错，他考虑半年在美国，半年在德国，但是当时排斥犹太人的情绪已经开始在德国抬头了。世道不好，人们总喜欢找替罪羊，犹太人那还不就是替罪羊的最佳人选吗！后来爱因斯坦察觉到苗头不对，就留在了美国没回去。这是后话了，按下不表。

当然并不是每个年轻人都像汤博那样幸运，工作几年就能成为励志传奇，比如另一个年轻人就相对坎坷多了。那时候的印度还在英国的统治之下，大概包括现在的印度、巴基斯坦、孟加拉的版图范围。有一个年轻的印度学生来到英国求学，这个小伙子叫钱德拉塞卡。他的出生地拉合尔按照现在的国界划分，应该是在巴基斯坦境内，不过大家还是称他为印度裔学生。那时候英属印度能上大学的人不多，他家全是知识分子，有条件受到良好的教育。钱德拉塞卡考入英国剑桥大学三一学院，到那里读博士。

旅途漫漫，钱德拉塞卡在船上一直在思考一个问题，那就是有关恒星末日的问题。一个年老体衰的恒星，将会有怎样的结局呢？当时的天文学界一致认为，像太阳这样的恒星进入晚年以后，会变成一颗白矮星。恒星越大，那么燃烧就越猛烈，因为恒星越大，自身引力也就越大，如果燃烧不够猛烈，根本就扛不住自身的引力。猛烈燃烧产生高温，物质运动剧烈，产生的压力可以对抗住自身引力，一个天体就可以平衡稳定地存在下去。我们观察到宇宙中大部分恒星都符合这个规律，只有少数例外。体积小重量轻的，多半温度也很低，颜色上偏红色。体积大温度高，颜色多半偏蓝色。正因为大恒星燃烧剧烈，因此寿命普遍不长，有个几千万年就烧光了。反倒是像太阳这样的天体，可以温和地慢慢烧上一百亿年。这也充分说明了宇宙的一个基本法则——“出来混，总要还的”，想要光鲜亮丽，那么必定要付出惨痛的代价。

当时量子物理学已经有了很大的发展，特别是泡利（图12-12）提出了著名的“泡利不相容原理”。简而言之就是说，一个房间不能住进两个特征完全相同的人。每个人用四个量子数来描述，高矮、胖瘦、男女、老幼，反正你排列组合，这四个量完全一致的人是不能住在一个房间的。你非要硬塞进去，对不起，一定有人被轰出来。

图12-12　玻尔和物理学男孩们，第一排正中间的那个就是泡利。猜猜两边都是谁?

那么也就可以想象了，来了一大群人，高矮胖瘦，男女老幼全都有，你就必须准备足够多的房间才能把人全安排进去，如果遵守四个量完全一致的人不能安排在一间房间这个规则，无论你怎么精心安排，总有个最小房间数，房间少了是不能满足要求的。你要强行把大家赶到一间屋子里，大家会强烈反抗，这就好似一股斥力，称为“简并力”。

电子是符合泡利不相容原理的，符合泡利不相容原理的这一类的粒子统称“费米子”。因此，对于白矮星来讲，压缩到最后，电子运动越来越快，互相离得越来越近，排斥效应开始明显，可以描述成一种“力”，叫做“电子简并”。电子简并足可以对抗自身的引力，白矮星就可以稳定地存在下去，等上千年万代，逐渐冷却，变成黑矮星。不过这个过程极其缓慢，宇宙最初形成的那批白矮星，到现在还没完全凉透。

钱德拉塞卡在船上闷了十几天就在计算这个简并力的上限。任何力都不是无限大，都会有个上限。钱德拉塞卡发现，只要达到足够大的质量，自身引力连电子简并都扛不住，电子运动速度会接近光速，相对论效应不能不考虑。那样一算，天体会突然坍塌，至于坍塌成什么样，钱德拉塞卡不敢想象，恐怕再也没有什么力量能扛住自身的引力，难不成一直塌缩成一个点？密度无穷大？妈呀！又是该死的无穷大。

钱德拉塞卡来到了英国，跟随剑桥大学三一学院的拉尔夫·福勒学习。拉尔夫·福勒是狄拉克的老师，钱德拉塞卡就成了狄拉克的师弟。拉尔夫·福勒和狄拉克在1926年就研究过白矮星，有关白矮星的理论计算就是这个福勒搞出来的。狄拉克师兄指点钱德拉塞卡：不妨去哥本哈根理论物理研究所走上一遭，那里可是量子力学的重镇。钱德拉塞卡就去哥本哈根，在玻尔的研究所工作学习了一年，对量子力学有了深刻的认识。

钱德拉塞卡博士生毕业以后，就留在了剑桥大学三一学院当研究员，跟着当时著名的天文学家、物理学家爱丁顿。爱丁顿因为观测日全食的星光偏移，从而验证了爱因斯坦的广义相对论，名声大噪，在这方面，他非常自负。钱德拉塞卡后来回忆，他问爱丁顿："据说世界上只有三个人懂广义相对论，是这样吗？"爱丁顿一皱眉，他回答，他在想那第三个人是谁。言下之意，想不起来第三个人是谁。这就意味着，并不存在第三个懂得广义相对论的人，弦外之音就是天下懂得广义相对论的人也就爱因斯坦与他二人而已。是不是有点像三国演义里面的孟德公那一句"唯使君与操耳"？日后一个让钱德拉塞卡终生难忘的奇耻大辱皆因这个自负的爱丁顿老师而起。

钱德拉塞卡一直念念不忘自己对于白矮星极限的计算，也一直在完善着自己的想法。他发现，只要白矮星质量大于1.44个太阳质量就已经撑不住了，必定会继续塌缩。在1935年皇家天文学会的会议上，这个二十四岁的青年终于得到宣读自己论文的机会。稿子他事先打了很多份，那年头没有复印机，更别说电脑打印机了，全靠打字机手敲。开会的时候，他给每位到会的学者都发了一份，也给爱丁顿老师发了一份。这么高规格的会议，钱德拉塞卡自然是诚惶诚恐，念完了自己的论文，等着诸位大牛提问。

爱丁顿老师昂首阔步走上讲台，在众目睽睽之下，把手中钱德拉塞卡的论文撕成了碎片。他直接宣称钱德拉塞卡的东西是一派胡言，理论非常古怪，坚决不能接受。下边哄堂大笑，大会的主持人甚至没给钱德拉塞卡申辩的机会。爱丁顿事先跟爱因斯坦通了气，大概得到了爱因斯坦的支持，因此对钱德拉塞卡一点儿都不客气。散会以后，好多人去安慰钱德拉塞卡，大家伙儿留点神吧，千万别让钱德拉塞卡去河边啦，楼顶啦……总之，千万要阻止他想不开。

其实呢，人家钱德拉塞卡并没有那么脆弱，但是他得不到英国主流科学界的认可倒是真的。泡利后来安慰他说，你的计算是符合“泡利不相容原理”的，估计不符合“爱丁顿不相容原理”。这当然是玩笑话，泡利天资聪颖，年纪轻轻就谁都不服气，敢于当着爱因斯坦的面就让人家下不来台，号称“上帝之鞭”、“物理学界的良心”。他唯独见到授业的恩师索末菲时大气儿都不敢出，毕恭毕敬，垂手侍立，可谓“一物降一物，卤水点豆腐”。

能得到泡利的好评实属不易，泡利那张嘴，基本没说过别人好话，但是钱德拉塞卡在英国还是混得不如意。1937年干脆再次漂洋过海去了美国，在芝加哥大学干了后半辈子，当了叶凯士天文台（图12－13）的领导。叶凯士天文台是附属于芝加哥大学的，他时常要奔波两地，十分辛苦。他一生发了几百篇论文，是个非常努力的科学家，也教授了无数的弟子，很多学生的成就都超过了他这个老师。钱德拉塞卡有一段时间常常独自开车从叶凯士天文台顶风冒雪回到芝大校园，一进教室就看到两张年轻的脸庞，一个叫杨振宁，一个叫李政道……

图12－13　叶凯士天文台有世界上最大的折射望远镜，看看下方合影的里面有没有熟人

第13章　核火球

图13-1　约里奥居里夫妇

1932年，《自然》杂志上刊登了一篇文章，叫做《中子可能存在》，作者是查德威克。远在法国的约里奥-居里夫妇（图13-1）两口子看到这篇文章，估计会懊恼不已，因为查德威克做的实验，就是他俩以前做过的“石蜡实验”的翻版：用“铍射线”照射石蜡，会从中敲出质子。他俩觉得这是稀松平常的事情，不值得注意，白白放过了一个重要成就。居里家族是个声名显赫的家族，老一代皮埃尔·居里和玛丽·居里是科学界的有名的夫妻诺贝尔奖获得者，他们的女儿依琳和约里奥结婚以后，把两家的姓氏合在一起，姓“约里奥-居里”。居里家族都是实验物理学家，做实验的本事堪称一绝，经常一不留神就触动其他科学家做出重大贡献。

查德威克就是受益于约里奥-居里夫妇，一看到约里奥-居里夫妇发表的论文，两眼开始发出异样的光芒。这种中性射线，正是他寻找多时的东西——“中子”。假如原子核是质子组成的，那么为什么正电荷与原子核的质量并不成正比呢？必定是有某种质量和质子不相上下，但是却有不带电的粒子掺和在里面。

查德威克在约里奥-居里夫妇实验的基础上更进一步研究，果然发现了中子。查德威克获得了1935年的诺贝尔物理学奖，有人提议应该要捎带上约里奥-居里夫妇，三人分享。评审委员会主席一锤定音，查德威克独享，约里奥-居里夫妇没份儿。同年，约里奥-居里夫妇获得了诺贝尔化学奖，表彰他们在人工放射性元素方面的成就。个中缘由，你懂的。

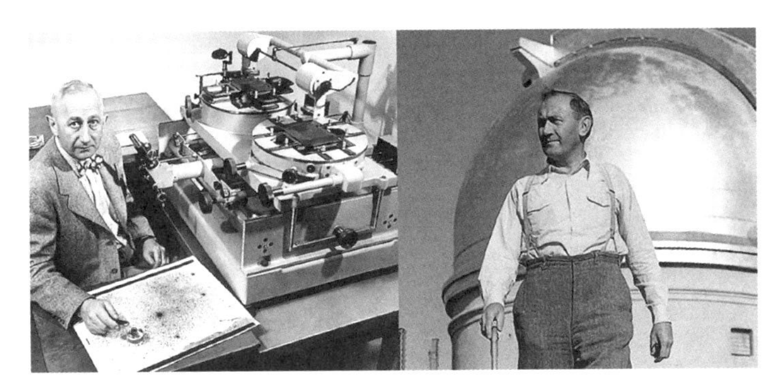

图13-2 巴德（左）和兹威基（右）

1934年，在美国工作的兹威基和巴德（图13-2）讨论了超新星爆发的问题。两个人一直对超新星爆发特别感兴趣，他们始终搞不清楚那么大的爆发，能量是从哪里来的？一颗普普通通的恒星，怎么会突然亮到白天都可以看到？公元1054年，中国天文学家就记录到突然出现一颗“客星”，在二十三天的时间里白天可见，之后二十二个月里，夜间还可以看到，然后才隐匿不见了。这是一条非常可信的记录，人类历史上肉眼可见的这种超新星现象，不过才六次而已。正巧查德威克发现了中子，兹维基毫不客气地把中子纳入到了自己的构想之中，他在猜想这一场大爆炸以后，到底会剩下什么。这一年，巴德和兹威基在《物理评论》上发表文章，认为超新星爆发可以将一个普通的恒星转变为中子星，而且指出这个过程可以加速粒子，产生宇宙线。但是，他们并不是第一个想到中子星这个概念的，最先想到的是苏联人。

苏联科学界也对中子的研究很关注，伊万年科就提出：原子核是中子和质子构成的。朗道是苏联物理学界的天才，放眼世界，大约只有泡利的气焰比他嚣张。他早就预言：会存在一种天体，由“密度与原子核相当”的物质构成，朗道认为这种物质是可以扛住引力稳定的存在。当时他的想法是很难推销出去的，因为天文界没看见过这种玩意，物理学界也对此不感冒，所以关注的人不多。

朗道声称每个恒星中心都有一个“中心核子”，他把天体想象成大号原子了。朗道设想：天体中心存在着“违反量子力学的病态区域”，可以把质子和电子拧在一起，表现就像是一个粒子。为了扩大宣传效果，朗道扯开嗓门大喊，他这个理论可以解决“恒星塌缩”和“恒星能源”两大问题。现在看来，朗道所说的“密度与原子核相当”的物质就是中子，中子的确可以通过硬把电子压进质子生成出来，但是压力必须大得惊人才行。他所说的恒星内部都有“中心核子”并不靠谱，现在我们发现某些超级“虚胖”的红巨星内部的确可能有个中子星的核，但是太阳大小的恒星显然没这种可能，“违反量子力学的病态区域”显然也是夸张之词，天才的朗道心里也未必不清楚。炒作从来不是网络时代的专利，科学家也是有七情六欲的人，你懂的。况且，苏联的国内形势不妙，自己名气越大，头顶上光环越多，那么自己也就越安全。他的论文寄给了玻尔，希望玻尔推荐投稿给《自然》杂志。玻尔与他心有灵犀，当天就回了信，苏联国内的《消息报》盛赞了朗道的成就，朗道的光环果然多了一层，这能保护他多久？其实也顶不了几年。

朗道首先涉及了“中子星”的问题，但是当时这并不是大家关注的重点。几十年后，中子星被发现，宇宙中的确存在这么奇怪的天体，朗道的设想得到了证实。当然，历史也不会忘记另外一个人，那就是钱德拉塞卡。七十三岁的钱德拉塞卡终于获得了诺贝尔物理学奖，表彰他在物理学上的贡献。白矮星的确并非是所有恒星的归宿，大于1.44个太阳质量的白矮星根本坚持不住，会继续塌缩下去，一般来讲会变成中子星，中子星正是朗道最先描述和预言的，依靠中子简并力而存在。中子星的密度大得惊人，达到了每立方厘米八千万吨到二十亿吨左右，在宇宙中是密度最大的天体之一，芝麻粒大小的物质，就超过了地球上所有船舶的运输能力，可见密度有多大。

中子简并也不是无限大的，也有扛不住的极限。而中子星的质量上限在哪里呢？这引起了一个美国人的注意，这个年轻人叫奥本海默，他来到欧洲求学，毕竟那时候欧洲的物理学水平高于美国。他一开始找英国剑桥大学卡文迪许实验室的卢瑟福，但是卢瑟福没收他，后来卢瑟福的老师汤姆逊倒是把他收下了。彼时汤姆逊年事已高，而且社会活动极多，还是把奥本海默推给了卢瑟福去带。卢瑟福学生一大堆，照顾不过来，让奥本海默的大师兄布莱克特带着他，布莱克特与奥本海默关系不睦，闹得水火不容。后来奥本海默发现，还是理论物理更适合他，正好可以摆脱烦恼的人际关系。于是他离开英国的剑桥大学，去了德国量子物理的重镇哥廷根大学，拜到玻恩老师的门下。仅仅一年，奥本海默就拿到了博士学位，可见他也是个天才，找对了方向就能闪出耀眼的光芒。奥本海默一辈子没拿过诺贝尔奖，但是他的水平绝不比许多诺奖获得者差。一个人的学术水平一般来讲是他周围圈子的平均值，前面所述，奥本海默碰到的人全是诺奖获得者，包括跟他不睦的大师兄布莱克特，环境对人的影响不容小视。

奥本海默用广义相对论计算一个不转动的球体引力场，然后再计算中子的物态方程，计算出了一个极限——中子星的质量上限，不超过0.75个太阳质量，这个结果当然是不对的。目前看来，奥本海默极限还不是很确定，一般取1.5-3倍太阳质量。有人认为也许存在比中子星更加致密的“夸克星”，不过一般认为，超过奥本海默极限，将没有任何力量能扛住引力，只有一直塌缩下去。

那时候的欧洲是理论物理学水平最高的地方，量子领域以哥本哈根理论物理研究所名气最大，玻尔老师为大批青年科学家提供了优越的工作交流环境。哥廷根大学也能与之分庭抗礼，玻恩老师手下也有很多精兵强将。此外还有德国的慕尼黑、荷兰的莱顿、奥地利的维也纳、瑞士的苏黎世、意大利的罗马等等一系列学术中心，欧洲大陆之外就只有英国可以并驾齐驱。欧洲是个令人向往的圣地。美国人奥本海默来了，苏联人卡皮查、朗道、伽莫夫来了，印度人拉马努金、拉曼、钱德拉塞卡来了，日本的长冈半太郎和仁科芳雄也来了，中国留学法德的不计其数，有一位长相敦厚的革命家在哥廷根盘桓了许久，他叫朱德。

朗道，伽莫夫，伊万年科号称“三剑客”，是苏联物理学界的新星。二十来岁的朗道显示出日后一代宗师的风范，但是二十世纪的三十年代初期是暗流涌动的年代，整个世界政局动荡，说到底还是经济危机给闹的。

图13-3　一战的下士希特勒与一战的元帅兴登堡

1933年，那个矮个子的“卫生胡”，一战之中深受毒气伤害而幸存下来的传令兵希特勒（图13－3）早已今非昔比。他在老总统兴登堡的钦点之下，一跃成为德国总理，纳粹势力已经开始掌权。到了1934年，苏联国内也不太平，斯大林开始了大清洗，五位元帅，他枪毙了三位，被捕被杀的人不计其数。伽莫夫倒是嗅觉灵敏，提前一年就开溜，借着出国访问的机会，一去不回头了。他1933年在巴黎的居里研究所工作，1934年去了美国。伽莫夫和朗道都在欧洲求学多年，与欧洲的各大科学机构都有联系，他们都在玻尔的哥本哈根理论物理研究所深造过，别看时间不长，朗道后来倒是很愿意称自己是玻尔的学生。

1938年4月，一辆小轿车停在朗道家门口，几个肃反人员带走了朗道，朗道的助手也被逮捕了。他的顶头上司——著名物理学家卡皮查当天就写信给斯大林，说二十九岁的朗道是天才的理论物理学家，任何人都无法代替，他年轻气盛，一定是有人陷害他。卡皮查后来求爷爷告奶奶，斯大林身边的人物他求了个遍，给贝利亚写信，给莫洛托夫写信。恰好这时候发现了液氦的“超流”现象，卡皮查写信给莫洛托夫，说超流这种现象非常奇怪，非要朗道这种天才才能研究出来。国外的玻尔也写信给斯大林求情。最后折腾了一年，朗道幸运地被放出来了，人已经十分憔悴。卡皮查以阖家性命担保朗道，朗道也感激卡皮查的救命之恩。当然，大清洗的高潮早已经过去，1938年已经接近尾声了，如果是在最严酷的年代，朗道可能要麻烦得多。后来朗道的声望如日中天，苏联国内该拿的荣誉一个都没少，出版文集的时候。他把与伊万年科合作的五篇全都删掉了，对伊万年科十分轻蔑。为什么？难道是与当年的牢狱之灾有关？你猜吧，天知道！伽莫夫因为一去不回，被苏联科学界除名，“三剑客”早已分道扬镳。

苏联这边一场大风暴刚刚趋于平静，德国那边又起波澜。1938年11月9日，爆发了历史上臭名昭著的排犹事件，一大批人涌上大街，凡是犹太人的窗子全部被砸掉，犹太人的财产全部被打砸抢。一整夜，玻璃碎裂的声音和大火的“噼啪”声不绝于耳，其间还夹杂着妇女儿童的哀鸣。事情的起因是一名犹太人在德国驻巴黎大使馆打死了使馆秘书，希特勒趁此机会借机发难。戈培尔阴险地宣称：夜里会发生不测事件。果然，这天夜里，一帮暴徒们冲上街头打砸店铺，把犹太人的产业尽数砸光。一时间，许多建筑被点燃，浓烟滚滚，烈焰飞腾，约二百六十七间犹太教堂、超过七千间犹太商店、二十九间百货公司遭到纵火或损毁，奥地利也有九十四间犹太教堂遭到破坏。11月10号清晨，大街上满是碎掉的玻璃，在旭日照耀下格外刺眼。这一夜被称为“水晶之夜”，犹太人大祸临头。

爱因斯坦早就看到苗头不对，1933年纳粹一上台，他就宣布不再回德国。没多久，他的家产房子就被查抄。许多德国科学家都对纳粹没啥好感，比如普朗克就是如此，希尔伯特也不喜欢纳粹，但是纳粹狂热在知识分子中间也一样不能避免。1933年秋天，有九百六十位教授在著名的存在主义哲学家海德格尔、艺术史学家平德尔、医学家沙尔勃鲁赫教授这些学界名流的带领下，公开宣誓支持希特勒与纳粹政权。后起之秀、大物理学家海森堡也拥护纳粹，为纳粹工作，后来他和其他拥护纳粹的物理学家一起参与了制造原子弹。

自那之后，德国犹太人一天比一天惨。1939年，德国并吞了整个捷克斯洛伐克，紧接着就突袭波兰，第二次世界大战开始了。仅仅一个月，波兰亡国，速度快得让人吃惊。德国开始横扫西欧，下一步是打丹麦和挪威，然后集中力量对付法国、比利时、荷兰。一年的时间，整个西欧尽入希特勒的囊中。潮水般的欧洲犹太人涌向英国美国，其中很多人是科学家、文学家、艺术家。欧洲大陆作为世界文化与思想的中心断崖式跌落谷底，大批优秀人才开始往新大陆迁移。

丹麦被占领，玻尔就陷入了险境。因为很多欧洲的犹太人学者都是通过玻尔的途径离开德国的。氢弹之父爱德华·泰勒是匈牙利犹太人，本来在海森堡手下工作，纳粹一上台，他就在犹太人援助委员会的帮助下离开了德国，在英国待了一阵子就到了哥本哈根玻尔那里，两年以后，去了美国。好多人都是拿玻尔那里当做中转站的，海森堡与他有师生情谊，自然还能有些关照。彼时海森堡已经是希姆莱手下的红人，时常穿着党卫军服招摇过市。他去见过一次玻尔，但是已经话不投机，这两位伟大的量子力学开创者，曾经亲密的师生变成了陌路人。

图13－4　据说搭载玻尔的蚊式轻型轰炸机

因为玻尔帮助大批犹太人逃了出去，免于被送进毒气室，即便有海森堡关照，纳粹也不能放过玻尔。形势越来越危险，1943年，在抵抗组织的帮助下，他先是逃到了瑞典，瑞典是中立国，跟英国还有秘密的来往。后来玻尔再次出逃，据说是一架蚊式轻型轰炸机（图13－4）带着玻尔飞到了英国。途中他还晕过去了，因为他没带氧气面罩。还有种说法是他是藏在炸弹仓里飞去英国的，假如飞行员不小心按错按钮，他就有被当炸弹扔出去的危险。

玻尔后来和查德威克一起去了美国，给原子弹工程当顾问，直接参与了原子弹工程。爱因斯坦也是美国政府的顾问，不过他这种自由奔放无拘无束的人是不适合参与一项庞大的工程的。负责这个工程的首席科学家，正是奥本海默，这个家伙既有科学水平，又有团队管理能力，是个不可多得的复合型人才。

爱因斯坦落脚在了普林斯顿，同去的还有冯诺依曼、图灵、哥德尔等一系列的顶尖学术大师。爱因斯坦最喜欢和小他二十七岁的哥德尔边走边谈，散步回家。我们可以想象，两位大师站立在夕阳中的背影，那真是一道绝美的风景。哥德尔是数学界的一个里程碑，他的“哥德尔不完备定理”贡献不仅仅震动了数学界，也让哲学界吃不消。后来哥德尔相应爱因斯坦的号召，开始研究广义相对论，得出了一个奇葩的结论叫做“闭合类时线”，通俗点讲，就是“时光机”。由此引出了一个出名的逻辑问题叫做“外祖母悖论”。无数物理学家们想尽办法阻止这东西出现，可是这东西时不时就能冒出来，科幻作家们倒是开心得不得了，时光机是他们的最爱嘛。

爱因斯坦的余生就在普林斯顿度过，到美国以后的主要论文都是与助手一起合作的。他与助手搞出了好几项成就，比如爱因斯坦－罗森桥，引力波以及EPR问题。爱因斯坦－罗森桥可以认为是第一次发现了时空穿越的可能性，但是这个途径是堵死的。引力波倒是实实在在的成就，情节大翻转也颇有戏剧性。至于EPR问题，则是隔着大西洋与玻尔打笔墨官司。薛定谔看到论文以后不由得倒吸一口凉气，一个词脱口而出——“量子纠缠”。老爱这几个成就虽然比不上年轻时的锋芒与锐气，倒也还是显示出姜是老的辣。即便是反对玻尔，也能体现出超一流的水准，犯错误都能犯得潇洒帅气。

爱因斯坦经常去海边度假。这一天，有几个不速之客来访，他们都是来自匈牙利的犹太人，为首的是西拉德（图13－5）。1938年是核物理的关键年，西拉德就是首先发现核裂变链式反应的人之一，一个书斋里的科学成就，迅速就体现出巨大的军事价值，制造原子弹从原理上讲是可行的。

图13－5　爱因斯坦和西拉德

他们到了美国以后，想来想去坐立不安，海森堡可是了解一切的，偏偏他投了纳粹。他们急匆匆给爱因斯坦送来了一封信，希望他签名。爱因斯坦看了一眼，主要的意思是提醒罗斯福总统要关注原子弹。爱因斯坦没有犹豫，抬手就签上了自己的名字。这封信后来促成了美国的原子弹工程，前来拜访的这几个人后来都参与了核武器的研制。进门拜访爱因斯坦的不算是最狠的角色，开车带他们来的那位才是真正的狠角色，他就是氢弹之父爱德华·泰勒。

图13－6　阿拉莫戈多的核试验

原子弹工程极大地促进了核物理的发展，科学界从此进入了大工程时代。你想凭着在自己的实验室里鼓捣出世界级的成就，看来是没机会了。到了1945年，第一颗原子弹顺利地在新墨西哥州的沙漠里炸响（图13-6），在场观看的奥本海默引用印度教经典《薄珈梵歌》中的句子“比一千个太阳还亮”来形容原子弹爆炸的壮观场景，“日出”被人类抢先了。接下来，两颗原子弹扔在了日本，天皇宣布投降，太平洋战争结束。

原子弹的巨大威力震惊了世人，美国事后发布的公告里有几句话，在物理学家们听来显得意味深长：“这是一枚原子弹，它驾驭的是宇宙间的基本力量，太阳从中获得能量的那种力量，我们把它释放出来对付那些在远东发动战争的人……”

宇宙间的基本力量？在伽莫夫听起来别有一番滋味。早年在苏联红十月炮兵学校当过上校教官的经历使他无缘参与机密的原子弹工程，但是他对核物理非常关心。早在1928年，他就研究过原子核的 α 衰变理论，后来在1936年和泰勒一起搞过 β 衰变的研究。1938年，他开始转向天体物理学，研究恒星演化问题和恒星的核能源机制。核爆炸放大到宇宙级别，这不就可以解释宇宙起源的问题吗？这是宇宙间的“基本能量”啊！1948年伽莫夫发表了《宇宙的演化》和《化学元素的起源》等文章，提到了一个核火球的模型：宇宙的早期是一个温度非常高的状态，这个原始的核火球“砰”地一下炸开，不断地膨胀，从而形成我们今天见到的这个宇宙。

看起来，伽莫夫的理论和我们前文提到过的弗里德曼和勒梅特的理论很像对吧？道理很简单，伽莫夫曾经是弗里德曼的学生，老师的东西，学生当然很熟悉。勒梅特神父得知伽莫夫提出的火球模型以后，也非常支持伽莫夫。如果说，宇宙演化在弗里德曼和勒梅特手里还只是个初步数学模型，还只不过是方程式的一组奇怪的解，那么到了哈勃观察到哈勃红移以后，就已经是摆在科学家面前的一个实实在在的问题了，宇宙演化问题将无可回避。宇宙到底是如何演化的？在伽莫夫的努力下，弗里德曼和勒梅特单薄的理论开始变得丰满起来。

伽莫夫做了几个预言，首先是宇宙元素组成的问题。现在宇宙中的大部分元素都是氢和氦，别的元素只占个零头都不到，为什么氢和氦这么多呢？氢和氦的比例为什么是现在这个样子呢？按照伽莫夫的理论，都能做出比较合理的解释，一个理论仅仅能解释看到的问题，那是不能使人信服的。因此伽莫夫提出了一个预言：那一场爆炸在经过那么多年以后，还会剩下略微的余热，温度不会降低到绝对零度。按照热力学原理，高于绝对零度的物质都会发射出电磁波，现在的余热应该还剩下那么一点点的电磁信号。伽莫夫假定宇宙年龄三亿年，算出来余温应该是50K。当然，他的计算并不算准确，只是个大略的计算。同一年，阿尔弗与赫曼就计算出了余热应该是大约5K的温度，换算成摄氏度是-268℃。后来又有很多人计算这个温度，但是大家算出来的数值都不是太一致，用大天线来搜寻这个信号，但是也都没有什么靠谱的结论。

图13-7　传说中的α、β、γ

伽莫夫生性幽默，比较喜欢开玩笑，他在写《化学元素的起源》这篇文章的时候，玩了个“行为艺术”：他觉得自己的名字发音比较像希腊字母“γ”，合作者阿尔弗的名字比较像希腊字母“α”，他们的同事恰好有一个人名字叫做贝特，他在恒星能源方面做了很大的贡献，名字发音像希腊字母“β”。伽莫夫拉他入伙打酱油，最后大家署名“α、β、γ”（图13-7），估计杂志社编辑吓一跳，真没见过这么署名的。

到了1956年，伽莫夫发表了《膨胀宇宙的物理学》，更加详细地描述了宇宙从原始的高密度状态演化和膨胀的整体概貌。他得出结论：“可以认为，各种化学元素的丰度，至少部分是由在膨胀的很早阶段，以很高速率发生的热核反应来决定的。”

伽莫夫的主要侧重点是在宇宙中的元素分布上。我们知道太阳系中最多的物质是氢，其次是氦，这哥儿俩占了总量的绝大多数。按照质量来计算氢占了

75%，氦占了23%。因为氦原子比较重，按照质量来计算，氦账面上稍微好看一点。假如按照原子个数来算，氦比氢差了一个数量级。其他的元素就更加不堪，上百种元素加在一起，也只占了不到2%。如此悬殊的比例是怎么造成的呢？随着对恒星的研究越来越深入，大家已经基本上搞清楚了恒星内部发生着什么样的核反应，伽莫夫他们就是搞这个出身的。归根到底，恒星的能量是氢聚变称氦的过程中释放出来的，恒星释放出来的能量与产生的氦之间有固定的比例关系。

太阳释放出来多少能量呢？你看看照耀到地面的太阳光就能反推出来。地球接受了太阳光能的二十二亿分之一嘛！计算出地球一年接受了多少太阳光的能量并不难，平均下来大约每平方米是1367瓦的功率，黑子比较多的年份浮动大约1%，反推一下就可以知道太阳的总功率，乘以时间就是总能量。太阳在五十亿年的时光里，产生的能量折算成氦产量仅仅占了总量的5%，太少了。太阳是不是个典型的恒星呢？这话可就两说了，好在我们可以直接去估算银河系发出的总能量，大大小小稀奇古怪的天体全算在一起平均化了，应该是很有代表性的。一百亿年以来，银河自打形成到现在，产生的氦只占了1%，可是宇宙里面观察到了23%的氦。那些多余的氦是从哪里来的呢？元素的比例成了一个未解之谜。

恒星里面氢要演化成为氦，需要有一个质子变成中子的过程。氢仅含有一个质子，并没有中子存在，氦里面有中子，氢要想变成氦，那就先要弄出中子来才行。那么只有依靠β衰变，质子扔出一个正电子和一个中微子才能变成中子，两个氢原子核（质子）变成一个氘核。这个过程是个弱相互作用过程，速度极慢，一颗质子平均要等待10^9年才能融合成氘，因此我们的太阳烧了那么多年也没烧光。氘核和氢核变成一个氦3原子核，氦3原子核再变成普通的氦，这么多年下来，产生的氦也只有那么一点点。

因此宇宙中如此之多的氦，必定不是恒星内部生成出来的。伽莫夫他们必须找到一个办法，能够迅速产生大量的氦。这样的相互作用必定不是弱相互作用，而是有其他的来源。宇宙诞生之初的那个核火球倒是一个很好的解释途径，伽莫夫他们把整个宇宙当做一个绝热系来考虑，可以用热力学来描述。我们通过简单的热力学可以知道，绝热状态下，你去压缩气体的话，气体温度会升高。相反，你让气体膨胀，温度会降低，就用这个原理来计算宇宙的变化过程。

我们现在不妨把宇宙当做是个均匀的气体来对待，这样就可以反推宇宙的诞生过程。当初宇宙诞生的那一时刻，已经不可考证了，因为那时候已知的物理规律全部完蛋，但是在那之后的一段时间，倒是可以用物理学规律去描述。伽莫夫关注的就是宇宙诞生以后三分钟的事儿。宇宙随着体积的膨胀，已经从无穷高的温度降下来了，温度大约是十亿度，在十亿度的高温下，物质将会是个什么状态呢？有没有人知道呢？当然有人知道，伽莫夫的好友泰勒就在为这事操心，别忘了泰勒正在担纲领衔为美国研制氢弹，十亿度，大概就在氢弹爆炸需要掌握的温度范围之内。泰勒固然不能泄密，但是学术交流总能透露出来一点半点。

十亿度的高温之下，并不存在各种元素，仅仅存在质子和中子的混合流体，还有大量的高能光子窜来窜去，质子和中子都要遭受数以亿计的光子轰击。偶尔一个质子和一个中子因为强相互作用而结合成为氘核，也会被高能光子无情地打碎。中微子也在到处乱跑，这玩意可以导致质子和中子之间互相转换，那个场景就是个分分合合，变来变去的平衡态。这种平衡态，是可以用玻尔兹曼分布来计算中子与质子的比例的。宇宙仍然在不断地膨胀，温度也随之降低，随着温度的降低，一切趋向固化，中微子已经不再起作用了。质子已经没办法再变成中子，但是中子还会发生衰变，变成质子，同时释放出一个电子和一个中微子。中子要是没有被束缚住，是非常不稳定的，大约一刻钟时间就衰变了。好在宇宙诞生也不过才三分钟，那时候中子大量存在，只要中子和质子结合成原子核，就不会再衰变了。多亏那时候保存下了大批的中子，否则我们的宇宙就无法形成那么丰富的化学元素。考虑到落单中子衰变的因素，最后经过修正计算，算出来大约中子与质子的比例是1：7。氢不含有中子，氦含有中子，通过质子与中子的比例，可以计算出足够生成多少氦，最终结果大约是1：4的样子，这与观测到的数据23%是大差不差的。

质子与中子结合形成氘核是强相互作用，速度很快，从氘核变成氦，也是强相互作用，因此也很快，基本上是瞬间搞定。伽莫夫认为所有元素都是这么搞出来的，但事实上不是这样。宇宙最初只产生了几种稳定的原子核，氢核只不过是个最简单的质子，复杂一点的是氘：一个质子一个中子。氦是两个质子两个中子，还有一定数量的氦3——两个质子一个中子。氦和氦3组合成了铍7，这个铍7不稳定，衰变成了锂。氦也可以跟氘直接合成锂。氢、氘、氦、氦3、锂，这几种都是稳定的不带放射性的原子核，一直留存到了今天。大家在享受轻便的锂电芯带来的充沛电量的时候，可要知道其中一部分锂元素是宇宙诞生之初的无偿馈赠哟！

温度降到一亿度以下，原子核不再发生变化了，但还是一个充满高温等离子体的环境，物质与光子之间还在不断地起纠葛，光子没办法痛快地跑路。现在的太阳核心大约就是这种情形，温度大约两千万度。光子从太阳核心跑到表面，本来两秒钟就跑完了，但是一路上遇到高能带电粒子的不断纠葛，磕磕碰碰要随机拐上千亿个弯，足足花上五千年的时间才能走到太阳表面，就像穿过拥挤不堪的人群那样费劲。两千万度况且如此，更别提一亿度高温的宇宙初期了。

宇宙继续膨胀，温度继续降低，与那最初三分钟相比，这个时间就显得漫长多了。大约三十八万年之后，宇宙终于清明了，电子与原子核终于可以结合成中性的原子，再也没人阻挡光子，光子畅快地在宇宙中穿行，随着宇宙的不断膨胀，波长也不断地被拉长。到现在为止，应该还剩下微弱的电磁信号，这就是宇宙诞生之初的第一缕光——微波背景辐射。伽莫夫预言，这缕微光必定是能探测到的，不久以后就应该能观察到。哪知道这一等就是好多年。

伽莫夫他们的理论可以解释宇宙中元素的比例为什么是现在这个样子，而且可以预言微波背景辐射的存在，这在宇宙学的研究史上非常重要。从弗里德曼到勒梅特再到伽莫夫，他们这一脉的理论在当时远远突破了一般人的思维。自然有人不买账，英国的霍伊尔就是一个，他也是个非常优秀的天体物理学家，早在二战时期，霍伊尔和他的小伙伴们就开始琢磨宇宙是如何存在到今天的。到二十世纪六十年代，英国的金斯提出另一个概念，认为假设宇宙中不断产生新物质，在符合哈勃定律与广义相对论的前提下，宇宙仍然可能保持稳定。

图13-8　古尔德、邦迪、霍伊尔

受这个思想的启发，1948年，霍伊尔、古尔德和邦迪（图13－8）几个人就鼓捣出来一个“稳恒态宇宙模型”，主要想法就是避免宇宙的开端。如果你要是承认宇宙是有诞生的那一刻的，在宇宙诞生之前又是什么呢？伽莫夫他们没法回答这些问题，最起码物理学规律就不再是“普世价值”了。诞生之前，物理规律不起作用，宇宙之外，物理规律不起作用，霍伊尔无论如何不能接受这样的结论。可是你不接受又能怎样呢？你怎么解释哈勃红移呢？宇宙的确是在不断地膨胀的呀。霍伊尔他们总结出来的理论是这样的：尽管天体都在逐渐远离，但是会有天体从宇宙混沌中生长出来，填补空白。那么宇宙总体看起来还是跟原来差不多，就像一条河流，每个水分子都在不断地流动，但是整条河看起来却没什么变化。

霍伊尔他们这话一说出口，立刻有人蹦出来指责他们：要是物质可以无中生有，那么岂不是违反能量守恒定律？霍伊尔也不服气，伽莫夫他们的火球模型不可回避是存在一个奇点的，所有物质集中在那一点上，难道这不违反物理学规律？这一反问，对方没词了。

在1949年的一次BBC电视节目上，霍伊尔嘲笑伽莫夫的理论为“Big Bang”，即“大爆炸”理论。他哪里能预料到，从此这个名字不胫而走，简直成了伽莫夫他们最好的招牌，从此被统称为“大爆炸理论”。

霍伊尔个人兴趣爱好广泛，他不仅仅是个书斋里的学者，还是个常常在公众面前露脸的科普明星。随着电视行业的蓬勃发展，霍伊尔就在广大人民群众面前混了个脸熟。他在英国公众之中的知名度非常高。有个小男孩就疯狂地崇拜霍伊尔，甚至影响了人生选择，后来真的走上了研究理论物理的道路。他的名字叫斯蒂芬·威廉·霍金，这是后话按下不表。

对于伽莫夫来讲，他也不甘示弱，科普是他的拿手好戏。伽莫夫也是一位科普畅销书的作家，从1938年开始他就在写“汤普金斯先生”的连载系列故事，讲述一个银行职员如何通过聆听讲座来梦游物理奇景的，后来集结出版为《汤普金斯先生历险记》，再后来他又出版了科普著作《从一到无穷大》，不少人都是看着他们的科普著作激发起了对科学的兴趣。不管是霍伊尔还是伽莫夫，他们都做了对社会功德无量的好事。1956年，伽莫夫获得联合国教科文组织颁发的“卡林伽科普奖”。

两派的学术争论仍然在继续，最终谁赢谁输，还是要靠观测来验证。伽莫夫预言的大爆炸的余热，一直就没有找到。各个科研小组按照各种方法计算了能有八到九个结果，但是彼此相差都很大，这东西只靠计算是不行的，必须靠观测才能一锤定音。普林斯顿的罗伯特·迪克和威尔金森就开始自己动手来观测这个信号。忽然，他们办公桌上的电话铃响了起来，他们接听之后，心头一冷，完了完了！被人抢先了……

第14章　大耳朵的发现

迪克和威尔金森他们几个为啥心头一凉呢？历史上的事总是说来话长，大家别急，容我慢慢道来。

1909年意大利的马可尼发明了实用化的无线电通信，到了三十年代，这个无线电通信就成了一个热门产业，热度堪比现在的“互联网+”。现在流量入口是各种手机APP，那个时代就依靠收音机。英国的BBC就是1922年建立的，丘吉尔常常发表广播讲话。罗斯福的“炉边谈话”也是各大广播公司广播出去的。

图14-1　央斯基的大天线

广播开始大发展，越洋通信的需求也变得越来越迫切，为了提高效率，定向天线能量集中的优点就被大家青睐。定向天线必须对准方向才能获得最好的通信效果。美国贝尔实验室的央斯基（图14－1）在测试定向天线的时候，收到了一个奇怪的信号，而且这个信号似乎是每二十三小时五十六分钟出现一次。他们感到奇怪，突然有人一拍大腿，这不是恒星日吗！天球转一圈是二十三小时五十六分钟，太阳跟天球略有差异，是二十四小时。他们跑出屋外一看，恍然大悟，原来天线正对着灿烂的银河，这个信号原来是银河中心发出的信号。于是，一门新的学科就诞生了，叫做“射电天文学”。

天文观测不仅要看，而且要听。如果说大型光学望远镜是“眼睛”的话，那么大型的射电望远镜就是“耳朵”。没多久就爆发二次大战了，科学技术在两个领域内有了大发展：一个在核物理领域，原子弹就靠这个。战后，大国都拼命搞原子弹，没有原子弹，你说话是“蚊子叫”，无人理睬，有了原子弹，在国际上说话就是“狮子吼”，人家不能不听。另外一个领域就是无线电技术大发展，英国率先搞出了雷达以及关键器件行波管，行波管以很小的体积就可以搞出极强烈的微波振荡，美国人看到后爱不释手。英国战争期间国力衰竭，不得已，压箱底的宝贝都拿出来给美国人看。无线电/雷达技术的大发展，在战后带动了多项学科的进步，射电天文学也就跟着蓬勃发展，大家都开始建造大天线来接收宇宙的信号。

在二十世纪五十年代到六十年代，新技术层出不穷。随着冷战时代的来临，大家都在比拼综合国力，比谁可以引领时代的发展。科学技术当然是非常好的一个“进度条”，谁高谁低一目了然：苏联火箭拔得头筹，把第一颗人造卫星发射进了太空；美国也不甘落后，开始了雄心勃勃的航天计划，卫星与地面的通信就成了重头戏，航天器测控也离不开雷达与卫星地面站，这些技术都对研究天文学起到了推动作用。

1964年，美国贝尔实验室的工程师彭齐亚斯和罗伯特·威尔逊架设了一台喇叭形状的天线（图14－2），用以接受“回声”卫星的信号。为了检测这台天线的噪音性能，他们将天线对准天空方向进行测量。这台天线非常大，人甚至可以钻到天线上的一个小房间去工作，可见这个天线体型之巨。

但是，他们发现这个天线始终有“嗞嗞啦啦”的噪音，怎么也去不掉，难道是旁边纽约市造成的杂音信号？他们调整天线对着纽约市方向，没变化，并没有增强，对着天上，也还是一样。

图14－2　巨大的喇叭状天线

他们觉得这是天线自己的问题，因为噪音的状况不随角度变化，你随便对着哪个方向都一样。他们首先想到，这会不会是天线本身产生的噪音呢？后来他们查来查去，果然发现了有一窝鸽子在天线里面搭了个窝，还生了一窝蛋，拉了一堆鸽子粪。后来他们写论文的时候，没好意思写鸽子粪，写的是鸽子的白色分泌物。

这两位工程师一看，这还了得！有暂住证吗？这是欺负美国没城管吗？你们倒是不拿自己当外人啊！那时候保护动物的概念已经深入人心，这一窝鸽子还不能碰！你要强拆人家保护动物的人士不答应。于是赶快找动物保护人员，把这一窝鸽子还有鸽子蛋全都移走。然后他俩彻底把天线打扫了一遍，因为脏东西也会带来噪音。打扫完毕，干干净净的，一开机，噪音又来了，两人差点哭晕在厕所里，这是怎么回事啊？

他俩写了一篇论文，发表在《天体物理学报》上，顺便还打电话到了附近的普林斯顿大学。迪克小组接听以后，心立刻就“拔凉拔凉”的，他们要找的东西，被两个一头雾水的工程师发现了，到手的鸭子飞了！

不久迪克、皮伯斯、劳尔和威尔金森在同一杂志上以《宇宙黑体辐射》为标题发表了一篇论文，对这个噪音给出了正确的解释，这就是微波背景辐射，是宇宙诞生之初大爆炸的余热。

彭齐亚斯和威尔逊他们两个人测出来的波长大约7.35厘米，折算成黑体辐射的话，大约是3.73K的温度。大爆炸的余温被测量到了，而且跟当初的预言吻合得非常好，因此大爆炸宇宙学也就成了大家普遍接受的主流学说。彭齐亚斯和威尔逊后来双双获得了诺贝尔物理学奖，其他人只能仰天长叹：运气来了谁都挡不住啊！要是不走运，喝凉水都塞牙。

在二十世纪六十年代有四大天文发现：类星体、脉冲星、微波背景辐射、星际有机分子，都与射电天文有关系，但是脉冲星的发现历程也很有戏剧性。

在 1967 年，天文学家休伊什的女研究生乔瑟琳 · 贝尔 · 博内尔突然发现，记录射电信号的纸带上出现了奇怪的脉冲，每一点三秒就出现一次。经过二十世纪四十年代末罗斯威尔事件的渲染，以及后来“小绿人”在社会上疯传，当时的人不免发生联想：如此精确的时间间隔，是不是外星人在向我们发射信号啊？但是大家听了好久，发现这个信号一点儿变化也没有，要想发信息，怎么的也要来个莫尔斯电码滴滴答吧？看来不是外星人的信号。第一个脉冲信号是 1967 年夏天发现的，到了冬天快过圣诞节的时候，贝尔发现了第二个信号，周期是一点二七四。很快，类似的信号被发现得越来越多，事已至此，人们基本排除了是外星人发信号和我们联系，这应该是一个普遍的天文现象，到底是什么玩意儿能发出这么规律的脉冲呢？

图 14－3　休伊什和射电望远镜的天线

这种天体被直接了当地称为“脉冲星”。到底是什么原因使这种天体可以如此快如此准的发出脉冲呢？贝尔的导师休伊什（图片14－3）给予了一个解释，那就是这个天体在疯狂地旋转，但是电磁波的发射方向和自转轴不重合，有一定的偏移角度，就像海边的灯塔一样，光柱在旋转扫描，脉冲星在发疯地旋转，强大的射电信号恰好扫过地球，被我们接收到，那么就会出现一个脉冲。每隔一点三秒收到一个脉冲，那就说明这个天体每一点三秒转一圈。这是个难以想象的疯狂速度，要知道地球转一圈是二十四小时，也就是八万六千四百秒啊！后来又发现了毫秒脉冲星，自转周期达到毫秒级。

图 14-4　阵列天线

1974年，因为在脉冲星方面的研究以及射电天文技术上的创新，休伊什和赖尔为此共同获得了诺贝尔物理学奖。休伊什他们用的射电望远镜是赖尔设计的，非常具有独创性，天线长得不像个大锅，倒像个农场。用分布式的一大堆天线（图14-4），来代替一个大锅，这样可以获得更强的观测能力。他俩获奖倒是实至名归，但是，最早发现脉冲信号的女研究生乔瑟琳 · 贝尔 · 博内尔则什么也没拿到。很多人都为她鸣不平，不过她还是具备了一个光荣的称号叫做“脉冲星之母”。2006年布拉格天文大会，她是大会主席，那时候的贝尔已经是个年过花甲的老太太了，一头花白的短发，仍显得精神矍铄。她在主席台上一手抱着普鲁托狗玩偶，一边等着统计投票结果，然而最后还是干脆利落地把冥王星开除了行星资格。不得不感叹，岁月是把杀猪刀啊！时间都去哪儿了？时间在永不停歇地流逝着……

大家在惊叹脉冲星（图14-5）高转速之余，又开始疑惑起来：到底是什么样的天体能受得了如此疯转而不散架呢？答案只有一个，那就是当年朗道以及兹威基和巴德预言的中子星。时隔三十多年，终于尘埃落定。中子星的密度高得吓人，质量比太阳大不了几倍，直径却只有12-20千米上下，相当于地球上一座山的尺寸。

当然了，中子星上也不全是中子，切开了看，说不定里面是一锅“夸克汤”。有人预言，有夸克星的存在。有那么几个中子星显得比较奇怪，比如RXJ1856，距离地球大约四百光年，测量了一下直径，发现只有十英里，照理说中子星不该这么小，难道是更加致密的夸克星？还有一颗怪星，编号3C58，在1181年亚洲天文学家曾经观察到发生过超新星爆炸，计算一下到现在温度应该是大约三千五百六十万度，可是一测量，大家大跌眼镜，这家伙温度只有一百万度。这家伙怎么冷的这么快啊？假如密度是中子星的五倍的话，倒是可能冷的这么快，难道这也是一颗夸克星？不过到现在并没有什么特别直接的证据。

图14-5　脉冲星示意图

中子星大概是长得最标准的球体，因为引力大得惊人，自己把自己捏成了近乎完美的对称形状，即便是有起伏的“山脉”，大约也就几厘米高。中子星表面要想承受这些“山脉”的重量，就必须有非常大的强度，表面必须非常硬，大约是钢铁的一百亿倍。科学家们关心中子星不是为了山脉，是为了另外一个东西，叫做“引力波”。有关引力波的话题，我们后文再讲，这也是一个剧情大反转的故事，此处按下不表。

总之，超越钱德拉塞卡极限的天体被发现了，钱德拉塞卡也在七十三岁高龄的时候获得了诺贝尔物理学奖（图14-6）。离他当年计算钱德拉塞卡极限，已然过去了几十年。那么，前面还有一个奥本海默极限呢，超越奥本海默极限的天体能不能找到呢？二十世纪六十年代的天文学家们普遍没信心，但是物理学家们倒是信誓旦旦地说存在，他们拍胸脯保证一定是有的。到了二十一世纪的今天倒是来了个大反转，天文学家们都说有，物理学家们倒是狐疑起来：这东西真是黑洞吗？那么它们够不够“黑”啊？

图14－6　钱德拉塞卡获诺贝尔奖

黑洞够不够黑，这的确是个问题！令大家大跌眼镜的是，这个黑洞居然会辐射粒子。让我们回到二十世纪六十年代来回望一下那段脑洞大开的研究史吧！

因为微波背景辐射被找到了，这是很明显的证据。伽莫夫他们提出的大爆炸学说现在已经在风头上压过了稳恒态宇宙模型，但是霍伊尔还是不相信这个理论，一度曾经有所动摇，但他后来又反水了，提出了新的稳恒态模型。不过大家对他的理论已经普遍兴趣不大了，当年那个崇拜他的超级粉丝霍金也已经长大成人。他打算报考霍伊尔的研究生，但是很遗憾，霍伊尔的学生太多，就把霍金调剂给了另外一位老师丹尼斯·夏玛。霍金这孩子很聪明，十七岁考进了牛津大学，还当上了赛艇队的舵手，是个风华正茂，才智出众的年轻人。可是，在牛津的最后一年里，他开始变得笨拙，时常摔跤，人们注意到，这个学生的身体出现了问题。

在考入剑桥大学之后，霍金的身体越来越差，讲话开始含混不清。父母带他去做了检查，他得了“肌萎缩性脊髓侧索硬化症”，俗称“渐冻人”，医生预言他活不过两年。但是，他还是挺过来了，尽管他的生活空间越来越小，身体能活动的部分越来越少，后期他几乎全身都不能动弹，但是这不妨碍他的大脑思考那最深邃最遥远的宇宙尽头问题。这就是他的使命，不是吗？

还好，他没有成为霍伊尔的研究生，霍伊尔常年在外，在校园内停留的时间都不多，很难说会有多大精力去带学生，毕竟人家事务繁忙。夏玛老师则不同，他能实实在在地在学校里面好好培养呵护自己的学生，特别是霍金这样身有残障的年轻人。老师虽然自己还是偏向稳恒态宇宙，但是他鼓励霍金有自己的想法。夏玛是狄拉克的学生，说起来，狄拉克是霍金的师爷，也正拥有着名声最大的教职——剑桥大学卢卡斯数学讲座教授。当初牛顿也担任过这个教职，还是国王亲批的。若干年后，霍金也将担任这个教职，一干就是几十年……

在剑桥上学期间，夏玛老师时常带着学生外出听讲座，结识各个领域的专家学者，霍金撑着不便的身体也跟着一起去。有一次碰到儿时的偶像霍伊尔讲学，霍金发现一个错误，不依不饶地大喊："那个量是发散的！"闹得霍伊尔下不来台。偶像又怎样呢？吾爱吾师，吾更爱真理！

夏玛老师的一大功劳便是把彭罗斯拉来入伙，从数学领域跳过来研究相对论和宇宙学。早在二十世纪五十年代，夏玛老师在餐馆里碰上了彭罗斯，彭罗斯就显示出了非凡的天分。后来彭罗斯和霍金也成了很好的朋友，在夏玛老师的带领下研究广义相对论。彭罗斯比霍金大了十一岁，大约就是李白与杜甫的年龄差距。彭罗斯本行是数学家，在拓扑学领域有很深的功底，他把拓扑学引入了广义相对论的研究。美国的物理学家对拓扑学并不重视，苏联人也不重视。朗道是苏联物理学界的学霸，他的入学考试号称叫"朗道势垒"，难度简直变态，能考进去的都是人尖。但是朗道不考拓扑学，因此另辟蹊径的任务就落到了英国人身上。法国人干什么去了？天知道！

这个拓扑学又是个什么学科呢？大家都玩过七巧板或者拼图吗？从理论上讲，这也算是拓扑学。拓扑学关注位置关系，不关心大小。曾经有个笑话，说有个老板想造一个动物园，这就需要去抓很多动物，然后把动物关在笼子里。这需要一大笔钱，老板就问各位专家，有没有省点钱的办法。大家面面相觑，最后有个拓扑学家发言了，他说不用去抓野生动物，动物已经被抓住了。你想啊，一般的动物园都是动物们关在笼子里，人在外边看，现在我们把空间关系翻转过来：把人放在笼子里，动物放在外边，这不是一样的效果嘛！老板大受启发，于是世界上第一个野生动物园诞生了。果然是把人关在笼子里，动物在外边自由自在地溜达。

故事当然是当个段子来听，但拓扑学的思维告诉你空间的位置关系是个很深奥的东西，特别是高维空间内的拓扑结构。数学上著名的“莫比乌斯带”和“克莱因瓶”，倒是给人比较直观的感受。

图 14－7　莫比乌斯带只有一个面

莫比乌斯带（图 14－7）是个弯曲的二维面，在三维空间里面反扭了一下。这是一个没有正反面的二维空间，纯粹只有一个面。你拿一支笔来涂颜色的话，可以不抬笔全部涂满。我们假想有一种二维的小人，生活在这种二维空间之内。他就会发现，当他转一圈返回出发点的时候，居然成了原来的镜像，完全颠倒过来了，不过不要紧，他再跑一圈就正过来了。感受到拓扑学的魅力了吧！

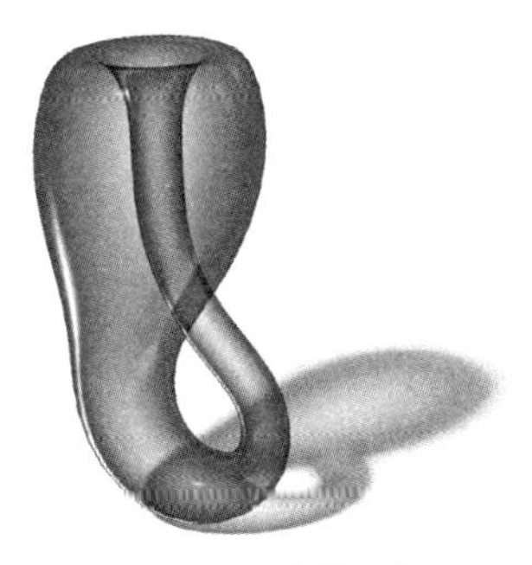

图 14－8　克莱因瓶

克莱因瓶（图 14－8）是另外一种情况：这是一个有限无边的面，但是它也只有一个面。因为克莱因瓶是三维的，要想实现只有一个面，必须有第四个维度来帮忙，就如同莫比乌斯带一样。二维空间，要想实现只有一个面，就必须在第三个维度里面反扭一下。我们平时生活在三维空间里，感受不到第四个维度。因此你只能想象一下，克莱因瓶下面那个交叉的地方其实并不交叉，因为，瓶子尾巴是通过另外的维度接上瓶口的，这需要强大的脑补能力，暂时就别瞎想了，拓扑学匪夷所思的地方还多着呢。

爱因斯坦的广义相对论在战后已经成为物理学家们必须了解的一门学问，不像战前，了解的人并不多。但是对于奇点，大家意见并不统一，一个质量足够大的恒星真的能够一步步塌缩成为一个点吗？这个点究竟是怎么样的一种存在？那个早在第一次世界大战的战壕里被计算出来的史瓦西解就可以描述一个最简单的黑洞，这个黑洞是个静态球对称而且不旋转不带电的黑洞。不久以后，带电的RN黑洞也被计算出来了。相对来讲，带电的RN黑洞只比史瓦西黑洞复杂了一点儿。到了二十世纪六十年代初，随着对大爆炸以及恒星塌缩过程的研究。奇点问题已经绕不过去了。究竟在塌缩的恒星之中，能不能生成奇点呢？大家众说纷纭。

苏联科学界相对来讲比较封闭。他们与西方的学术交流还是有的，但是显然没那么通畅，甚至名称术语都不统一：西方叫“塌缩星”，苏联叫“冷冻星”，倒是美国的惠勒在一次报告上用了“黑洞”这个词汇。大家都觉得这个词不错，很传神地描述了这一类天体的特征，于是黑洞就成了标准的称呼。惠勒的人生跨度很长，在二十世纪三十年代他与玻尔一起工作过，后来在普林斯顿又与爱因斯坦成为同事。麦卡锡横行之时，泰勒要去非美委员会作证，对奥本海默不利，惠勒连夜苦劝无效，氢弹之父告发了原子弹之父，这是科学史上的悲剧。

惠勒后来一直活到了北京奥运会前夕，是哥本哈根时代仅存的大师。他一辈子培养出不少好学生，比如研究虫洞和引力波的基普·索恩，提出黑洞熵的贝肯斯坦都是他的学生，在后文都会提到他们。

彭罗斯进入相对论领域，首先就证明了奇点的问题。彭罗斯用数学证明，奇点必定会出现，特别是黑洞里。这一套数学证明的过程用到了拓扑学，后来霍金把这个结论推广到了宇宙起始的那一刻，宇宙的开端必定有奇点。夏玛老师和彭罗斯以及霍金他们一伙人把剑桥变成了欧洲黑洞研究的老巢。

苏联人对外交流不算多，偶尔也来一趟，哈拉尼科夫做了个报告，栗弗席兹在家坐镇没来。他们认为黑洞里面的奇点并不稳定，在扰动之下可能有问题。当场有人提出了彭罗斯的理论，苏联人大惊失色，他们没听说过有这种理论。更加令人可怕的是他们对拓扑学不熟悉，彭罗斯的玩意看不懂。照理说，苏联人担心也并不是没道理，天体并不是完美的对称形状，同时下落汇聚的时候，能不能准确地同时汇聚到一个点上呢？万一对歪了没打中呢？万一时间对不上，彼此错过了呢？这是很正常的想法。

苏联的泽尔多维奇他们一帮子人当年是搞核弹的，原子弹爆炸也遇到了类似问题。核装药是分解成好多块摆在一个球面上，周围全是炸药。炸药要极其精确地同时起爆，各个核装药块在爆炸的推挤下，要在千分之一毫秒的时间里齐刷刷地撞到一起，同时中子源点火，时间上不能彼此错过，空间上不能对歪一丝一毫，核弹才能顺利起爆，做不到就只能放个哑炮。原子弹原理讲起来并不复杂，真要做到那可是千难万难。苏联人把核弹计算上用的思路移植到了黑洞塌缩上。当然了，原子弹去引燃氢弹的过程也是类似的，在黑洞计算上也可以借鉴，泽尔多维奇就是苏联研制氢弹的功臣之一，这种办法很可靠，而且大家也都信得过。好多物理学家怀疑彭罗斯他们，惠勒倒是偏向彭罗斯。要是奇点还要考虑量子效应，那又是一个头两个大。

彭罗斯他们没工夫管这些事情，和霍金几个人开始发展这套分析方法，很快，就成了一个非常厉害的体系。他们提出了新的奇点定理，一帮物理学家不得不恶补拓扑学的知识。这种情形在历史上也不是第一次出现了，当年他们也是恶补微分几何、恶补矩阵，现在开始恶补拓扑学。数学家动动嘴，物理学家跑断腿啊！

图14－9　栗弗西兹是朗道的助手

后来，索恩和霍金几个人去了苏联，见了见苏联的朋友们，栗弗席兹（图片14－9）倒是痛痛快快地承认了错误。反正栗弗席兹很坦诚，他们用传统方法也算出了一个可以稳定存在的奇点，大家殊途同归。传统方式能算出更加丰富的信息，拓扑学只能告诉你有奇点，却不能告诉你别的。

奇点的问题告一段落，视界面还有问题。天体并不是完全对称的，万一是个歪瓜裂枣的形状，塌缩过程中能不能形成个完美的球形视界面呢？苏联的泽尔多维奇小组得出来的结果是——“天空飘来五个字，那都不是事”，略微有些起伏没关系。在塌缩的过程中，这些不完美的地方会变成引力波辐射出去，最后变成完美的对称形状。苏联人一宣读结论，西方人就感到震惊，看来铁幕那一边的人还是很有实力的。泽尔多维奇是研究核弹出身，后来才转行来折腾黑洞的。计算黑洞的塌缩过程，把氢弹计算上要用到的那些压力、激波、高温、核反应、辐射全都用上了。

夏玛老师经常派学生去参加各种各样的学术会议，有时候是霍金去，有时候是别人。这一次去的是埃利斯，他回来以后两眼放光，讲座上爱尔兰的伊斯雷尔提到他算出来的结果：哪怕天体是方的，塌缩成黑洞也会得到一个完美球对称的形状。

电荷与角动量不会变成引力波辐射出去，因此不会被抹平，这两个信息是丢不掉的。黑洞就只剩下三个信息：旋转、电荷、质量。任何一个黑洞，有这三个信息你就能描述了，这是一个非常毁三观的结论。普通人一定会问：吸进去的物质都到哪里去了？其实这不奇怪，我们平时生活里见到的物体总可以获得许多信息，一块蛋糕你可以掂量掂量有多重，也可以咬一口看看软硬，还可以尝尝是甜的还是咸的。总之，一块蛋糕里包含了非常丰富的信息。我们都是通过这些信息来理解特定事物的，信息越是丰富，我们就越是觉得这个东西实在，相反就不太能接受。气体的信息就少多了，没有形状，也不一定有味道，很可能没有颜色，了解空气只能通过流动时产生的风和气压。面对黑洞，我们很不安，物质掉进黑洞里，我们熟悉的那些信息统统感受不到了。对此，我们的脑子很难接受。大家总是脑补，物质一定囤积在黑洞的内部。人总是违拗不过直觉，可物理偏偏又是反直觉的，大跌眼镜已经是家常便饭了。

搞广义相对论的科学家们对此并不在意，奇葩的东西见怪不怪。惠勒充分体现了他为老不尊的一面，他把黑洞信息理论称为“黑洞无毛定理”（这个词在西方含有XXX的意味），物理学家们广泛接受了这个称呼，伊斯雷尔在自己论文中毫不犹豫地就写上了“黑洞无毛定理”。倒是杂志的编辑们受不了了，你们这帮子物理学家为什么都这么“污”！《物理评论》的老编辑们拒绝刊登这种含有污言秽语的文章，但最后还是胳膊拧不过大腿，大批的物理学家用得不亦乐乎，编辑们也不得不接受了这个词。这个词翻成中文倒是看不出什么，有人还称之为“三毛定理”，倒也是蛮贴切的。

惠勒一向很顽皮，他七十岁生日的时候，正好参加学术会议。他发现没人记得今日是他的七十大寿，一份礼物都没收到。于是就在别人的椅子腿后面绑了鞭炮，一声轰响，现场乱作一团……

第15章　黑洞不黑

在二十世纪的六十年代，科学家们又解算出了好多个黑洞的模型，黑洞家族不只是一个史瓦西黑洞了。就在史瓦西解算出第一个黑洞模型后不久，第二个黑洞模型RN黑洞也被解算出来，这是一个带电的史瓦西黑洞模型，这个黑洞当时并没有引起人们的重视。在二十世纪六十年代之前，黑洞普遍都没有引起重视，但是现在这个RN黑洞就给大家出了个难题，那就是裸奇点问题。

图15－1　火箭靠近黑洞被潮汐力拉长，同时产生引力红移

让我们先来回顾一下最简单不过的史瓦西黑洞，这也是现在科普书籍上讲述最多的一个黑洞了。通常的描述是这样的（图15－1）：你是观察者A，开着飞船飞过黑洞，另外一个观察者B，在远方看着你；你勇敢地驾驶飞船向着黑洞开过去，随着你慢慢接近黑洞那黑乎乎的视界，因为超大的质量使得时空弯曲了，你的动作在远方的观察者B看起来显得越来越慢；你自己当然没感觉到异样，慢慢地，远方的观察者B发现，你的颜色越来越红了；这是因为大质量天体附近，时间会变慢，光的频率降低，颜色就会变红，你的动作也变成了

慢镜头一般，一切都很缓慢；渐渐地你的身影看不见了，然而拿红外光摄像机来一看，还能看到你的图像，因为光的频率已经降到了红外波段。再过一会，红外光也看不到了，拿个天线对着你的方向，好像能收到微波；你身上发出的光线，已经降低到了无线电频段，最后就啥也收不到了，光子的能量取决于频率，频率降低到0，我们就接受不到任何能量了。外部观察者B看到的你与你自己的感受并不是一回事。

图15－2　黑洞表面扭曲的光线

你靠近黑洞的视界表面的时候，周围看到的一切都会扭曲（图15－2），假如你站在视界表面之上，贴着视界表面发射一束光，这一束光会弯曲，沿着表面转一圈转回原点。所以说，黑洞表面是一个分界线，在这里光都逃不出去。你眼力好的话，可以直接看到自己的后脑勺，后脑勺出发的光，绕着黑洞转了一圈来到你的眼前被你看到。你也可想而知，周围的景物又会扭曲成什么样子。

你穿越了黑洞的视界面，并没有啥特别的感觉。你会感觉眼前的景象更加扭曲，一个超大黑洞，并不会有那么大的潮汐力，你不会立刻被拉成面条。要是一个恒星级别的黑洞，你不到视界边缘就已经被扯碎了。超大黑洞反而比小黑洞温柔得多。但是，研究量子的物理学家们就比较黑心了，他们说视界面后面有一道火墙，你会烧得渣都不剩。相对论物理学家就善良多了，但也不过就是让你多活一会儿而已。

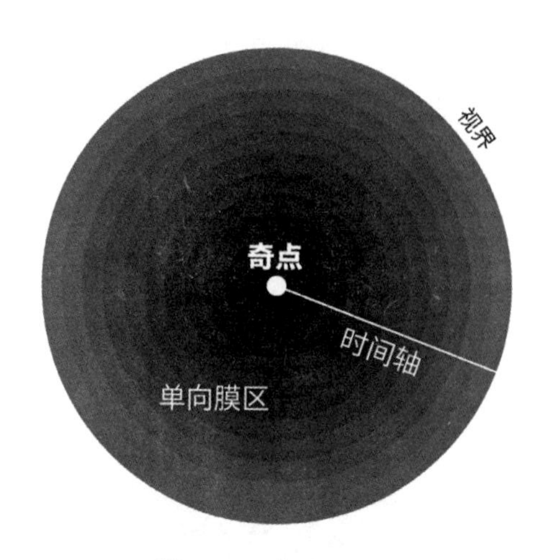

图15－3　史瓦西黑洞

在史瓦西黑洞（图15－3）里，时空已然倒置了。我们在正常的时空里面，你压根看不见时间轴，但是在黑洞里面，观察者A到奇点的连线，就是时间轴。时间不停流逝永不回头，空间变成了一层层的膜，组成洋葱一样的结构，我们称之为“单向膜区”。既然如此，你就无可避免地向奇点飞过去，逐渐被拉成面条。因为奇点附近时空起伏，可能在拉成面条的过程中还扭了几扭，最后，你已经变成了扭曲时空的一部分，为黑洞贡献了一份质量。或许，你应该盼望着物理法则失效，可能还有生路？也许吧！反正外部观察者B是再也不会见到你了，开个追悼会还是有必要的，你将永远活在我们心中。

这就是你掉进史瓦西黑洞以后的情景，对于外部观察者来讲，你很悲催地消失了。史瓦西黑洞仅有一个参数，那就是质量，它既不旋转也不带电。可是RN黑洞那就不一样了，这家伙居然有两层视界面：一个叫外视界面，一个叫内视界面。你要是掉进了RN黑洞，那么外界的观察者B看不到啥差别，反正给你默哀就是了。

你进去了，你也很绝望，但是向里飞了一段时间，你又觉得不对劲了。此时你已经穿过内视界面来到黑洞的最里面，这个RN黑洞（图15－4）和史瓦西黑洞不同，RN黑洞的内部有一个正常的时空，外边是单向膜区，里面核心部分是正常的时空。你要是带的燃料足够，多带干粮多带水的话，或许一时半会儿还死不了，但是你也就别想着能出去了。你不想活了，一头撞向奇点，但是你会发现，一股斥力推着你，死活不让你靠近，想撞也撞不上去。过一会你发现事情不对劲了，时间似乎循环了。简而言之，你走了一个“闭合类时线”。

图 15－4 带电的RN黑洞

假如我们在宇宙中飘荡，只是受到引力的作用，那么我们在四维时空里画出来的就是一根漂亮的测地线。这个测地线的概念，我们在以前讲述过：我们这种静态质量大于0的物体，速度超不过光速，我们画出来的测地线，简称叫“类时线”。“闭合类时线”的含义就很值得玩味。

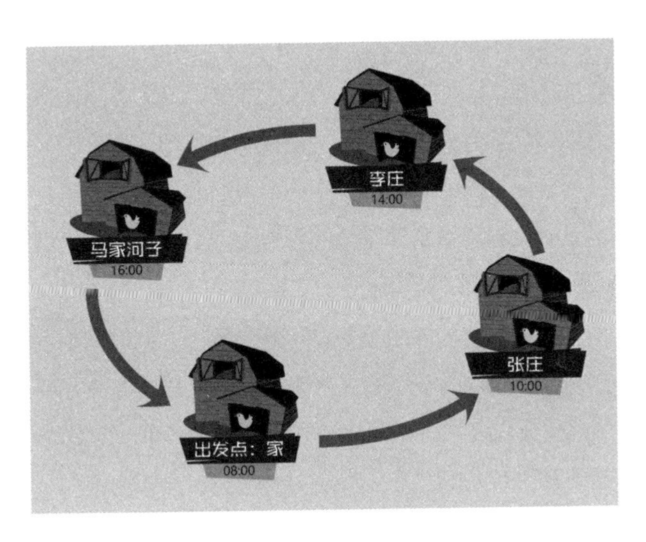

图15－5　四维时空的闭合曲线

打个比方吧，你早上八点钟从家里出发，上午十点钟先到了张庄，然后往下一站李庄进发。下午十四点来到了李庄，然后再往下一站马家河子进发。下午十六点，来到了马家河子。你并没有走回头路，继续向前进发，你会发现你居然走回了原来的出发点——自己家里。不但空间上回到了原来的出发点，时间上也回到了出发点——今天早上八点钟。你在四维时空里面走了一条闭合曲线（图15－5）。

四维时空出现闭合曲线，一切因果律都完蛋了，因为分不出时间的先后，谁是因谁是果也就分不清了。你从家里出门的时候带着个鸡蛋，走到马家河子的时候不小心打碎了，可是你继续向前走却莫名其妙的走回了早上八点钟的出发点——你家，矛盾就出现了：早上八点钟的时候，这个鸡蛋还没有打破，后来在路上你不小心打破了鸡蛋，现在又回到了早上八点钟的家里，鸡蛋是破的还是完好的呢？逻辑已经出问题了。裸奇点附近就存在这样的“闭合类时线”，也就是那个哥德尔相应爱因斯坦号召投身相对论计算以后整出来的奇葩玩意。因果律要是完蛋，那么物理学法则也就不存在了。彭罗斯在解释这一现象的时候，把心一狠，下了一个断言，他说：RN黑洞内部似乎会有那么一个正常时空的空腔，但是不稳定，很可能就塌了。说到底，就是为了消灭这个闭合类时线，坚决不能让它出现。

RN黑洞为什么内部会有个空腔呢？因为RN黑洞是带电的黑洞，电荷与质量的比值越大，那么空腔就越大，到达一定程度，内外两层视界面就贴在一起了。单向膜区厚度为0，这种黑洞被称为极端黑洞，要是荷质比再大。单向膜区就不存在了，内外两层视界面就消失了，奇点就彻底裸露出来了。天哪！包在黑洞里面，我们还可以眼不见心不烦。现在明目张胆跑出来还了得！于是彭罗斯又下了个断言：必定有条物理学定律是会防止裸奇点跑出来的，这就是“宇宙监督者假设”，可能就是热力学第三定律。

到了六十年代，又有一种黑洞类型被计算出来，这就是克尔黑洞。克尔黑洞是个旋转的黑洞，当然是以计算者的名字来命名的。静态的史瓦西黑洞和带电的RN黑洞都很早就被算出来了，然而旋转黑洞却难了物理学家们几十年，克尔能搞定这个计算是非常不容易的。有一次在天文学家、天体物理学家和理论物理学家们的交流活动上，克尔讲解了他的计算，底下睡倒一大片，还有不少人离席走掉了。剩下一堆人在交头接耳小声聊着其他事情，说白了，他们也听不懂。一个礼拜下来，每天早上开会，后半夜才结束，铁人也受不了啊。相对论的权威一致盛赞克尔的工作很杰出，他们搞了三十年也没搞定，现在终于被克尔搞定了。到后来，那些走掉的天文学家不得不恶补克尔的计算过程，因为他们发现了星系中心的巨大喷流。

在克尔的基础上可以计算旋转带电黑洞了，科学家们三下五除二就计算出来一个旋转带电的黑洞，叫做克尔-纽曼黑洞。这两个黑洞大同小异，我们就来讲讲这种旋转的黑洞（图15-6）有啥神奇。

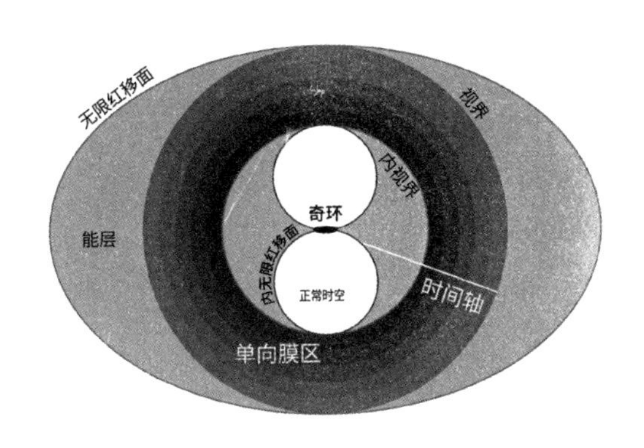

图15-6　旋转的黑洞

首先，旋转的黑洞是个扁球，不是圆的，因为一旋转，赤道就鼓起来了。第二是无限红移面跟外视界分离了，无限红移面在赤道鼓出去一块。第三是内部有个沙漏状的内无限红移面，里面是正常时空，内外两个视界面之间是单向膜区，这个沙漏的喉部有个奇环，而不是奇点。在无限红移面和外视界面之间，有个非常神奇的能层，为什么叫能层呢？这还是彭罗斯的发现。我们先来看看你进了能层以后，会发生什么现象。假如你开着飞船飞进去，我们大家在外边拿望远镜看着你，你对准无限红移面飞过去，我们只感到你的颜色越来越红，最后越来越暗，最后看不到你了。无限红移面嘛，光波的波长会趋向无限大，频率为0，光子已经没了能量，我们也看不到了。

你进去了以后也没打算能够活着回来，事情不凑巧，你的飞船出问题了，有一大块零件掉了下来，掉进了黑洞，这时候你感到一股强大的动力把你从能层里面给踢出来了。我们大家还在外面为你祈祷呢，就见你的飞船一溜烟地弹出了能层，飞离了黑洞范围，居然比飞进去的时候速度还快。外边的吃瓜群众齐声惊呼："哇！又升仙啦！"

你怎么会被扔出来呢？这个问题还要彭罗斯来搞定。彭罗斯首先提出了一个“彭罗斯过程”，需要理解一个概念叫“负能通道”，我们此处描述的“负能量”，并非是指人的消极情绪，而是物理学上真实的“负能量”。平常扔出一个球，这个球是具有动能的，不管你怎么扔这个球，这个球拥有的能量总是正的，中学物理课就学过了，动能是$1/2mv^2$，就因为这个平方，能量总是正的。

但是在克尔黑洞的能层里就不是这么回事了，因为空间本身被黑洞拖拽着高速旋转，在这种扭曲的时空里面，存在着特殊轨迹，只要你按照这个轨迹扔砖头，这个砖头的动能居然是负的！按照本宇宙的基本规则——“出来混总是要还的”，能量守恒定律总是一定要遵守。一个物体分裂成两半，一半带有负能量，另一半必定能量增加，加起来总能量才会守恒，飞船掉进克尔黑洞的能层会被弹出来，道理就是如此。一个带着负能量的碎块，掉进了黑洞里面，整个黑洞的转动动能就减小了，但是黑洞也不算亏本啊，一大块物质掉进了它的肚子里，质量增加了。这就有点类似于互联网经济链：羊毛出在猪身上，最后由狗来埋单。所以无限红移面和视界面的夹层叫做能层，这里面有能量可以提取出来，如果能量全都提取光了，克尔黑洞将退化成一个标准的史瓦西黑洞。但是这个能层也不是可以无限提取的，大概提取个三成就不错了。

如果你没有及时扔出个碎块，那么你肯定会掉进克尔黑洞的视界里，然后一如既往进入单向膜区。反正钻黑洞，你也不是一回两回了，单向膜区也已经是轻车熟路，不被拉成面条就是万幸，至于拉成兰州风格的还是意大利风格的，要看黑洞内部的稳定性。穿过单向膜区，通过内视界面、内无限红移面，一直到了奇环跟前。这里面是正常的闵可夫斯基时空，人可以存活，你发现这个奇环很有趣，迫不及待想钻过去试试。结果发现，就像机器猫的任意门一样，正面进去，并没有从背面出来，而是被传送到了另一个宇宙，这个宇宙是以斥力为特征的非常奇怪的宇宙。当然了，黑洞内部的空间拓扑结构是非常混乱的，你千万别指望着能在里面看到这一切稳定地存在下去，见到奇环还是千万别乱钻，万一不稳定，通道被掐死，你就危险了。物理学家们的词儿听起来学术味十足，称作“法矢量倒在表面上”，说白了就是你回不来了。

鉴于黑洞内部太过凶险，所以还是不要进去的好。能层并不属于黑洞内部，偶尔去玩耍一趟也还凑合。彭罗斯过程一被提出，立刻有人跟进，他们发现，飞船会被弹出来，那么粒子束行不行呢？要是一束光行不行呢？后来发现也可以，朝着能层射进去的一束波，结果射出来的比射进去的还强，好像有个放大器一样，这个现象叫做“米斯纳超辐射”。顾名思义，这是一个叫做米斯纳的美国科学家提出的，他跟惠勒还一起合作过论文。这个研究方向又提供了一个刷论文的好题材，你针对光子做个论文，那好，我挑选一个别的什么粒子再写一篇，一群人扑进去，什么粒子都被拿出来研究一下超辐射的问题。通过超辐射，的确是可以把克尔黑洞的能量不断地提取出来。后来，斯塔鲁宾斯基和安鲁又有了新发现：即便你不去惹它，这个克尔黑洞自己也不老实，也会自发地辐射出粒子，过去认为黑洞是一颗死亡的星，现在看，起码克尔黑洞还会活动，还会变化，就好比是个僵尸，说是死了，其实还在蹦跶。

克尔黑洞算是“僵尸”，那史瓦西黑洞呢？到二十世纪七十年代之前，大家仍然认为史瓦西黑洞属于真的死透了的天体。但是，理论物理是个常常刷新人类三观的领域，突然一个爆炸性消息传来，史瓦西黑洞“诈尸”了！

这事是谁干的呢？他就是科学史上的大明星之一——霍金。霍金那时候身体已经全部瘫痪，身体能动的部分只剩下手指，但是他的天才依然在闪烁着光芒。凭此成果，霍金一举奠定了自己的江湖地位。

通过黑洞的“三毛定理”，人们似乎搞清楚了黑洞到底是个什么玩意，这前后花了十几年的时间。黑洞不就是那么一个光都跑不出来的东西嘛！科学家们也都约定俗成，从来没人想过给黑洞下个定义，黑洞到底是什么呢？大部分人都没觉得这是个问题，然而霍金对此可没有放过。原来对黑洞的描述太依赖于观察者，这样的定义，并不有利于计算。于是霍金提了个新的定义：他认为一块区域，如果其中发生的事件永远与无穷远处无法发生因果联系，那么这块区域就是黑洞。黑洞的表面，就是事件的边界，里面发生什么，外界都别想知道，因此史瓦西半径球面，也就称为“事件视界”。

霍金据此推算出了一个“面积定理”。黑洞“视界事件”的表面积只增加不减少，比如两个黑洞要是合并的话，那是没有问题的，因为总表面积会增大，但是一个黑洞一定没有办法拆成两个独立的黑洞，因为总表面积会比原来小。总之，黑洞表面积是只增不减的。

1972年，在阿尔卑斯山的一个研讨班里，一帮物理学家在一起研究问题，惠勒的学生，霍金的好朋友基普索恩也参加了。他后来回忆，他在和别人讨论的问题是假如黑洞吸收了大量气体，这些气体是否会激发很强的x射线。还有人在讨论旋转的黑洞遇到微扰是不是稳定的问题。巴丁、卡特和霍金在一起讨论黑洞定律。

他们三个很快就有了成果，提出了四个定律：

1. 第零定理：黑洞的表面引力是常数（黑洞表面引力，处处相等）；

2. 第一定律：稳态轴对称黑洞满足 $dM=k/8\pi\ dA+\Omega dJ+VdQ$ （自然单位制）其中，M，k，A，Ω，J，V，Q分别为质量（能量），表面引力，表面积，转动角速度，角动量，表面静电势，电荷；

3. 第二定律：黑洞的表面积只增加不减少；

4. 第三定律：不可能通过有限次操作，把黑洞的表面引力降成0；

当时已经有不少人开始疑惑，这四个定理看着特别眼熟啊，跟热力学定律简直是一个模子刻出来的。热力学定律是这么描述的：

1. 第零定律：若两系统分别与一系统处于热平衡态，则这两个系统之间处于热平衡态（热平衡以后，温度处处相等）；

2. 第一定律：能量守恒定律；

3. 第二定律：熵增定律，绝热系的熵只增不减；

4. 第三定律：不可能通过有限次操作把一个物体的温度降到绝对0度。

这简直太像了！黑洞这个表面引力，假如跟热力学公式对比的话，很像是温度啊。普林斯顿的贝肯斯坦就坐不住了，那时候他只有二十来岁，锐气正盛。他发觉，物理学的过程一般都是可逆的，不可逆的过程只有一个熵。根据热力学第二定律，绝热系里面的总熵只增加不减少，不论过程究竟发生什么，一杯热水，慢慢地变冷，其实是热量从水里流向了周围的空气，热量扩散了，扩散以后，总的熵是增加的。贝肯斯坦怀疑，这个黑洞的表面积跟熵是有关系的，他就跟他的导师惠勒讨论这个问题，惠勒也很支持他的想法。惠勒启发自己的学生，一杯很热的开水，扔进黑洞里面，啥都没了，整个宇宙里，平白无故的，这一杯水所含的熵没了，总熵不就减少了吗？这不是违反热力学第二定律的吗？贝肯斯坦说对啊！这不可能的。虽然那杯开水的熵没了，但是黑洞因为吃了这杯热水，表面积增加了。假如黑洞的表面积就是熵，那么这一切就都说得通了。整个宇宙的熵，并没有减少，一杯热水的熵，换来了黑洞的表面积增加。

当然，贝肯斯坦也不会直截了当地用类比的办法推导，还是选择了通过量子效应来计算。他的论文一发表，大多数科学家是不支持的，只有老师惠勒支持。

不得不说，这师徒俩的胆子的确很大，你想啊！敢往别人椅子腿上绑鞭炮的老顽童，怎么可能是安分守己的省油灯呢？

霍金认为贝肯斯坦的想法是有问题的，把黑洞定理和热力学定律类比的话会出现麻烦。黑洞什么东西都吸，那么应该是个绝对零度的玩意，熵会无限大。假如拿个小盒子装一个光子慢慢放到黑洞表面上，然后打开盒子光子飞进黑洞，光子发生无限红移，频率降低为0，能量也为0。按理说黑洞什么都没吃到，表面积不增加。另外一方面，光子包含的信息可是跑进去了，这怎么算啊？信息与熵可是相关的，这样会出现矛盾。霍金他们几个人组队写论文反驳了贝肯斯坦的想法，霍金认为，黑洞定理和热力学定律只是长得相似，实质上不是一回事。

研究相对论的时候考虑量子效应的，贝肯斯坦并不是第一个，很多人都在想法子统一量子力学和广义相对论。爱因斯坦后半辈子都在寻找统一场理论，但是没有什么结果，毕竟微观世界的游戏规则与宏观宇宙相差太远。但是在具体计算的时候，考虑一下某些量子效应还是可以做到，至于如何结合，家家都有自己的办法。霍金跟苏联人交流了一下，斯塔鲁宾斯基和泽尔多维奇正在研究旋转黑洞的自发辐射，霍金觉得苏联人还是做得粗糙了一点，他可以做得比苏联人更好。当时的剑桥已经成了一个黑洞研究的中心，霍金他们使用的工具叫做“弯曲时空量子场论”。既然引力场没有办法量子化，与量子力学彻底融合，那么退而求其次，把弯曲时空和量子结合起来进行计算。万有引力无法量子化，那么继续按照弯曲时空去进行处理，不考虑量子引力效应，也不考虑量子场对弯曲时空的影响。所以这个学科现在不太热门，现在大家偏爱那种能够大一统的理论，比如“弦理论”。但是在二十世纪七十年代，弯曲时空量子场论在霍金他们一干人等的手里放出了异样的光彩。

霍金发现贝肯斯坦是对的，他以前的认识有错误。黑洞的熵与热力学有关系，黑洞有温度，会发出辐射，即便是过去认为死透了的史瓦西黑洞也照样会发出辐射，我们可以说：史瓦西黑洞一直在“诈尸”。论文一发表，物理学界立刻震动，霍金的江湖地位由此奠定。夏玛老师看过以后，他评价：霍金凭此成就，足可以成为二十世纪最伟大的理论物理学家之一。霍金已经进入了顶尖人物的行列，况且他还是在病情日益加重的情况下达到这些成就的。

霍金认为，旋转黑洞会不断地辐射出各种粒子，能层会不断地瘪下去，最后完全退化成一个史瓦西黑洞。史瓦西黑洞仍然会持续辐射出粒子，逐渐减少质量，最后越来越小。黑洞是个标准的黑体，它发出的辐射是标准的黑体辐射，它的表面积就是熵。那么只吃不吐的黑洞是怎么会发射出辐射的呢？照理说，黑洞内部的任何东西都是出不来的呀！那就要从霍金的师爷狄拉克说起了。

狄拉克提出了一个真空不空的理论。我们以为真空里面空无一物，什么都没有，其实不然，真空是有着剧烈活动的。一对对的虚粒子对不断地产生，然后又迅速相互泯灭。总体看来，一个正粒子，一个反粒子相互抵消等于0。宏观上的确是啥都没有，但是瞬时并非如此，真空是处于沸腾的量子泡沫之中的，在普通的时空里面，正反粒子总是相互抵消。但是到了黑洞的视界附近可就不是这样了，瞬间产生一对虚粒子，一正一反都没掉进黑洞里，那么就相互抵消了，与普通的情况没什么差别，假如一对虚粒子同时掉进去，那我们什么也看不到，就当没这回事。假如负粒子掉进去，正粒子没掉进去，那么负粒子永远也碰不到正粒子了，两者无法互相抵消，成对的平衡状况就打破了。正粒子看上去就像被黑洞辐射出来一样，掉进去那个负粒子，使得黑洞减少了一份能量，总质量下降了。这个过程不断地出现，黑洞也就不断的减肥，最后蒸发干净。

黑洞还有个奇怪的特性，那就是比热为负数。在日常生活中，物体的比热总是正的，吸热以后，温度变高，然后逐渐与环境温度一致，大家进入热平衡状态。黑洞可不是这样，吸热以后，温度反而下降；放热以后，温度上升，越上升辐射越厉害，辐射越厉害，温度就越高，最后恶性循环，一直到炸掉为止。越小的黑洞寿命越短，越大的寿命就越长，要么不断长胖，要么不断地萎缩，稳定不变是不可能的。

霍金辐射带给物理学界很大的启示，质量居然与温度有相关，引力居然与热力学有联系，大大出乎物理学家们的预料，而且还透着一丝丝的诡异。黑洞熵居然是与面积成正比，而不是与体积成正比。一些科学家陷入了深深的思考之中，难道时空是二维的？其他维度只是幻象？细细想来，极其恐怖……

先不说“细思极恐”的话，霍金的理论一发表，研究相对论的学者都喜大普奔，研究量子力学的差点哭晕在厕所，因为霍金辐射打破了好多守恒，比如重子数守恒、信息守恒等等，尤其是信息守恒完蛋了！你能想象吗？扔了半天硬币，出现正面的概率和出现反面的概率加起来不等于1。这么一搞，幺正性不就完蛋了。过去虽然也不知道掉进黑洞的那些信息怎么样了，大伙还是可以安慰自己一下，说不定信息以某种形式在黑洞里面藏着呢，这倒好，蒸发没了！信息彻底被抹光了！黑洞辐射是个标准的黑体辐射，你只能知道温度，不带其他任何信息。扔进黑洞的那些信息，完全都消失了，从量子力学角度看来是不可能的！量子理论告诉我们，信息只会被扰乱，不会被消灭，信息总数总是守恒的，哪怕像过去地下党传递情报，一张字条看完以后立刻烧了，那也只是扰乱了信息，信息总数还是守恒的。量子力学整个是建立在信息守恒基础上的，现在信息守恒被黑洞给蒸发给破坏了，搞量子的科学家们能不急眼吗？

第16章 星际穿越

但是就在霍金提出黑洞辐射的前后脚，另一个物理学家安鲁计算证明了安鲁效应。这个效应很奇怪，在一个匀加速的观察者看来，周围的真空会放热，真空居然有温度了！这是非常奇怪的一件事。而温度与观察者的加速度有关系，安鲁自己也不是很明白，这到底意味着什么呢？后来看到了霍金对于霍金辐射的证明过程，他恍然大悟，自己发现的这个效应和霍金辐射有异曲同工之妙。因为按照爱因斯坦的广义相对论，加速运动引起的惯性效应，跟空间弯曲引起的引力效应是不能分辨的，因此在霍金辐射是黑洞视界附近真空量子效应引起的热辐射。安鲁效应是加速引起的量子效应热辐射，在一个加速观察者后面，会有一个弧形的视界，与黑洞视界是类似的。在加速运动的观察者看来，真空不再是正反对称抵消的，会以热辐射的方式释放能量，这又是一个毁三观的发现。原来，你感觉周围的真空是没有温度的，但是从你身边加速通过的另外一个观察者可不这么认为，他会感到周围的真空是有温度的，真空的温度居然也与观察者状态有关系。

黑洞蒸发的问题引起一群量子物理学家的不满，他们认为：一对纠缠的粒子，负粒子掉进了黑洞，正粒子辐射出去了，这时候温度会急剧升高，那么在黑洞视界的背面就会出现一道温度极高的火墙。真空里面瞬间产生的一对虚粒子是相互纠缠的，你以为拆开纠缠的粒子那么省事吗？要是把这些复杂的情况考虑进去，哪还有那么简单！为了信息守恒的问题，霍金还和索恩一起跟普雷斯基打赌，他跟索恩是一个战壕里的战友。

霍金很爱打赌，他平生有三大爱好，第一个物理学，是职业，第二个是摇滚乐，算是业余爱好。毕竟英国是摇滚的重量级国度，霍金青少年时代，披头士正流行，喜欢摇滚这也难免，第三个爱好就是打赌。

1975年，他跟索恩就打过赌，那时候刚好发现了天鹅座X1（图16-1），是一个非常强烈的辐射源，能够喷射出高能的X射线和伽马射线。这是一个双星系统，距离我们六千光年。一个天体疯狂地从隔壁邻居身上偷吃气体，因此会发出强烈的辐射。霍金就打赌：这个X1不是黑洞，索恩则认为是黑洞，假如霍金输了，霍金就给索恩买一年的《阁楼》杂志。霍金其实内心非常希望X1是个黑洞，那他为啥要打赌X1不是黑洞呢？他是这么盘算的：假如X1是黑洞，那么自己的理论就赢了，就算给索恩订一年的杂志也不算亏；要是自己打赌赢了，X1的确不是黑洞，那么能获得索恩给订一年的《私家侦探》杂志也不错。这是金融领域常用的一招，叫做“对冲”，可见他经济头脑也不差，估计改行当基金经理都没啥问题。所以我们会发现，霍金打赌往往是反的，他希望存在黑洞，那么他跟人打赌必定是赌黑洞不存在。这样他不论输赢，都不会吃多少亏。

图16-1　天鹅座X1

这个赌约一直到了1990年才有比较确定的证据：X1就是黑洞。于是霍金话付前言，趁着到南加州演讲的机会去找索恩认输。恰巧当时索恩人在莫斯科，没在美国，霍金大张旗鼓地闯入索恩的办公室，把当年的赌据翻出来按了手印表示认输，给索恩订阅了一年的《阁楼》杂志。

第二次打赌是有关会不会存在裸奇点的问题，霍金说不会有裸奇点。后来人家证明黑洞蒸发的时候，有可能剩下一个裸奇点。霍金耍赖不干了，说这个裸奇点是量子力学的裸奇点，跟那个广义相对论的裸奇点不是一回事，闹了半天想赖账，后来赖账不成，老老实实认输了事，赌注是一百英镑外加一件衣服。霍金弄了件T恤衫送去，衣服上还写上了一句话——“大自然讨厌裸奇点”，他还是死犟嘴。

第三次打赌就是有关黑洞里面的信息是不是会消失的问题了，这一次霍金和索恩是一伙的。大概霍金吃了索恩好几次亏，这回学乖了，不打算跟索恩作对，俩人跳到了一个战壕里，合伙对付普雷斯基。霍金在1974年证明了霍金辐射，黑洞发射出的光谱就是标准的黑体谱，不带任何信息，你只能知道温度，其他的你啥也不知道了。黑洞的蒸发是纯态变成了混合态，宇宙的熵增加，但是重子数守恒、轻子数守恒、信息守恒全部被破坏了。所以普雷斯基认为这不可能，黑洞里面的信息一定会以某种形式跑出来。这时候有两个人出来证明了信息真的守恒，他们就是派瑞克和威尔切克。派瑞克是威尔切克的学生，威尔切克还因为夸克粒子理论（强作用）方面所取得的成就研究获得了2004年的诺贝尔物理学奖。

他们要在霍金的理论上挑出毛病来才能够推翻霍金的理论，然而霍金的黑洞辐射计算是非常严谨的，想要鸡蛋里挑骨头，难度很大。不过毛病还真给他们挑出来了。他们说：霍金你有个因素没想到，一个黑洞，跑出来一个光子，黑洞就减少了一丝的质量，半径那么一缩，导致黑体谱偏移了一丝，因此这个黑体谱就带上信息了，信息就跑出来了。大家都懵了，谁也没想到少掉一个光子也要计算进去，黑洞的质量太大了，即便是恒星级别的黑洞，质量起码也是太阳的好多倍。黑洞这么大的质量，跑出一个光子，你还好意思计账吗？大家都觉得这一个光子引起的变化完全可以忽略不计，但派瑞克认为这一个光子是必须计算在内的，正是因为少了个光子，黑洞轻了一丝，半径一缩小，导致黑体谱偏移，信息就带出来了。我们讲的好像很简单，其实计算起来麻烦透顶，要计算量子隧穿效应。他们计算的是史瓦西黑洞和RN黑洞，派瑞克因此获得了国际引力学会的一等奖。

他们的论文一发表，世界人民又一次开启刷论文模式：你算个RN黑洞，那好啊，还有克尔黑洞没人算呢，我去算个克尔黑洞；你算个光子辐射，那电子行不行啊？其他粒子行不行啊？基本粒子不要太多哦！你别以为灌水刷屏是没有意义的事啊，大家灌水一多，会发现他们的论文里面有瑕疵。派瑞克的计算过程里用到了可逆过程，但此处不可以使用可逆过程，那么他们的证明很有可能就是无效的，一朝回到解放前。论文无效的话，奖项是不是也无效了呢？那倒是不必，如此尖端的领域，思想突破比最终的计算更重要。

到了2004年，霍金做了一个演讲。他认为自己输了，认为黑洞可能过于理想化了，真实情况恐怕不是这个样子，信息是守恒的。索恩不服气啊，他说这事不能霍金一个人说了算，你也不商量一下就认输了。普雷斯基听得一头雾水，他也不知道自己怎么就赢了。不管怎么样，霍金是认输了，答应给人家一本《棒球百科全书》，这次打赌的赌注是信息本身，哪知道这本书绝版了，买不到，霍金就给人家找了一本《板球百科全书》凑合了。

索恩不依不饶，就是不认账，反正他也不亏，那本书本来他也需要掏钱，他没给。他自己也很喜欢打赌，而且经常赢。霍金输多赢少，索恩赢的比较多。当然索恩也输过，他跟苏联人打赌，结果输了一瓶上等的威士忌，苏联人爱喝酒那是出名的。索恩的研究范围很广，到处都有涉足，最出名的成就就是对于虫洞的研究。

这个虫洞要从爱因斯坦讲起了。爱因斯坦–罗森桥，顾名思义是爱因斯坦与助手罗森合作完成的。他们认为：黑洞的奇点，会通向另外一个宇宙，那边是个白洞，会喷出来。但是后来研究发现，黑洞到白洞之间的那个喉部是封死的，物质或者信息要想穿越过去是不可能的，只有超光速的信号才能传过去。现在我们找不到超光速的信号，光速是物理极限，因此这个爱因斯坦罗森桥是死口，通不过去。

到了1957年，米斯纳和惠勒一起研究，发现了虫洞的确可能存在。惠勒非常擅长起名字，“虫洞”这个名字又是惠勒给起的，这个名字很形象。他们研究的这个虫洞，依然无法通过，两个黑洞的奇点可能一瞬间能够联通起来，但是马上就断了，连光都来不及穿过去。

假如是克尔黑洞行不行呢？毕竟奇环比奇点可爱多了，奇环不是像一个机器猫的任意门吗？可以穿进穿出才对啊。但索恩认为这是不行的，有个“柯西视界”，你一碰，这个通道就塌了。这时候量子科学家们又出来搅局，他们说奇点和奇环附近有大量的量子效应，你会烧得渣都不剩，说起来也很有道理。假如把虫洞附近量子涨落之类的情况全考虑进去，真不知道是什么景象。

一直到了二十世纪八十年代，对虫洞的研究进展都不大。那时候的虫洞，并没有如今这么大名气，直到出现了卡尔·萨根。这位可是科普界的达人，人家名气大，影响力强，不仅是科普达人，还是科幻作家。1985年，他写了一部科幻小说叫做《接触》，在小说里面需要一个星际穿越的情节。假如要跟织女星周围的人做联系，就必须想法子穿越到织女星周围去。卡尔·萨根想利用黑洞，从这边的黑洞跳进去，然后从那边的白洞喷出来，这不就完成穿越了吗？他写完了小说以后，找索恩把把关找找BUG，索恩看后告诉卡尔·萨根，不作死就不会死，不要用黑洞，进黑洞是自寻死路，要改用虫洞，这玩意还是有可能玩儿出星际穿越的。

卡尔·萨根听从了索恩的意见，后来小说大卖，还拍成了电影，算是最硬的硬科幻电影之一。好莱坞不会放过这么优秀的宏大题材，换成今天国内互联网业界术语这叫“IP”。虫洞也就从一个科学计算的模型，变成了一个公众常常挂在嘴边的名词。索恩决定要好好地研究一下虫洞（图16-2），探索可以穿越的虫洞到底需要什么条件才能成立。1988年，他和学生莫里斯发表了一篇论文，这篇文章发表在了《美国物理学》杂志上，这名字虽然带着“国字号”，其实只是给物理教师看的半科普性质的杂志，这相当于小庙来了尊大神仙。他们的论文就发表在了这么一本杂志上，严谨地证明了一个虫洞如果有足够多的负能物质是可以撑开的，可以稳定地存在一段时间。但是，需要的负能物质的量太大了，撑开一个半径一厘米的虫洞，需要地球质量的负能物质，撑开一个半径1千米的虫洞，需要太阳质量的负能物质，假如撑开一个一光年半径的虫洞，那就需要银河系星星总量一百倍的负能物质。

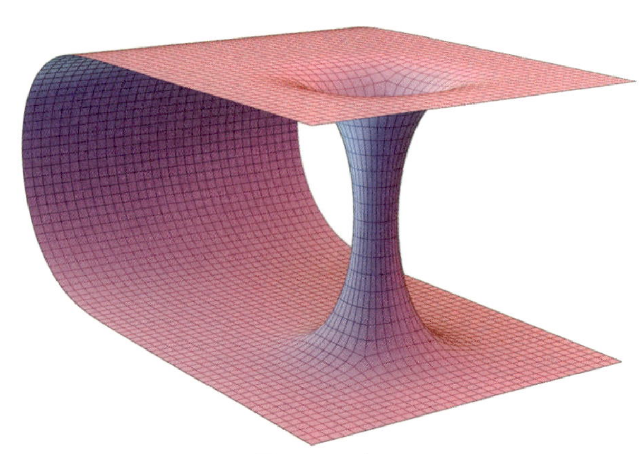

图16-2 虫洞

即便是撑开一个直径一厘米的仅能偷窥的虫洞，我们需要的负能物质也多得惊人。想让一个大活人钻过去，那是不可能的。1千米够不够呢？其实也不够。直径过小，张力会扯碎任何物质。说白了，时空不平摊，扭曲太厉害，物质受不了，只有超过一光年大小的虫洞，才有可能不会扯碎物质。原子可能不会扯碎，人就保不齐了。况且需要的并不是我们宇宙中随处可见的正能量物质，而是负能量物质，这种物质恐怕找都找不到。

什么是负能物质呢？大家知道质量可以折算成能量，$E=mc^2$ 这个公式，大家都不陌生。光速的平方，一定是个正值，能量要形成负数，只有质量是负的才行。负质量物质，一切行为都与正质量物质相反，万有引力变成斥力了，你明明向前推，它却反过来向后加速。中学生都知道 $F=ma$，F 是正的，m 是负的，a 当然是负的，F 与 a 的符号总是相反，反正这种物质非常奇怪。

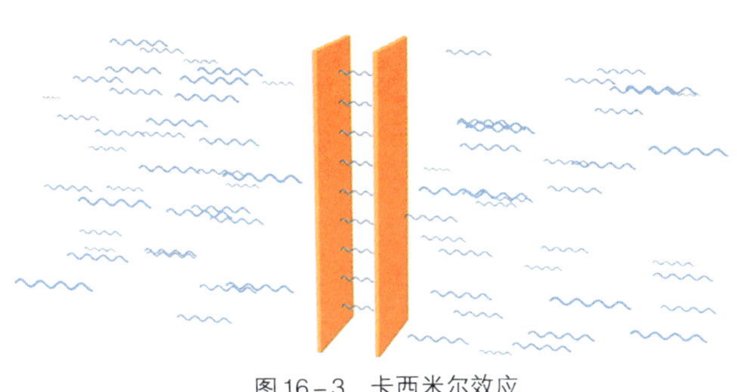

图 16－3　卡西米尔效应

那么，能不能用其他的途径获得负能量的物质呢？答案是可以的。按照量子力学的描述，真空不空，真空并非空无一物，而是一片沸腾的量子海洋，各种虚粒子在其中不断出现，然后又不断泯灭。在 1948 年，卡西米尔描述了一个现象，这个现象后来被称为“卡西米尔效应”（图 16－3）：在真空里，插入两块金属板，相互平行不接触，当距离非常近的时候，两块金属板会感受到一股向内的压力。两块金属板是电中性的。那么这股压力是哪里来的呢？卡西米尔给出了解释：两块金属板之间，并非什么频率的波都能稳定存在，因为驻波的作用，只有特定频率的波才能存在。量子力学有一个很有意思的现象，叫做“波粒二象性”：一个粒子，既是粒子又是波。两块金属板之间，只有波长合适的粒子才能存在，金属板外侧，没这个限制，任何粒子都可以存在。因此两块金属板内侧与外侧的量子态不一样，导致产生了一股向内的压力。两块金属板相距十纳米的话，压强可以达到一个大气压。

真空，我们认为是能量最低态，是计量的基准线。可是这两块金属板之间的能量，比真空还要低，否则它俩怎么会被真空往里压呢？真空假如是能量的0点，那么这两块金属板之间的能量一定比0还要低，就相当于负能物质。卡西米尔效应已经被荷兰的莱顿实验室检测到了，已是板上钉钉的事实，这等于用实验的方式证明了真空不空，真空是量子沸腾的海洋。

当然了，卡西米尔效应的负能量太微弱了，相当于一立方米空间内只有几个负质量物质粒子，显然没有办法搞出那么大的规模。如果那么容易就能弄到一斤两斤的负能物质，虫洞也就不会如此罕见了。

基普索恩计算出来的虫洞是个稳定存在的虫洞，这种类型叫做“洛伦兹虫洞”。你从洛伦兹虫洞穿越，相当于抄近道走捷径，再短的捷径也还是要花时间才能通过。还有另一种“欧几里得虫洞”，这种虫洞描述起来就像科幻小说里的“瞬移”，突然发生突然消失。在电影《大话西游》中周星驰在月光下高喊“般若波罗蜜”，然后就瞬间穿越了，或许去了别的地方，或许去了别的时代，从此时空变得乱七八糟，这估计就是遇上了欧几里得虫洞。欧几里得虫洞需要极强大的磁场，地球上根本搞不出这么强的磁场，只有高速旋转的中子星周围，大概才能有这么强大的磁场。但我们显然没办法去中子星边上检验一下，穿越瞬移之类的事情也就只能停留在人们的文学作品里了。

鉴于如今网络小说中穿越的情节已经泛滥成灾，一个人穿、组队穿、正着穿、反着穿，都已经都被人翻来覆去写了太多太多次，因此我也就不详细描述时空穿越的基本知识了。但是我们的宇宙似乎会阻止穿越事件的发生，说起来不得不提到一个叫“外祖母悖论”的问题：一个人要是通过时间旅行，回到过去杀了他的外祖母，外祖母没生孩子之前死掉了，那么他自己也就不可能存在了，这在逻辑上出现了悖论。好在这事到现在也没有发生过，时间旅行者我们半个也没见过，对此，有人会提出平行宇宙理论：你穿越回去改变历史，其实并没有改变原来的时间轴，而是使时空发生了分裂，在这个节点上产生了一个新的分支，与原来是并列关系，这样的话，逻辑悖论是解决了，但是这个平行宇宙又该如何验证呢？物理学家们可是需要确实可靠的证据。“多世界”理论虽然现在很流行，但是也没有办法去验证。

霍金倾向于不能干预历史，为什么不能干预历史呢？他没办法给出理由，只是认为某条物理定律一定会阻碍你干预历史，这与彭罗斯的“宇宙监督者假设”有异曲同工之妙。不过我们仍然不清楚到底是哪条定律会阻止这种逻辑上的悖论。小说家常用的手段叫做“香蕉皮”：主角本来要改变历史，但是事不凑巧，脚底下一滑，摔了个大马趴，错过了机会。大家以后有机会穿越，小心脚下，千万别踩到香蕉皮。

基普索恩如今已是位七十来岁的老人，他还在好莱坞大片《星际穿越》里担任了科学顾问。他写了一本书叫《星际穿越中的科学》，详细描述了他如何设定一个与导演需求相符又不违反物理学的黑洞，这是如今对黑洞虫洞等方面科普最深入的一本书。这本书没有几个公式，毕竟当年霍金得到的忠告是每加一个公式，读者就会少一半。霍金的好基友索恩基本也秉持了这个原则，在这本书里面你可以看到如何计算一个克尔黑洞的吸积盘，黑洞周围的光影是如何扭曲的。如果你对黑洞虫洞有兴趣，不妨去看索恩的书，如何科学地穿越，这本书是你有用的指南。

宇宙诞生之初，量子涨落极其剧烈，时空也被扭曲得乱七八糟。你见过一连串肥皂泡吗？宇宙诞生之初也很可能被扭曲成了这个样子，泡泡们连接在一起，可能泡泡里面还有泡泡，就如同宇宙里面还可能有子宇宙或者孙宇宙。是不是会留下某些通道残存到今天呢？这一切又要回到大爆炸的那一刻去寻找答案了。

我们在太空空间站的高度俯瞰地球，下面是蔚蓝色的海洋。我们总感觉海洋很平静，就像个光滑的玻璃球一样，但是等我们下降到飞机航班的高度，已经可以看见波光粼粼的海面上波浪起伏了。再离得近了细节就可以看得更加清楚，海面总体来讲还是很平静的，但是进一步下降高度，到了海平面附近，那么就与远看完全不是一码事。我们可以看到一个大浪打来，溅起无数的水花与泡沫。在真空量子起伏的层面上也是一样的，从宏观上看，真空是平静的，但在微观尺度上某一瞬间内并不平静。时空有起伏，尤其是在宇宙诞生的早期，那时候宇宙的尺寸其实很小很小，量子效应就像滔天的巨浪，会使时空扭曲成各种各样复杂的结构，溅起来的浪花泡沫，就形成了大大小小的子宇宙和孙宇宙。有些有虫洞相连，有的不相连，看上去就像是时空长了一串串的瘤子。那时候很微小的结构，随着时空的膨胀，到现在为止也会变得非常巨大。假如能发现那时候残留下来的虫洞，就赶快要找到足够的负能物质撑住它，千万别让它塌了，或许还能稳定留存以供研究。

我们现在并不能直接知道大爆炸的奇点是什么样子，因为物理学法则到此为止，但是大爆炸开始后的那一瞬间，我们是可以推测出来的。那时候混沌初开，可以当做理想的气体去进行计算，因为那时候很单纯，一切都没有分化出来。让我们好好梳理一下，那时候都发生了什么：

1. 大爆炸10^{-43}秒：约摄氏10^{32}度，宇宙从量子涨落背景中出现。

2. 大爆炸10^{-35}秒：约摄氏10^{27}度，夸克、玻色子、轻子形成。

3. 大爆炸5^{-10}秒：约摄氏10^{15}度，质子和中子形成。

4. 大爆炸后0.01秒：约摄氏1000亿度，光子、电子、中微子为主，质子中子仅占10亿分之一，热平衡态，体系急剧膨胀，温度和密度不断下降。

5. 0.1秒后：约摄氏300亿度，中子质子比从1.0下降到0.61。

6. 1秒后：约摄氏100亿度，中微子向外逃逸，正负电子湮灭反应出现，核力尚不足束缚中子和质子。

7. 大爆炸后3分钟左右，大约摄氏10亿度。核合成时代。伽莫夫他们也是据此推算出了氢氦之比为什么是今天这个样子。

8. 38万年之后，宇宙变得中性透明，光子终于可以自由自在地飞翔。

随着时间的推移，宇宙的膨胀，时至今日，第一缕光的波长已经拉得很长，频率降低到了微波波段，被彭齐亚斯和威尔逊意外地发现，大爆炸宇宙学有了一个坚固的观测证据。越来越多的人开始用大天线接受宇宙发出的信号，但是麻烦又摆在了科学家的面前：微波背景辐射似乎太均匀了。假如真的这么均匀的话，一切都处于平衡状态，物质就不会聚集成团，自然也就不会有天体诞生，也很难解释为什么会有如今的日月星辰。

地面上的观测始终受到大气的影响，偏巧对微波背景辐射的观测又要求非常精确。科学家们费劲地把科学仪器装进高空气球里面，吊到高空去进行观测，但是结果都不太理想。气球不能长时间留存，飞得再高也还是在大气层里。理想的环境是在太空之中，发射探测卫星是最合适的方案。

1974年，当时的美国国家航空航天局（NASA）公布了一个计划，可以让天文学家们提出各种探测器方案。有一百多个方案被提交，其中有三个是有关微波背景辐射探测的方案。1976年，NASA提出，这三个方案能不能合并一下。经过一番努力，方案一年就拿出来了，称为宇宙背景探测者（COBE）方案，但是真正开工建造这颗COBE卫星拖到了1981年。这一项目有两个主要的负责人：马瑟和斯穆特。本来排着队应该是1988年发射，但是碰上了1986年挑战者号航天飞机爆炸，一切都被耽误下来，1989年年底才由德尔塔运载火箭发射升空。

图16－4　COBE探测器

上天后的COBE（图16－4）不久便测量得到了完美的黑体辐射光谱，它的波长对应于2.7K。1992年，COBE卫星终于首次探测到了微波背景辐射温度的温度起伏，这是一项划时代的发现，因为要在天空背景中排除其他的噪声来寻找十万分之几的微小温度起伏，观测本身也是一项艰巨的任务。

COBE卫星看得不算是太清楚，分辨率并不高，但是事情总算有了眉目，微波背景辐射里面的确有微小的起伏（图16－5）。看来宇宙并非绝对均匀，因而导致了尘埃气体可以在局部打破平衡地不断聚集，越来越大，直到最后形成天体，形成星系。可是，这些微小的起伏是怎么产生的呢？科学从来就是按下葫芦起来瓢，一个问题接着一个问题出现。

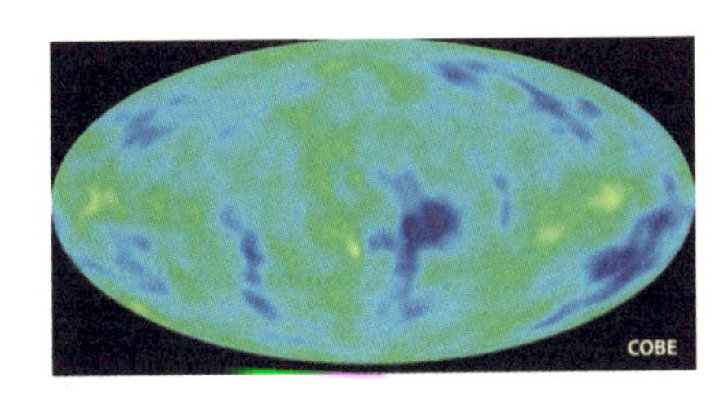

图16－5　COBE探测到微波背景辐射中的微小起伏

麻省理工学院（MIT）的科学家阿兰·古斯提出，很可能宇宙大爆炸之后的一瞬间，时空在不到10^{-34}秒的时间里迅速膨胀了10^{78}倍。量子效应微小的不均匀性，可以在这个过程中被放大，我们应该能在微波背景辐射里找到痕迹。只有获取了更加精确的数据，才能进一步研究，这需要发射更加精密的探测器去太空。一不做二不休，趁热打铁，于是COBE卫星的接班人——威尔金森各向异性探测器升空了，这是以早期研究微波背景辐射的科学家威尔金森的名字命名的。

这个探测器又会带来怎样的惊喜呢？且听下回分解……

第17章　暴胀

2001年6月30日，威尔金森各向异性探测器（WMAP）搭载在德尔塔II型火箭上，于佛罗里达州卡纳维拉尔角的肯尼迪航天中心发射升空。

重八百四十千克的WMAP经过三阶段绕地-月系统的飞行后，被推到日-地系统的第二拉格朗日点L2。该点在月球轨道之外，距地球约150万千米，其周围区域是引力的鞍点，运行在这里的卫星会稳稳当当地待在这个位置上。WMAP的维护工作约一年四次。为了获得全天的信息，WMAP采用了复杂的全天扫描方式，做一次完整的全天扫描要六个月时间。第一次公布的数据（2003年）包含了两组全天扫描的结果。

人家威尔金森探测器还真是厉害，角分辨率达到了13分（图17-1）。上次发射的COBE探测器的分辨率有7度，分辨率比威尔金森各向异性探测器差很多，也就只能模模糊糊看个大概。

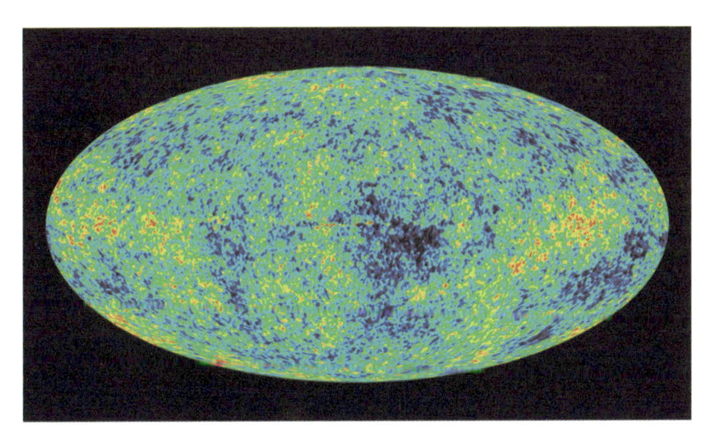

图17-1　威尔金森探测器发回的数据比COBE精细多了

卫星传回来的数据还要做大量的处理工作，要去掉干扰因素，最大的障碍是太阳与银河，它们挡在面前，阻碍着我们接受来自银河背后的信号。

最后想尽办法排除了银河的干扰，那些星星的干扰也全都剔除。精细的背景辐射图终于绘制出来了，里面有着复杂的不规则花纹。微波背景辐射的确是有着微小的起伏，但整体上大致是均匀的。比较热的地方呢，物质密度稍大了那么一丝，冷的地方呢，物质稍微稀薄了那么一丝。正是这些微小的不均匀性，导致了今天的各个天体的形成。稍微稠密一点的地方，引力会更大一点，会吸附更多的物质。更多的物质聚集，反而会更加稠密，于是这个模式就循环进行下去，一直到大型的天体形成，比如恒星，星系……在我们的宇宙中，物质很喜欢成团地聚集在一起，恒星组成星团，组成庞大的星系，星系组成星系团，都是一团一团的。但是星系团以上的大尺度结构，就是比较均匀的了，不再是成团分布，因为彼此之间太过遥远，相互间引力微弱得可以忽略不计。

我们现在观察到的日月星辰、星云星系，都得益于宇宙早期阶段那微小的温度起伏。靠着威尔金森的数据我们发现：宇宙是相当平坦的，我们可以根据温度起伏估算出物质的总质量，然后看看宇宙的尺寸大小，大约就可以估计出，这个宇宙到底是个啥形状。还记得我们前几章讨论过的那个弗里德曼-勒梅特-罗伯逊-沃克度规吗？其中有个k因子，k的取值不一样，我们宇宙的形状也是不一样的。现在就可以根据威尔金森探测器的数据来计算k的数值了，同时我们也能够计算出哈勃常数以及宇宙的年龄。

根据威尔金森探测器的数据计算出来宇宙的年龄是一百三十七亿年，误差大约是两亿年上下吧，这算是比较精确的数字了。可视宇宙的范围大约是九百亿光年的直径，宇宙诞生之初一缕光向我们这里一路飞来，同时宇宙在膨胀，那个发光源也在远离我们。当这缕光跑到了我们这里，发光源已经又后退了好远好远。计算下来，可视宇宙的半径，就是哈勃常数的倒数。再远处，因为宇宙膨胀的速度超过了光速，那里发出的光再也到不了我们眼睛里，于是就产生了一道视界。粗糙地讲，膨胀的宇宙就相当于内外拓扑翻转的黑洞，两者都有个“视界”，一个向外一个向里罢了。

我们的宇宙，曲率因子 k 大约是 0，也就是一个非常平坦的宇宙。我们的宇宙是开放而非封闭的，封闭意味着宇宙的膨胀会有极限，当到达极限以后，会从膨胀转化为挤压，最后挤压成一个点，一切重新开始，这就是所谓的脉动宇宙。

假如宇宙是个双曲面结构，说白了就是物质太少，总引力太小，那么结局会是大撕裂，一切都扯碎。现在我们所在的平直宇宙将会比较温和，慢慢地变冷，物质变得越来越稀疏，慢慢变得了无生机。

科学就像推理破案一样充满悬念，我们所在的宇宙曲率居然很巧就等于0，这就是一件非常让人挠头的事了，曲率因子k等于0是小概率事件，这种事居然发生了!

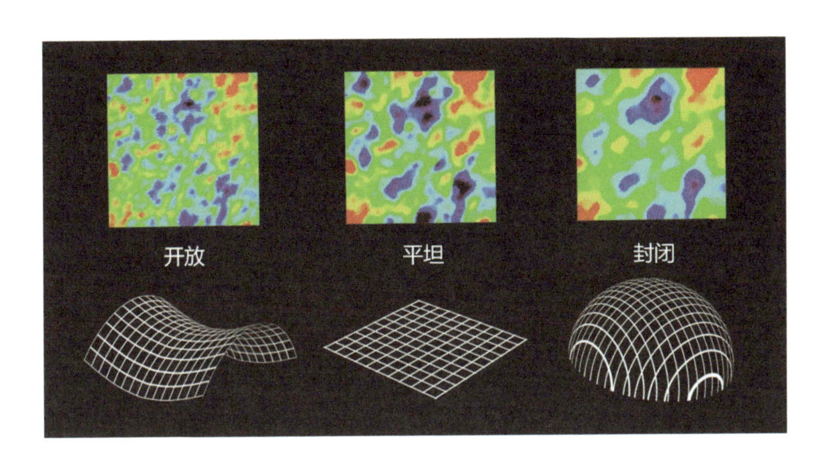

图17-2　微波背景辐射下的宇宙

从微波背景辐射（图17-2）来看，我们的宇宙真是太均匀了。这种均匀性也很奇怪，要知道，我们的视野半径是四百五十亿光年左右，直径是九百亿光年，视野直径的两端是彼此看不见的。我们地球在中间，勉强能看见两边，两边要进行热交换就更不着边了，可是温度却出奇地一致，这不奇怪吗？就好比非洲的原始部落和北极圈的爱斯基摩人，他们彼此都不知道对方的存在，也从来没做过任何交流，说话从词汇到口音居然全都一模一样，这里面没有幺蛾子才怪呢。

我国是一个方言众多的国度，这是因为我国历史悠远，地形复杂，气候多样，人口分布也很复杂，十里不同音也不是新鲜事。美国的口音虽然也有差异，但是要比我国小得多。究其原因，就是因为美国的历史太短了，人口扩散的速度太快，从当年阿巴拉契亚山脉以东狭长的十三州殖民地到地跨两洋称霸世界的霸主，也不过才二百来年的历史，口音还来不及形成差异。

以此类比，难道宇宙诞生之初也有过快速的扩张时期？麻省理工学院的阿兰·古斯提出的暴胀理论恰好可以解决这些问题。暴胀理论提出：大爆炸以后的某一时刻，时空在不到10^{-34}秒的时间里迅速膨胀了10^{78}倍，然后，宇宙才开始慢腾腾地继续膨胀。还记得爱因斯坦场方程里面那个“宇宙常数”吗？他偶然犯下的错误如今派上了大用场，暴胀时期，宇宙常数不为0，正因为宇宙常数不为0，才会产生暴胀的情况。这种暴胀也把早期宇宙大尺度内的扭曲给扯平了，只剩下了非常微小的纹理，才造成了今天我们看到的这么平坦的宇宙。

过去，标准的宇宙大爆炸模型还有个难题，那就是所谓的“磁单极子”问题。磁单极子是狄拉克在研究量子力学的过程中发现的，而麦克斯韦的电磁学方程则认为没有磁单极子。磁性物质，不管是分解到多小，一定是同时存在南北极，就如同微小的指南针一样。你根本找不到一个物质，只具备磁南极或者是磁北极。但是狄拉克从公式推导中发现，磁单极子是有可能存在的，但是这么多年一直找不到磁单极子的痕迹，显然是出了什么问题导致的。

在宇宙大爆炸的初期，温度极高，物理学中四种基本的力都没有分开，电磁力、强核力和弱核力会统一成为“大统一力”。当温度开始降低，强力分离出来了，对称性被打破，在这个过程里，会产生某种“拓扑缺陷”。这些“缺陷”看起来，物理性质就如同“磁单极子”。标准的大爆炸模型是会产生很多磁单极子的，不会找来找去找不到。暴胀理论解决了这个问题，按照暴胀理论的原理，磁单极子的密度会下降好多个数量级，找不到也是正常的。

到底是什么驱动宇宙早期发生暴胀呢？现在还众说纷纭。一般认为那时候是由“暴胀场”在主导。暴胀虽然可以解释很多现象，但是还需要有观测证据才行，只有从微波背景辐射这个大数据库里面去挖掘。

2014年的一天，阿兰·古斯教授收到了一封电子邮件，内容大概是这样的：“尊敬的古斯教授，我们发现了一件有趣的事情，这个发现跟我的研究和你的研究都有关系，但是我还不能告诉你具体是什么内容，我希望能够尽快拜访你——这件事还是稍微有那么一点着急的，期盼你的回复。另外，出于保密的原因，请不要跟任何人提起我跟你联系见面这件事情，谢谢。”邮件的落款人，正是哈佛大学的约翰·科瓦克。

阿兰·古斯教授心一动，他猜到了，这是他等了几十年的一个信号！他已经七十岁了，没想到有生之年还能有机会看到自己的暴胀理论被观测证实。暴胀会不会留下什么可以检测的痕迹呢？暴胀产生的原初引力波很可能对微波背景辐射产生影响，导致在微波背景辐射里留下某种“大风车”一样的痕迹，这种痕迹学名叫做“B极化模式”（图17−3）。

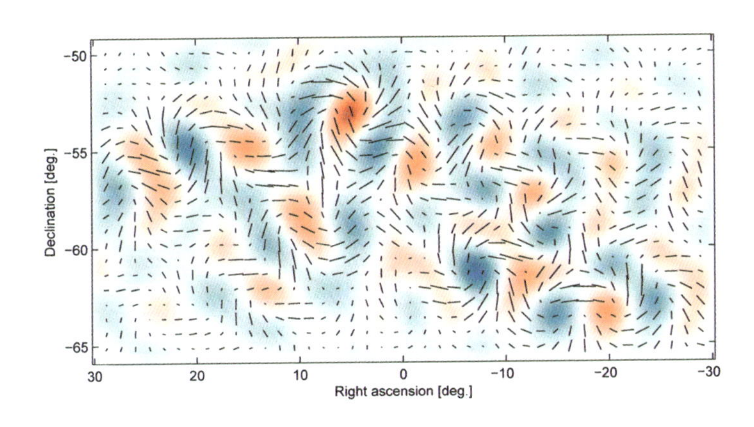

图17－3　B极化模式

美国在南极点上有个考察站，叫做“阿蒙森–斯科特”考察站，这个考察站安装了一台“宇宙泛星系偏振背景成像”（BICEP2）望远镜（图片17－4），这台望远镜就是专门来寻找原初引力波痕迹的装置。至于说为什么要放到南极去，是因为这地方非常干燥，探测器需要观察一千亿赫兹到三千亿赫兹的微波辐射，可惜大气层中的水蒸气会吸收和干扰这个频率。不差钱的可以发卫星去太空，可惜卫星的“快递费”实在是太贵了，要想价钱便宜量又足，就必须在地面上打主意：要么放到干燥的沙漠里面，要么放到冰天雪地的南极点。南极点比沙漠还干燥，水分都在脚下变得硬邦邦的，空气中一点水分也没有。

图17－4　宇宙泛星系偏振背景成像（BICEP2）

约翰·科瓦克就是这玩意的负责人，一定是这家伙听到了什么信号。果然，约翰·科瓦克告诉阿兰教授，看到了好几个信号，而且可信度达到5个Σ，也就是说出错的可能性在千万分之一。大家都很高兴，但是为什么要保持神秘低调呢？那是因为，哪怕是可信度如此之高的结果，也有鸡飞蛋打的时候，低调点是非常必要的。

2014年3月17日，美国哈佛–史密松天体物理中心的科学家召开新闻发布会，公布了他们的一个“重大发现”。他们宣称在宇宙微波背景辐射中检测到了B模式极化信号，这可能是宇宙最初时刻存在原初引力波的结果，因此可能为宇宙早期被称为“暴胀”的急剧膨胀过程提供了首个观测证据。

结果一发表，天体物理学界立刻炸开了锅，不少人认为与他们看到的并不是什么宇宙暴胀引力波引起的扰动信号，而是银河系尘埃搞出来的信号。BICEP2团队于6月19日在《物理评论快报》发布的论文承认，观测到的信号可能大部分是由银河系尘埃的前景效应造成的，他们对这项结果的正确性持保留态度，必须要等到10月份普朗克卫星的数据分析结果发布之后，才可做定论。

图17-5　普朗克卫星

看来要想“尘埃落定”，就只有看欧洲人的普朗克探测卫星（图17-5）的数据了。普朗克巡天者是欧洲人和美国NASA合作的计划，这个探测器的精确度比威尔金森探测器还要高，可以画出更加精细的微波背景辐射图。普朗克卫星的数据修正了我们原来对于宇宙的认识，宇宙的年龄是一百三十八亿年，比原来估计的要大一点，相应的哈勃常数比原来小一点，宇宙膨胀的速度也比我们过去知道的慢一点。

2015年1月30日，BICEP2团队承认对资料的判读错误，观测到的信号无法排除掉银河系辐射尘埃的影响，不足以证实这项结果就是早期宇宙的引力波所形成的B极化模式。大家白兴奋一场，一朝回到解放前啊！看来保持低调的确是非常聪明的做法，即便有问题也不至于被啪啪地打脸。

不过，不管是NASA威尔金森探测器也好，还是欧洲人的普朗克探测器也好，最大的发现还是让人大跌眼镜。原来，我们宇宙中的这些重子物质，也就是看得见摸得着的这些物质，居然只占了所有物质总量的4.5%。那些庞大的星系，闪闪发光的恒星，那些美丽的星云，那些元素周期表上的元素，加起来也不到全部物质的一个零头，剩下的大批物质我们全都看不见，这还了得！

这就引出了二十一世纪物理学上的两朵乌云——暗物质和暗能量，这还是要从二十世纪的三十年代讲起。1933年的加州理工的校园像个安静的世外桃源，角落里那个对星星着迷的三十五岁男人显然跟这些毫无关系，他叫兹威基，是加州理工的一位年轻的学者。我们前面提到过此人，他就是最早预言中子星的人之一。当时他把注意力完全放在了后发座星系团上，这个星系团在狮子座附近，由一千个大星系、三万多个小星系组成。兹威基面对一堆密密麻麻的数字和符号正在发愁。

要测量星系团的质量，一般有两种方法："动力学质量"计算，需要的数据是各星系之间的相对速度和平均速度，而"光度学质量"要求测量各星系的光度。不可思议的是："动力学质量"是"光度学质量"的四百倍！为什么后发座星系团有99%的质量"下落不明"？难道"动力学质量"中用到的牛顿运动定律不再适用？或者，星系团的主要质量并不是由可视的星系贡献的？兹威基做出了以下推测：宇宙大部分质量不可见，因此光度方法测算不出。于是便有了"暗物质"一词。

当然了，那时候兹威基还是用牛顿力学进行的计算。既然"暗物质"既不发光，也不反光，那么根本就没法看到它们，以当时的观测手段显然没法进一步研究。于是他把精力放到了超新星上，暗物质就先搁在一边了，这一搁就是几十年。

图 17-6　薇拉 · 鲁宾（1965年）

二十世纪的六十年代，女天文学家薇拉 · 鲁宾（图17-6）正在研究比较冷门的星系转动曲线问题，在测量银河系恒星运动的时候，她又发现了令人感到不可思议的事。鲁宾发现：按理说，离银河中心越远，恒星运行速度应该越慢才对，可是在银河系的外侧，恒星速度几乎一样。最外侧的恒星实际运行速度，显然比计算出来的速度快多了，照这样快的旋转速度，银河系根本就维持不住，早就转散架了。到底是什么力量在拽着它们不让它们被甩出银河系呢？某些天文学家就把当年兹威基的想法给挖出来了：存在一些我们看不见的不发光也不反光的东西，是它们的引力把这些恒星给拉住了。打个比方，黑色的咖啡里面倒进去白色的奶，拿勺子一搅和，那一丝丝的纹路，就好比我们银河系的恒星，黑色的咖啡，就好比是暗物质。

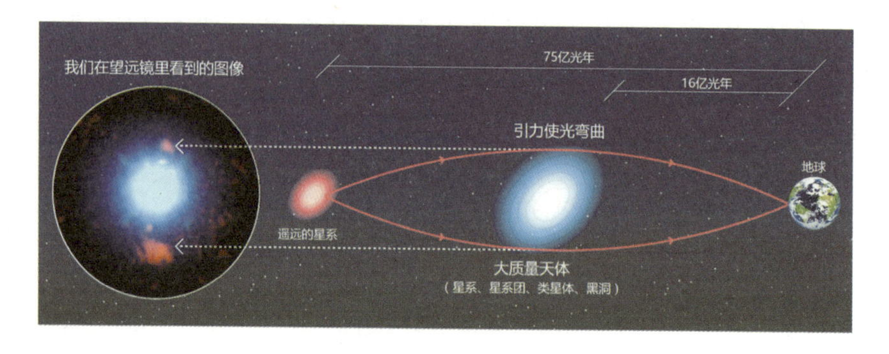

图 17-7　引力透镜

后来，引力透镜现象被发现了。原来某些遥远的天体，发出的光路过半途中的星系团的时候，会被星系团的引力给扭曲。从我们地球上看起来，遥远的天体居然图像是变形的，就像隔着玻璃透镜一样，这个效应叫做“引力透镜”（图17－7），最著名的就是“爱因斯坦十字”（图17－8）。通过引力透镜，我们很容易计算出星系团的总质量，然后再与星系团的亮度做对比，亮度按理说也可以反推出星系团的总质量，但这两个值始终相差悬殊，这就是暗物质的确凿证据。

图17－8　爱因斯坦十字

至此暗物质的存在基本上是板上钉钉的事了，之所以叫做“暗物质”，其实就是“不知道”的意思，我们不知道这玩意是什么。科学家们脑洞大开，纷纷开始推测暗物质到底是何方神圣？当然了，有很多东西，我们的确很难看到，比如黑洞，这家伙也是不发光的，也是仅有质量。还有那不计其数的褐矮星，它们很暗淡，探测到它们也很困难，尘埃也同样难以探测。这些都是已知的物质，它们全部加起来，恐怕也不够分量。到了二十世纪八十年代，它们基本被排除在了暗物质的概念之外，说白了，暗物质是一群保持低调（对电磁波无感）的家伙。

人们在微波背景辐射里，又一次找到了暗物质的蛛丝马迹。早期宇宙中的物质处在引力收缩和膨胀压强之间的微妙平衡之上，物质分布的方式在细节上与暗物质理论惊人地相符。暗物质占宇宙总质量的26.8%，可见物质有多少？只有4－5%，这个结果证明当年鲁宾等人的结果接近正确。

这个神秘的暗物质到底是啥呢？粒子物理学家们说，你们搞不定了吧？这事儿还要靠我们！宇宙间也就那四种已知的力：强相互作用、弱相互作用、电磁力、引力。暗物质粒子跟电磁力不发生作用，弱相互作用应该是存在的，引力是必然存在的。假如有弱相互作用存在，那么粒子就应该会有衰变啥的，衰变出来的粒子应该能检测到，即便不能检测，也应该可以模拟计算。

粒子物理学家们就在此时大显身手了，他们对暗物质的讨论，可比天文学家们的讨论热闹得多。物理学家们既可以模拟计算，也可以做实验。大型强子对撞机，那就是他们手里最得力的工具。粒子被加速到极高的速度，撞到一起以后，全部化为能量，能量又会变成粒子，能量越大，变出来的粒子能级越高。至于是哪种粒子，这个看运气，说不定就能变出来个暗物质粒子，我们只要知道输入了多少能量，看看撞出来的粒子折算成多少能量。假如两者不相符，还差一大块，恐怕就是暗物质粒子。暗物质只能用算总账的办法计算出来，反正对撞机撞来撞去也没发现有这么个东西。

对撞机撞不出来，那么是不是可以算出来呢？在他们的理论中，暗物质又分成了三类：冷暗物质、热暗物质，还有就是温暗物质。他们被一个个送进了大型超级电脑里进行模拟计算，看看哪个模拟的结果能够跟实际观测相符合。首先送进去验证的是所谓的弱相互作用大质量粒子（WIMP），它们具有质量（可以施加并感受引力），但不与光发生相互作用（无法被看到）。物理学家们根据大爆炸的宇宙模型进行了计算，在大爆炸中被创造出来的WIMP的数量，与宇宙学观测得出的暗物质密度恰好吻合——这可太爽了，有人称之为WIMP奇迹，大家都相信，暗物质就是这东西。

既然如此，看来证实这个WIMP很有希望，能不能探测到这个东西呢？能，但是非常麻烦，因为我们最擅长的检测手段是通过电磁波，无论是光学仪器还是无线电仪器，都是探测电磁波的。“弱相互作用大质量粒子”与光没有半毛钱关系，只能依靠间接探测。

直接探测暗物质的实验已经进行多年，这些实验都是地下实验，选择在地下建造实验室是为了屏蔽宇宙射线以及地球表面其他辐射背景。科学家们为了探测暗物质，不得不蹲在深坑里常年观测。意大利的格兰萨索山实验室很早就开始研究如何探测暗物质粒子了，从1996年开始收集数据，但是搞了N年也没发现有说服力的数据。

下面该我们中国人登场了。我国在四川的锦屏山电站隧道里，建立了一个最干净的暗物质探测实验室。它上面有一座两千四百米的高山，这么厚的山体，屏蔽了宇宙射线的干扰，当年也是世界上岩石覆盖最深的地下实验室。

与其相比，位于意大利中部格兰萨索山区的欧洲地下实验室就像个地窖，太浅了。在四川的群山下，粒子物理学家最头痛的宇宙线的强度仅为格兰萨索山区的1/200，为实验提供了“干净”的环境。

地下实验室是粒子物理和天体物理学等领域的暗物质探测研究、中微子实验等重大基础性前沿课题的重要研究场所，不但需要尖端技术，还需大量资金投入。说白了，没有强大的国力，根本就玩儿不起啊！

地下实验室用来探测暗物质的方法有两个：一个是将晶体放在极低温的环境中探测，温度低于100毫开尔文，当暗物质粒子击中晶体中的一个原子核，原子核反冲可以被探测到，例如反冲可以产生微小的热量，最常用的晶体是锗。第二种方式是用惰性液体，暗物质粒子与液体中的原子发生反应后产生光子，这些光子可以被探测到，常用的液体有氙和氩。

氙在零下100摄氏度的时候变成无色透明的液体，形成一片稠密的“树林”。如果足够幸运，宇宙中的一颗暗物质粒子与探测器中的某一颗氙原子相撞，撞飞的氙原子会发光发电，相当于“树”在摇动，这个动静会被探测器内部的光电感应系统捕捉到。至今为止，也没发现暗物质的痕迹。锦屏山实验室要想办法把试验灵敏度提高二十倍，看看那样能不能发现暗物质的踪迹，这毕竟是一种守株待兔的办法。

至今为止，这些艰苦蹲坑的科学家们都还没得到希望的结果，看来蹲守一时半会儿是难以发现暗物质粒子的。要想探测暗物质粒子的迹象，恐怕地底下是不行了，答案还是要从天上去找。一个名叫“阿尔法磁谱仪”的仪器被发射进了太空，它能发现暗物质的痕迹吗？且听下回分解……

第18章　玩自爆的小偷

说到阿尔法磁谱仪，那可是大大的有名，因为主导者就是大名鼎鼎的丁肇中（图片 18－1）。他年轻的时候就展露出了在实验物理方面的才华，后来在大型物理学实验方面每战必胜，从无败绩，1976 年还拿了诺贝尔物理学奖，因此在国际上威望非常高。他搞的项目中有不少都是国际合作项目，人员来自世界各地，就好像“小联合国”。他协调各方各面，干起事情雷厉风行毫不拖泥带水，有“科学沙皇”之称。

图 18－1　丁肇中和alpha磁谱仪

这个阿尔法磁谱仪已经是第二代了，因此缩写叫 AMS2。探测原理是基于一个假设：暗物质粒子的反粒子就是它自己，因此两个暗物质粒子偶尔碰到一起会发生湮灭，产生的能量会创造出电子以及正电子。我们从天体物理的模型可以计算出一个正电子和电子的比例关系，假如正电子比例多得不正常，那么必定有蹊跷，极有可能是暗物质粒子产生的。意大利的帕梅拉探测器在2008年探测到多余的正电荷，但是帕梅拉探测器并不能分辨到底是质子还是正电子，这两种粒子都带正电，因此需要新的探测器去探测，阿尔法磁谱仪就应运而生了。

这个计划是一个国际合作项目，共动员了二百多人，来自三十一所大学院校和十五个国家。我国作为丁肇中的祖国，自然是积极参与。核心部件永磁铁是我国的产品，强磁铁离不开稀土，我国是稀土大国，近水楼台先得月。这个阿尔法磁谱仪是个大家伙，大概有近七吨的重量，必须安装到国际空间站上。2003年哥伦比亚号航天飞机在从太空返回的时候空中解体，宇航员全部死亡，再加上航天飞机维护费用极其昂贵，这次事故之后，航天飞机的退役就进入倒计时。可是俄罗斯的飞船没办法运这么重的东西，险一险就没了运载工具。最终还算幸运，搭上了末班车，在2011年的倒数第二次航天飞机任务中，阿尔磁谱仪被送上了国际空间站。随后航天飞机全部退役进了博物馆，太空霸主美国暂时失去载人航天的能力，直到今天。

图18－2　国际空间站上的alpha磁谱仪

经过几年的运行，阿尔法磁谱仪（图18－2）积累了大量数据。到了2014年，阿尔法磁谱仪已发现了一千〇九十亿个电子与反电子，在已经完成的观测中，暗物质的六个特征已有五个得到确认，这一研究结果将人类对暗物质的探索向前推进了一大步。在一个能量段内，正电子多得不正常，应该与暗物质有关系。这些正电子来自四面八方，并没有某个特定方向，与暗物质的分布是相符合的。

图 18－3　“悟空”卫星在地面，墙上挂着堪称中国特色的红色横幅。

2015 年底，我国也开始参与大型科学探测项目，发射了暗物质粒子探测卫星，经过社会征名，起了个颇有民族传统的名字叫“悟空”（图 18－3）。“悟空”上搭载了四种探测器，分别是塑闪阵列探测器、硅阵列探测器、BGO 量能器、中子探测器，造价七亿人民币。虽然听起来很贵，但是起码比阿尔法磁谱仪的价钱便宜多了，那时候美国人可是花了二十亿美元呢！暗物质粒子探测卫星能探测的粒子的最大能量大约是阿尔法磁谱仪 2 号的十倍，同时，能量分辨率更高，比NASA 费米卫星的准确率提升了十倍，并且能观测阿尔法磁谱仪 2 号无法观测的光子。我国现在也越来越多地参与到这种基础科学的探测与实验中来，除了寻找和研究暗物质粒子，这颗卫星还将致力于研究宇宙线起源和伽马射线等，极大地推动我国空间科学的发展。没有蒸蒸日上的综合国力支撑，就没有办法玩这些探索未知的项目，经济基础才是王道，咱们如今也不差钱了。

别看探测器一个个都升空了，也拿回了不少的数据。可是先别高兴得太早了，科学研究总是按下葫芦起来瓢，这边数据对上茬了，那边就很可能错得离谱。在计算机上玩模拟计算的科学家们可遇上麻烦了，2012 年，美国加利福尼亚大学欧文分校的宇宙学家迈克尔模拟了标准冷暗物质对矮椭球星系形成过程的影响，这是一种环绕着银河系运转的迷你卫星星系，通过观察矮椭球星系内部恒星的运动方式，迈克尔能够推断出它们内部暗物质的含量。他说：“结果好像讲不通，模拟得到的矮椭球星系要比真实宇宙中我们看到的质量更大，密度更高。”

既然“冷暗物质”的不行，咱就来算“热”的，让“热暗物质”上去试试看。它们更不容易成团，从而形成更为松散的星系。在二十世纪八十年代，有人怀疑，暗物质是不是就是中微子啊？中微子也是一种中性的、不喜欢与其他物质起作用的粒子，热暗物质模型就是以中微子为基础的。但后来发现，热暗物质与冷暗物质恰恰相反，中微子运动太快，根本聚集不成相对紧密的星系结构。

还有第三个办法。几年前，弗伦克让他的团队去寻找一个“最佳”解决方法，暗物质既不太热，又不太冷，而是刚刚好。让他们吃惊的是，这种不冷不热的温暗物质能够形成与观测相符的矮椭球星系。

不过，仍然会有其他影响：温暗物质粒子的主要候选者是惰性中微子，大型强子对撞机或许会撞出惰性中微子，但它们很难探测，只有当普通中微子自发转变成惰性中微子那一刻恰好被看见，我们才能知道有这么回事。

如果不冷不热的温暗物质才是暗物质本尊，那么以前各种实验那不就是拜错了庙门？特别是在直接探测WIMP粒子方面，那岂不是花了大把的冤枉钱啊！要知道卫星和国际空间站也都不便宜，还有那些苦巴巴地在深山老林里蹲坑守候的探测者，岂不是也白花了大把的汗水与青春？真凄凉……

英国爱丁堡大学的豪尔赫和他的同事们，也一直在探测近距离矮椭球星系中暗物质的分布。他们发现，暗物质在这些星系的直径方向上似乎是均匀分布的，他说：“这种恒定不变的密度是我们事先没有预料到的。”用任何温度的暗物质进行计算机模拟，不管是冷的、热的，还是温的，得出的矮星系都是越靠近中心密度越高。体形稍大、距离更远的星系也看到了这种现象。

考虑得再复杂一些，普通物质要是和暗物质掺和在一起作用呢？这事就更复杂了。至今为止，各路消息都有，就是没有一路是确切肯定的，至今还是一个谜。暗物质说到底，还是一种说不清道不明的存在。

从微波背景辐射的数据来看，暗物质虽然要比普通物质多了好多倍，却仍然不占大头。占据真正统治地位的是另外一种物质，叫做“暗能量”，这东西就更加神秘。根据最新的普朗克卫星的数据推测，4.9％是普通物质，26.8％是暗物质，68.3％是暗能量，大头是暗能量。这暗能量又是属于哪路神仙？居然如此神秘，连个脸都不露，这东西到底是怎么被人发现的呢？这还要从宇宙中一个不那么光彩的小偷说起。

在宇宙中测量距离，很多时候是靠光度法来测量的。一个一百瓦的大灯泡，亮度我知道，那么就可以拿这个作为依据来计算距离。只要是知道大灯泡的瓦数，我再测量一下亮度，就可以计算出它有多远了。那么我怎么知道这个灯泡是几瓦的呢？哈勃靠的是造父变星，造父变星的变光周期跟亮度有关系，可以根据亮度变化周期来计算出这个灯泡到底是几瓦的。那么换算一下，距离也就知道了。

1929年，哈勃首先发现河外星系的视向速度与距离成比例（即距离越大视向速度也越大），并给出比值为500，后来人们称为哈勃常数，以符号H表示。1931年，哈勃和哈马逊第二次测定H为558，后又订正为526，计算哈勃常数的时候应用了造父变星和星系中的最亮星来标定距离。1952年巴德指出，仙女星系中造父变星的星等零点有问题，需要调整一下，变动了1.5等，由此哈勃常数应修订为260。1958年桑德奇指出：哈勃所说的最亮星实际上位于电离氢区，因此要再加上1.8等的星等改正，从而将哈勃常数降低为H=75。1974～1976年，桑德奇和塔曼又用七种距离指标的方法重新修订哈勃常数，得到H=55，只及哈勃当年测定值的1/10。这就是说，按哈勃定律推算星系的距离，用H的新修订值所得结果比哈勃当年所得的结果增大十倍，这也说明哈勃常数是出了名的难以测定。

自从二十世纪七十年代以来，许多天文学家用多种方法测定了H，各家所得的数值很不一致，哈勃常数测定值的分歧在于用不同的方法给出的距离不一致。排除掉观测的误差，银河系内距离指标的标定不确定等外在因素，还有内在原因。例如：不同星系之间由于化学成分、年龄、演化经历的不同，距离指标和绝对星等之间的关系就不会一致。

在2006年8月，来自马歇尔太空飞行中心（MSFC）的研究小组使用美国国家航空航天局的钱德拉X射线天文台发现的哈勃常数是77，误差大约是15%。2009年5月7号，美国宇航局NASA发布最新的哈勃常数测定值，哈勃常数被确定为74.2±3.6，不确定度进一步缩小到5%以内。最近这个数值又被普朗克卫星修正为67.8±0.77。

这是怎么测出来的呢？因为找到了新版本的大灯泡。对于遥远的星系，望远镜里面看起来太小了，即便是个星系团也只看得见一个小亮斑，根本无法分辨里面的造父变星，因此造父变星这种“标准烛光”就不再好使了，必须寻找一种新的“大灯泡”，需要亮得耀眼，亮得出众，亮得独一无二。天文学家们的目光就盯住了一个宇宙里的“小偷”，而且是个玩“自杀式爆炸的”恐怖分子，这个大灯泡太亮了，比一个星系的光还要亮，哪怕是在宇宙边缘，也能看得真真切切，这把量天尺就是1a型超新星。

图18－4　偷吃邻居气体的“小偷”

宇宙里面不少数的星星都是成双成对的，双星系统之中，一颗星偷吃另一颗星的气体（图18－4）的事太常见了，只要相互靠得够近，必然会出现这种偷东西的情况，按照电视小品里的说法叫“薅羊毛”。假如那个小偷是个白矮星，“薅羊毛”就要“薅”出危险了。白矮星密度很大，大概咖啡方糖这么大的物质就有一吨重，白矮星的体积跟行星差不多，比如天狼星的伴星，就是一颗白矮星，体积跟地球差不多大。但是表面引力是地球表面的十八万倍，温度在一万度上下。

白矮星因为体积小，密度高，表面引力强。假如双星系统一面有一颗是白矮星，另外一个是普通恒星或者红巨星，白矮星偷吃隔壁邻居的气体就特别方便。但是别忘了，前头还有个钱德拉塞卡极限呢，大约是1.44个太阳质量。白矮星要是不断地偷吃隔壁邻居的气体，那么就会越吃越大，慢慢地质量就开始逼近1.44个太阳质量了。当达到钱德拉塞卡极限的那一刻就突然扛不住了，“砰”地一声炸掉。因为白矮星的质量是逐渐逼近钱德拉塞卡极限的，所以爆炸威力基本恒定，大约到了1.44个太阳质量就炸，而且是刚刚临界就爆炸了，彻底炸干净，一点儿不剩，不大可能残留下中子星。这样的话，爆炸亮度就每次都一样，齐刷刷地一致。只要判断是这种类型的超新星爆炸，旁边的伴星也被炸得尸骨无存。超新星爆炸的亮度顶得上一个星系的总亮度，离得老远就能看见，在天文学上，管这种“小偷玩儿自爆”叫做1a型超新星。NASA确定哈勃常数，靠的就是1a型超新星。

有了这把可靠的量天尺，科学家们就开始了一项观测计划：那就是搜寻大红移超新星。看看在遥远的宇宙深处有没有超新星爆炸，最好是1a型超新星。那样的话，就可以方便地测量出距离。要知道，光穿越宇宙也要花时间，越是遥远的天体就越古老。我们现在看到的景象，就是这些天体小时候的样子，那么我们就可以分析出宇宙早期的天体演化情况。多统计统计，不就可以把那时候的宇宙情况了解个大概了吗？

科学家们找了一圈下来，观察到了几十个1a型超新星，它们的红移量也都很大，说明退行的速度很快很快。根据哈勃定律，越远的退行越快，那么大概也可以毛估它们的距离。结果这帮科学家核对了又核对，当最终结果摆在面前时，大家全傻了：宇宙正在加速膨胀。怎么会这样呢？

从超新星的距离上来看，远比我们预计的要远得多，也就是说比预计的暗很多。那么按照现在的膨胀速度是对不上茬了，宇宙必定存在一个加速膨胀的过程，而且到现在为止仍然在加速膨胀。科学家们大跌眼镜啊！要知道这个结果太出乎意料了！本书前面的章节讲过，科学家们曾经计算过宇宙的形状，要是物质够多的话，宇宙的曲率会很大，会造成宇宙封闭。膨胀会越来越慢，最后停下来，然后开始开倒车，宇宙开始大收缩，最后收缩成一个大挤压的奇点。要是宇宙里面的物质太稀少，那么很可能宇宙就是平直的，或者是个马鞍形的宇宙。这两种宇宙都是开放的，虽然膨胀会减慢，但是永远也减不到0。你盼望过程逆反，开始收缩，那是不可能的了。但是即便如此，也是个渐渐减速的过程，怎么会莫名其妙地加速呢？到底是谁给宇宙提供的能量？宇宙为什么会加速膨胀呢？

做了大量数据分析以后，科学家们大致弄清了整个过程：宇宙大爆炸的早期，的确是按照人们开始计算的那样，“砰”地一下，宇宙暴胀开了。然后呢，物质产生了，万有引力也就一并产生了。那时候宇宙很小，大家彼此离得都很近，引力很集中，那时的宇宙的确是减速膨胀的。但是大概就在六十亿到七十亿年前，宇宙开始加速膨胀了，就像踩了油门一样越胀越快。

一定是有一种东西，在支撑着宇宙的加速膨胀。这种东西，我们过去一直不知道它的存在，说白了也像暗物质一样，不与光发生干系，对我们来讲是看不见的。但是这种东西与暗物质相反，它存在一股斥力而不是引力。我们知道有引力的物质很喜欢一坨一坨地粘在一起，暗物质也喜欢成坨地聚集。但是暗能量就不同了，因为互相之间是斥力，它们不会聚集成团，必定是在广袤的宇宙间均匀分布的，那么也就接近于常数的样子。

难道是常数？大家心里“咯噔”一下子，貌似有个常数还挺出名啊，那就是爱因斯坦的那个宇宙常数啊。当年爱因斯坦为了扯平宇宙的膨胀，特地加了个常数进去。后来哈勃观测到了宇宙的膨胀，爱因斯坦悔得肠子都青了，把宇宙常数称为他一生最大的错误。不过添加了这个宇宙常数，就如同打开了潘多拉的盒子，再也关不上了。无数人开始刷论文，先拿不带宇宙常数的公式写一遍，然后拿带宇宙常数的公式再算一遍。也有人是反过来的，带着宇宙项去计算，看看最后能不能推导出宇宙常数等于0，要是等于0，那爱因斯坦当年就不该加上宇宙常数，反过来就是爱因斯坦没错。刷来刷去，这个宇宙常数存在感还挺强的，所以大家立刻就把爱因斯坦的这个宇宙常数给想起来了，好像跟暗能量还蛮符合的。

假如暗能量就是爱因斯坦的宇宙常数，那爱因斯坦本事也太大了，连犯错误都犯得这么帅！也有人怀疑，这是第五种基本的力。我们知道宇宙间有四种基本的力：强力，原子核里面就归它管，距离稍微远点儿就够不着了；电磁力，这个大家都知道，我们看得见摸得着的物质都是电磁力的表现，金刚石为什么那么硬？石墨为什么那么软？这都是化学键不同导致的，化学键就是电磁力在起作用；弱力，这家伙导致了放射性元素的衰变，氢核融合变成氦也靠它；引力，爱因斯坦解释成时空的弯曲，引力非常弱，但是作用距离非常远，大尺度内，没有哪种力能压得住引力。过去认为引力是大尺度内的王者之力，但是现在看来，引力在更大尺度内败给了暗能量，暗能量想必是一种更加微弱，但是作用距离更远的东西。假如是爱因斯坦的宇宙常数的话，那么整个宇宙应该是处处一致，常数嘛！是否随时间变化呢？就像哈勃常数那样，其实并不是常数，而是随时间变化着，现在还不知道宇宙常数是否也随时间变化。

现在，我们可以想象得出大爆炸的开始阶段：宇宙膨胀经历了暴胀，体积瞬间增大了几十个数量级，当物质和引力产生之后呢，宇宙膨胀就开始减速了；随着宇宙不断膨胀，物质也就变得稀薄了，再加上物质因为引力的缘故喜欢一坨一坨的，那么两坨物质就开始彼此远离，在星系团以上的尺度内，物质就不是成坨分布的了，而是在彼此远离，慢慢地相互之间的引力也在减弱，万有引力是按照平方反比的规律在衰减。终于，物质离得足够远了，已经小于暗能量的斥力了，这时候暗能量开始占据压倒性优势，虽然弱，但是架不住持之以恒，齐心协力，宇宙就被这股能量充斥着持续加速膨胀。

有人说，这个暗能量好像也是来无影去无踪，看不见摸不着，甚至无法直接探测，是不是跟量子力学描述的那个“真空零点能”有点像呢？会不会就是真空量子涨落搞的鬼呢？有人按照量子场论来推导宇宙常数，结果一算吓一跳，计算出来的值比观测到的值大了n倍！有人说，天文观测能搞对数量级就很不错了，大个n倍也没关系，但是你要知道这回计算差的可不是那么一星半点，相差的倍数那是10^{120}，完全对不上茬了。

看来这个算法是不对的，有人就开始打牛顿的主意了，一小部分人开始怀疑万有引力的平方反比规律。假如平方反比规律只是个近似规律，那就好办了。假如大尺度内不符合平方反比规律，比如星系级别比平方反比要大，到了星系团以上的级别比平方反比要小，那么就可以统一解释暗能量和暗物质。根据奥卡姆剃刀原理：“如无必要，勿增实体。”这样的话，不需要引入暗物质和暗能量这两种东西，就能解决现有问题。现在这类理论中影响最大的一个叫做“修正牛顿动力学”，简称“MOND”，他们觉得引入暗物质没有必要，引力其实是一种“熵力”，都是这个熵在背后捣鬼。还记得黑洞熵吗？引力与温度居然有联系，这不是偶然的，背后必有蹊跷，这一派“修正主义分子”就是这么想的。

可是引力的平方反比规律久经考验，不是想推翻就能推翻的。平方反比规律从根本上讲来自于三维空间的场，这东西其实就是计算力线的密度，还记得法拉第摆弄的磁力线吗？对于引力，我们一样可以用类似的办法。我们可以假想从地心发射出了无数的“引力线”，一平方米内有很多力线穿过。距离远上一倍，力线就变得稀疏多了，一平方米内力线的密度大约是原来的四分之一，这就是平方反比的来历。这也从侧面证明了，我们的宇宙不算时间的话，空间是三维的。万有引力也好，库仑定律也好，都是平方反比规律。这是三维空间内普遍的规律，想要推翻，说实话挺难的。但是有人分析了一百五十三个盘状星系的状况，发现它们与“MOND”理论吻合得蛮不错的，于是支持暗物质的一派和支持MOND

的一派还在撕扯中。目前还是支持暗物质的一派占上风，因为间接证据更充分一些。

还有一派人马想要刨了爱因斯坦相对论的老根儿：要是引力质量与惯性质量不相等，那么这事儿就变得好玩了，广义相对论即便不被推翻也要大幅度修正。口说无凭，只能凭实验来判定，有人还在很高的塔上专门进行自由落体实验，看看能不能发现什么蛛丝马迹。他们到现在也还没发现靠得住的证据，理论上的事，毕竟还是要靠观测来一锤定音。

对于宇宙边缘的研究，基本上就依赖这些高红移的天体。越是遥远的天体，光传递到我们眼里的路程就越长，时间也越久。反推过去，事件发生之时，也要比现在早很多年。现在科学家们找到了不少红移非常大的1a型超新星，伽马射线暴的红移量比1a超新星还要大得多，伽马射线暴可以说是宇宙里仅次于宇宙大爆炸本身的最强大的爆发，因此可以在极远的地方看到伽马射线暴。现在观察到最远的一颗1a超新星大约在一百亿光年左右，红移量大约1.914，但是伽马射线暴的红移量轻松达到6，红移最大的达到8.2。反推爆发的时间，那时候宇宙诞生仅仅六点四亿年，相当于还是个娃娃。对于研究早期宇宙，高红移的天体是个重要的线索。

说来有趣，对伽马射线暴的研究之始居然涉及军事机密。那是在美苏冷战的时代，双方都要监视对方的核试验，核爆炸会产生伽马射线，于是美国人就发射了伽马射线探测卫星到太空，专门监视苏联有没有异样的伽马辐射，顺带监视中国的核试验。不过美国人倒是吃了一惊，隔三差五就能收到非常短促的伽马射线，难道苏联人隔三差五就能爆核弹？这也太夸张了吧！事情涉及军事机密，因此被捂了好几年才在专业科学杂志上发表。这些伽马射线显然不是核弹爆炸搞出来的，方向根本不来自地面，而是来自宇宙深处，强度也很大，规模相当于太阳这么大的恒星在一百亿年中发出的能量在一瞬间全部释放出来，人类哪有这么大的本事啊！

当然，早期对伽马暴的监视不算精确，经常搞不清楚准确方向，因为伽玛暴来无影去无踪，偶尔来那么一下，马上就消失了，你也看不到这事是谁干的。一直到1996年，荷兰和意大利联合搞的BeppoSAX卫星上天，才发现了伽马射线暴的余晖。原来伽马射线暴会在x射线波段留下余晖，时间比较长。这下好了，天上卫星一报告发现伽马射线暴，地面上长枪短炮齐刷刷地对准那个方位抓紧观测和研究，不久，伽马射线暴的光学余晖和射电余晖也被观测到了。

随着数据越来越多，大家发现伽玛暴分为两类：一类持续时间在两秒以内，伽马射线的频率比较高，称为“短暴”；另外一类持续时间比较长，在两秒以上，频率也比较低，称为“长暴”。现在基本认定，短暴来自中子星的合并，当两个中子星合并在一起，会短时间内爆发出极大的能量，然后中心变成一个黑洞。长暴则来自大质量的天体坍塌成黑洞的过程，五十到一百个太阳质量的巨大恒星在死亡的时候，会发生超新星爆炸，最终坍塌成为黑洞，期间伴随着天体的两极方向出现强大的喷流（图18－5）。宇宙中的天体都在自转，旋转就会产生磁场，会把炙热的物质沿着自转轴方向喷出去。现在，天体物理学家们在研究伽马射线暴的时候，也使用一个“火球模型”，跟当年宇宙大爆炸的“火球模型”有相似之处。不管是长暴还是短暴，到最后还是会得到一个黑洞加上一个吸积盘，周围的气体全部被吹散。

图18－5　编号G299的超新星爆发后的残迹

伽马射线暴时不时就来它一家伙，就像宇宙里的一位杀手，临死了还要“随机放一枪”，至于哪个星球躺枪，这就难说了。假如伽马射线暴在离地球很近的地方发生，地球会被伽马射线暴彻底烤焦，好在我们周围没有那么恐怖的玩意。有人猜测，这也是宇宙里面生命如此罕见的一条理由。某一星球好不容易进化出生物，巧不巧被伽马射线暴喷到，星球表面瞬间完蛋，这不是倒霉催的嘛！宇宙间的生命，恐怕大部分就这么死得不明不白。

伽马射线暴说到底是黑洞玩出来的东西，喷流虽然能量强大，但是时间也很短促。黑洞能不能搞出长时间持续性的喷流呢？且听下回分解……

第19章　黑暗的心

不管是伽马射线暴也好，还是超新星爆发也好，都是瞬间发生的突发事件，只能被动地去等待。哪里爆了，马上调转镜头过去看看余晖。最新发射的观测伽马射线暴的雨燕（Swift）卫星就是这么干的。探测到有伽马射线的突然增强，迅速探明方位，一分钟内，望远镜就能转过去对准发射源，盯着余晖开始收集数据。但是不管怎么样，研究的时间总是有限，我们总不能两手一摊说没看清楚，我架好相机了，麻烦您再爆一回吧？这又不是拍电影，导演可以喊“咔！”但是有一类天体，也是能量极其巨大，但体积却很小，看起来与恒星并没有什么区别，倒是可以长时间的稳定观测，到底是个什么东西呢？

那是在二十世纪六十年代射电天文大发展期间，有一个重要发现叫“类星体”。人们一开始只是合并光学观测资料和射电观测资料，说白了就是射电望远镜在某个方位听到了射电信号，然后看看那个位置是不是有一颗光学上看得到的星星，假如能对应起来，那么对这颗星星就能建立一个非常全面的了解，从射电波段到光学波段整合起来考察。之后大家陆陆续续发现了一大批射电信号很强的天体，不过有一个天体的谱线让大家很困惑。1960年，美国帕洛马山天文台的艾伦·桑德奇首先在三角座发现了一个射电信号源3c48，这个天体看起来不过是个普通恒星的样子，但是它的谱线与其他的恒星都不一样，有非常宽的发射谱线，一般的恒星都是吸收谱线，紫外波段也比别的恒星强得多。后来发现另外一颗射电源3c273也是类似的情况，总而言之，光谱比较奇葩。

1963年，英国天文学家西里尔·哈泽德提出：月球将会遮挡射电源3c273，月球的遮挡，可以更加清晰地分辨这个射电源的细节，根据月球边缘遮断射电噪声的时刻能够极精确地定出3c273这个源的位置。果然，他利用设立在澳大利亚帕克斯的六十四米射电望远镜精确地观察到了月球逐渐遮挡这颗射电源的过程。他发现这个射电源其实是“射电双源”，两个射电源之间，夹着一颗恒星。

无论是艾伦·桑德奇还是西里尔·哈泽德，都没能搞清楚这东西究竟是个什么玩意，为什么会有如此奇怪的谱线。哈泽德的同事施密特最终发现，这是一种全新的天体。他用帕洛玛山的五米望远镜仔细观察了这个天体的光谱，准确地测量了每一条谱线，回家闷头想了一个礼拜，终于恍然大悟：这些谱线看上去很奇怪，但是其实并不是什么新鲜东西，就是最常见的氢光谱线系，只是发生了巨大的红移，因此大家都不敢认了。施密特把他的结论发表在英国的《自然》杂志上，当时没人发现过红移如此巨大的天体，这个天体红移巨大，显然不是在银河系里面的普通恒星，而是一种非常特别的天体，距离地球大约十亿光年，体积与恒星差不多，但是亮度足足比整个银河系大了二百倍。

既然不知道这东西为什么能亮到如此地步，而且还能稳定地持续好多年，那么只能给它起个直截了当的名字，于是科学家们把它叫做“类星体”，说白了就是“类似恒星的天体”。这个名字基本上是等于什么都没说，后来人们提起类星体的发现者一般来讲都会提到施密特，对桑德奇和哈泽德很少提及。据说桑德奇很郁闷，最后一走了之，再也不碰帕洛马山的五米望远镜。说到底，有人的地方就有江湖啊，科学家也概莫能外。

后来，科学家们逐渐发现了一些“宁静的类星体”，它们并没有强烈的射电辐射，大部分类星体的辨别只能从光学信号特征上下手。依靠光学观测，统计出有射电信号的大约只占了10%。几十年来，类星体发现了成百上千颗，有了CCD加盟以后，更是可以利用计算机技术实现自动拍摄，观测也比以前更加方便了。但是类星体依然是“类星体”，没人知道这东西到底是个什么玩意，如此巨大的能量又从何而来。

其实只要我们粗略估计一下，就足够让我们“细思极恐”。看上去跟恒星没啥区别，能量却如此巨大。那么毛估一下光压就大得不得了，引力能不能拉住这些动力澎湃的物质呢？要多大的质量才能有如此强大的引力？别忘了，体积还很小哟！答案指向了一个理论物理学家们的最爱——黑洞。黑洞能如此之亮？反了吧，是白洞吧？白洞一个劲往外喷，倒是个很不错的解释哟！可是我们的宇宙好像没有白洞形成的条件，这种可能性很小。但黑洞怎么会如此之亮呢？类星体仍然是个谜！

与此同时，天文学家们发现，宇宙中还有些东西看起来很像是类星体，光谱之中也有发射线，但它们显然不是类星体，它们都是星系的核心。通过望远镜，可以观测到它们所在星系的结构。塞佛特星系的星系核光谱很像类星体，这两者有什么联系吗？还有一种奇怪的蝎虎BL星系，星系核亮度变化很大，可以在几个礼拜的时间内就增亮一百倍，光谱和类星体也很相似。科学家把这几个类型的星系核统称为“活动星系核”，星系核由于太亮，而且尘埃和气体实在是太多，显得迷雾重重，根本看不清楚里面有什么东西。银河系中心也有一个大核球，恒星非常密集，银河系核心部分就看不太清楚。这还是离我们最近的一个星系核，别的星系就更不行了。

后来科学家们发明了一个办法，那就是用红外波段去观察银河系核心，红外波段波长比较大，不太容易受到尘埃和气体的影响。在红外波段，我们终于可以穿透迷雾看到银河的核心部分了。从1995年～2005年，科学家们动用了最大的凯克望远镜对着银河核心部分观察了十年，描绘了银河系最中心部分的恒星运动轨迹，发现它们都围着一个体积很小的区域转圈圈（图19－1），范围大约相当于冥王星的轨道直径。人们猜测在那儿一定有什么东西，可是照片上又看不到什么，这个区域还是一个超强的射电源，后来人们把它称为“人马座A★”。

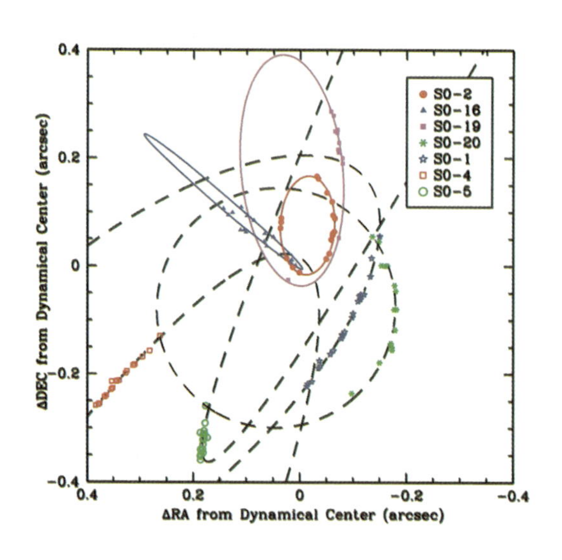

图19－1　银河中心若干恒星的运行轨道，都在围着一个很小的区域转圈圈

大家根据周围那些恒星转圈圈的轨道来反推这个区域的质量，计算出来大

约是四百万个太阳质量。既然这个区域有很强的射电辐射，那么可以通过射电观测的办法来确定到底这个射电源有多大。后来又利用甚长基线干涉技术，算出核心部分大小只有0.3天文单位，大约是水星轨道的范围，这个看不见的天体大小不超过水星轨道。如此狭小的空间内，能挤下四百万个太阳质量的东西？看来已经尘埃落定，不是超大质量黑洞那才叫见了鬼呢！

大家再接再厉，又在银河系外其他星系的核心发现了超大黑洞。看来星系核心有一个超大黑洞是个普遍现象，黑洞与星系的发育和成长是很有关系的，黑洞越大，星系恒星就越多，仿佛黑洞有办法催生一大堆恒星。

也就在大家开始观察银河系星系核的时候，天文学家们又发明了一种新观测方法，那就是观察类星体的时候，挡住中心的大亮点，有点“人造日食”的意思。哈勃太空望远镜就有这个功能，这样一来，被类星体的光芒掩盖的周围部分就可以看清楚了。

图19－2　遮挡住中心强烈的辉光，终于看到了宿主星系

人们发现，原来类星体就是个活动星系核，过去是因为中心太亮，导致周围星系盘子被光芒掩盖看不到，现在终于观察到了宿主星系（图19－2）的结构，类星体能源之谜基本上揭开。结果当然不出所料，星系核心的超大黑洞在疯狂地吸收周围的物质，周围的气体和尘埃变成了一个吸积盘。吸积盘长相类似于土

星的光环，但是这个吸积盘可比土星环狂暴多了，物质围绕着黑洞高速旋转，有的物质掉进去，我们自然是什么都看不到了。还有很多物质在绕着黑洞旋转的过程中相互摩擦挤压，释放出了巨大的能量，质量转化成能量的效率要比恒星高得多。旋转的吸积盘形成了相对论性喷流，沿着整个黑洞和吸积盘的南北两极喷射出去，假如喷流正对着我们，我们就可以看到一个明亮的大光点（图19－3）。

图19－3　M87星系的喷流长达5000光年

还记得旋转黑洞的克尔解吗？那些在讲座上昏昏欲睡的天文学家们，现在要抓紧时间拼命恶补旋转黑洞的计算问题了，计算相对论性喷流恐怕是离不开克尔的计算方法的。当然啦，还有人怀疑这是彭罗斯过程和米斯纳超辐射在捣鬼，不过大部分人还是相信相对论性喷流才是正解。

过去物理学家信誓旦旦地说存在黑洞这玩意，天文学家都不信，因为这东西谁都没看到过，黑洞不过是理论物理学家的计算结果。现在完全颠倒过来，天文学家们都拍胸脯说存在黑洞，物理学家们反倒狐疑起来，这东西真的够黑吗？信息不守恒怎么破？一系列挠头的问题在困扰大家。因此霍金甚至说：这东西应该叫“灰洞”，并不完全乌漆墨黑！

在2015年2月26日出版的国际顶级科学期刊《自然》上，“研究快报”栏目刊出一篇论文，名为《一个红移6.3、有120亿倍太阳质量黑洞的超亮类星体》。中国团队发现了一个距离我们一百二十八亿光年，亮度达到太阳四百三十万亿倍的类星体，中心黑洞的质量也达到了一百二十亿个太阳的惊人数字，这也成了当时发现的最明亮、最遥远、中心黑洞质量最大的类星体。

我国过去长期缺乏大型观测设备，望远镜口径有限，观察这么遥远的天体需要下一番工夫。我国的年轻团队对比了国内两米口径望远镜的观察数据，以及美国六点五米的多镜面望远镜（MMT）和八点四米大双筒望远镜（LBT）的数据，发现只要方法得当，两米级别的望远镜，还是可以用来观测类星体的。他们利用丽江口径二点四米望远镜，发现了几个红移在6以上的天体，之后又申请调用国外三台大望远镜的观测数据，最终确认了一个黑洞质量最大的类星体，这家伙比以前发现的那些高红移类星体的质量和亮度都要大四倍。

遥想当年，宇宙诞生也不过才九亿年，如何能生长出如此巨大的黑洞？按照我们过去的理论，超大黑洞也是从小慢慢成长，后来越吃越大的，现在看来时间不够，起码对这个一百二十亿个太阳质量的大家伙是肯定不够的。后来黑洞的记录又被刷新，一百八十亿倍太阳质量的黑洞也被发现了，这就更加说明，必然有一种机制，可以超越恒星级黑洞直接形成超大型黑洞。早期可能直接形成了质量达到数十万个太阳质量的“相对论星体”，该星体会因其核心产生扰动而开始出现不稳定状态，可以在没有形成超新星的情况下直接塌缩成黑洞。当然，这要积累更丰富的观测数据才能了解得更多，现在还只能在大型计算机上进行模拟计算。

我们看到的这些遥远的类星体，都是宇宙早期的情景。因为离得越远，光跑过来花的时间也就越长，宇宙早期十亿年左右发生的事，现在刚好被我们看到。我们看到的类星体都是活蹦乱跳生机勃勃的，毕竟那是万物初始的时代，超大黑洞那时候有的是东西可吃，因此发射出了强烈的喷流，但是银河系中心的那个超大黑洞已经饿了好久了，周围的东西早都吃光了，偶尔有什么东西路过被吃掉，还能看到银心黑洞“打个饱嗝”——发生一次闪光。专家们预言：2013年会有一大团名叫G2的云气路过银心，应该会发生一个大爆发。哪知道后来一直很平静，银心黑洞并没有半路打劫，说好的大爆发并没有到来，看来G2还真是幸运。

图 19－4　绿色鬼魅般的汉尼天体

在2011年，哈勃还看到一个神秘现象，那就是汉尼天体（图19－4）。其实汉尼天体2007年就被人发现了，是一团神秘的绿色云团。国际上有个项目叫做“星际动物园”，在网上召集大群的志愿者来对“斯隆数字巡天计划”积攒的星系进行分类，荷兰教师汉尼幸运地发现了这种神秘的绿色云团。后来经过研究，这种云团就是被喷流探照灯照亮的一团云气。

这个喷流在二百万年前就灭了，但是汉尼天体依然有余晖存在，而且还能看得出，上面有一大团阴影，这是怎么回事呢？这是当年类星体还在活动的时候，喷流被一团云气给挡住了，留在汉尼天体上的影子。就像电影放映的时候，小朋友总喜欢伸手做个手影投射在银幕上一个道理。后来又经过精细研究，大家发现这一片发光的云气其实是一大块云气的一小部分，因为当年那个类星体喷流就像个探照灯，仅仅喷到了很小一块地方，这块云气总大小有三十万光年上下，就是当年两个星系合并的时候互相撕扯留下的气体尾巴。

从这个尾巴的形状来看，两个星系在引力的作用下跳起华尔兹，周围的气体也被挥洒得如同飘舞的彩带，加上中心喷流照亮的部分，显得鬼魅般神秘。最后两个星系合并成一个不规则的星系，两个星系核中心的超大黑洞也相互围绕旋转，辐射出一阵阵的引力波，直搅得周天寒彻。喷流熄灭以后，汉尼天体仍然会有余晖（图19－5）。据推测，我们的银河系与仙女座大星系在四十亿年以后合并之时，周围也会有一大团绿色发光气体包围着我们，也不知道那时候的夜空是何等情景。

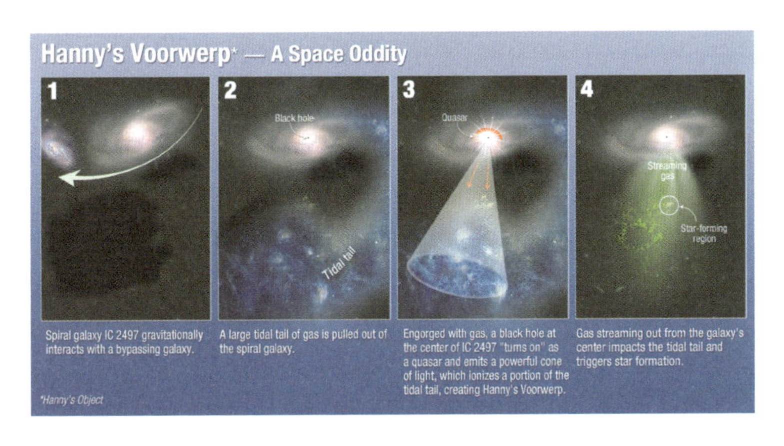

图19－5　汉尼天体的形成

类星体的红移量非常大，根据红移推测，它们的退行速度达到了光速的几分之一的样子，这已经是很了不起的高速了。类星体的喷流即便发现超光速现象也不新鲜，例如在1972年，美国天文学家就发现类星体3C120的膨胀速度达到了四倍光速，还有人发现类星体3C273中两团物质的分离速度达到了九倍光速，而类星体3C279（QSO1254－06）内物质的运动速度达到光速的十九倍。当时人们以为相对论遇到了严重挑战，后来才发现不是这么回事。其实这都仅仅是视觉现象，并不是真的超了光速，人家运动速度没那么夸张。不仅仅是遥远的类星体，在银河系内也发现了这种视觉超光速的天体。1994年，银河系中的GRS1915＋105首次被发现存在视超光速喷流，这种东西叫做“微类星体”，就是两个致密的天体相互绕着转，附带有吸积盘，跟类星体长得很像，只是规模不太上档次，所以叫做“微类星体”。一般来讲视觉超光速现象都是喷流的方向与我们的视线有个小的夹角，我们在观察喷流速度的时候，看上去会超过光速，但其实并没有发生超光速现象，只是一种视觉几何效应。

当然了，因为空间本身的膨胀不受任何限制，假如有的天体退行速度达到了光速，那么我们就看不到它们了，它们就在我们的可视宇宙范围之外了，但是真的永远不可能看见它们了吗？不一定。哈勃发现了宇宙在膨胀的直接证据，那就是在大尺度上，所有天体都在远离我们。天体的远离速度跟距离成正比，离得越远退行越快，这个距离和速度的比值就是所谓哈勃常数。之所以称常数，那就是因为不变化，但是，哈勃常数真的不变吗？不是的，“哈勃常数”并不“常”。

首先在宇宙爆炸的初始阶段，有过暴胀阶段，那一刻的膨胀速度大得吓人，远远超过了光速，后来过了这个阶段，膨胀速度就降下来了。大约到了六十亿年之前，我们的宇宙开始加速膨胀，随着时间的推移，膨胀速度是有变化的，换句话说，哈勃常数是变化过的，因此哈勃常数并不是一个“常数”。我们现在可视宇宙的大小，就是当前哈勃常数的倒数，再远的区域，我们看不到了。假如在这个区域的边缘上，星系的退行速度将等于光速，发出来的光永远也走不到我们眼里，我们当然也就没法看见了。但是，如果未来哈勃参数变小了，视野范围变大了，那么原本在视野之外的天体，很可能又会重新被刮进可视范围之内。不过这只是理论上的可能性，恐怕要经过几亿年的尺度哈勃常数才会有显著变化，真是活得久才能看得见。

还有一个地方大家可能会有疑问：为啥宇宙膨胀，周围的天体都没膨胀呢？我们自己也没膨胀啊？假如大家等比例膨胀，等于没胀。

这里我们首先要理解哈勃常数的含义，天体的距离和退行的速度成正比。我们人和人之间的距离在宇宙大尺度面前，那是可以忽略不计的。两个人之间的远离速度是多大？小得几乎为0，很轻松就能被其他的力打败，比如万有引力，比如电磁力。化学结构基本上是电磁力管控的范畴，引力虽然弱小，也能够轻松克服膨胀的效果，哪怕是银河系到仙女座星系这样的距离内，引力还是占了主导地位，两者还在彼此靠拢。在超越星系团以上的更大的尺度内，引力不明显了，膨胀才能看得出来。更远的尺度内，暗能量发挥作用，宇宙开始变本加厉地加速膨胀。

我们对宇宙的了解，都是通过电磁波来实现的，但是，有些事情是属于“黑吃黑”，比如两个恒星级黑洞合并，周围又空空荡荡并没有什么东西给它们吃，因此也不会有什么喷流或者吸积盘之类的事情发生。现在对于黑洞的探测都是依靠观察外围效果，比如吸积盘啦，喷流啦，或者是恒星绕着小圈圈疯狂地转啦，都是靠黑洞对周边可视天体的影响来判断黑洞的特性的。黑洞从来也不会直接告诉我们它自己的信息，也许它告诉我们了，我们却没听见。它能告诉我们什么呢？且听下回分解……

第20章　时空涟漪

2016年春节期间，一个话题引爆了社交网络和各大新闻媒体，上至专家学者，下至科学爱好者，甚至平常与科学井水不犯河水的文艺界人士也都开始纷纷转载消息：引力波被人类发现了。一时间引力波话题成了街头巷尾的大热门，可是很多人不知道，爱因斯坦做出这个预言，其间经历了怎样的剧情大反转。

说起这事还要从爱因斯坦落脚到了普林斯顿讲起。此时的爱因斯坦已经是年过半百的人了，需要找一位助手来帮忙，他选中了一个小伙子叫罗森。爱因斯坦跟罗森合作，搞出了三篇论文，每一篇都很重要。老爱早已经过了科研的巅峰时期，即便如此还屡屡有神来之笔：爱因斯坦-罗森桥我们前文已经讲述过了；EPR佯谬则是和玻尔隔着大西洋打笔墨官司；爱因斯坦与德布罗意波和薛定谔是一伙儿的，他这篇论文引得薛定谔搞出了一个著名的思维实验——“薛定谔的猫”。本章的重点当然是他有关引力波的论文，这篇论文也是与罗森合作完成的。

早年间，爱因斯坦还在鼓捣相对论的时候，就隐隐约约地感觉到会有引力波的存在。为什么呢？因为爱因斯坦认为，这个宇宙当中，没什么信号传播速度能超光速。那么引力呢？引力的传播要不要时间呢？牛顿的体系里引力的传播是立刻到达，不需要传播时间的，或者说，牛顿发现了引力与质量和距离有关，具体关系可以用万有引力来算，但是引力是如何传递的，牛顿没工夫搭理。爱因斯坦认为：引力传播是不可能超越光速的，必定需要时间，那么显然就会以波的形式向外扩散，这就是引力波。

爱因斯坦拿到一笔经费，让他研究统一场理论，还有一部分电磁学方面的内容。当然了，他也没放弃在引力波方面的研究，他的助手罗森的合作期限快要到了，罗森对平面引力波也很有兴趣。两个人就开始研究平面引力波。万有引力定律和电磁学的库仑定律，看起来还真有那么一点像，大家都遵循平方反比规律。按照爱因斯坦的想法，他们要显示仿照电磁场的处理方式，开始构建引力场，从麦克斯韦的电磁学方程式慢慢推导，最后会变成量子化的方程。方程的一部分代表虚光子，也就是电磁力，另外一部分代表光子，也就是电磁波。方程里面隐含了一个结论，那就是光子静质量为0，凡是静质量为0的粒子，必定是以光速来运行的。这部分的东西其实已经涉及量子场论，也就是把相对论和量子力学结合起来了。

爱因斯坦知道，电磁场可以如此处理。麦克斯韦方程式是线性的，处理起来相对容易，但是广义相对论的场方程并不是线性的，处理起来极其麻烦。只有在很弱的情况下，才可以近似认为是线性的，这叫做“弱场近似”。按照这个思路，爱因斯坦就把引力场做了类似的处理，仿照电磁方程的推导方式，看看能不能推导出一个波动的解。

他与罗森两个人接着往下计算，一个老大难问题冒出来了，说白了他俩就碰上了恼人的“∞”。在物理学计算中，是需要选取坐标系的。假如坐标系选取不合适的话，会出现发散的情况，在黑洞的计算里，就遇到过这样的问题。所谓黑洞表面，也就是视界事件上，也会出现发散的情况，但是通过坐标变换，就消除了发散。在史瓦西黑洞的中心有个奇点，这个奇点是无论怎么坐标变换，都没法消除的。

爱因斯坦当然懂这个道理啊，他跟罗森在计算引力波的时候，也碰上了这个问题。这奇点到底是能消掉的呢，还是消不掉的呢？你拍脑瓜也没用。所以呢，爱因斯坦和罗森这篇论文的题目就叫《引力波存在吗》，他俩认为，可能引力波是不存在的，原本认为有戏，现在看来够呛。

写完这篇文章，罗森就去了苏联基辅大学任教，这篇论文的一切后续事宜都由爱因斯坦代理了。爱因斯坦把论文投稿给了美国当时顶尖的刊物《物理评论》，以前他们有过合作。

美国人跟欧洲人不一样，他们发论文都要求背对背审稿，《物理评论》杂志的主编就给爱因斯坦找了个审稿的人。可爱因斯坦不知道，欧洲没这个习惯。《物理评论》要打造高质量的论文期刊，一点儿马虎不得，哪怕像爱因斯坦这样的祖师爷也不能坏了规矩。果然，审稿人员挑出若干毛病，写了一大堆的审稿意见，《物理评论》的主编就转给了爱因斯坦，话说得也很客气：“您不妨先看看审稿意见再说。”爱因斯坦心里多少有些不悦，以往都是一路绿灯，怎么这一次耽搁了一个月还没消息？他看到审稿意见，当时就给《物理评论》的主编写信，表示撤稿，不发了。自己是相对论的祖师爷，还有谁能给祖师爷审核稿子？人家主编也坚持原则，这是程序啊，不能不遵守。爱因斯坦前几篇论文也没有严格的审稿，哪知道这一回通不过。坚持原则的主编也付出了代价：爱因斯坦再也没在《物理评论》上发表过文章。

爱因斯坦一转手，就把文章投递到了另一个名气较小的刊物上，叫《富兰克林研究所学报》。人家一看小庙来了尊大菩萨，马上就表示同意刊登。当时印刷排版都是铅字印刷，周期比较长，爱因斯坦就去忙别的事情了。正巧，他来了一个新助手叫英菲尔德，英菲尔德也跟随爱因斯坦搞引力波的研究。先前爱因斯坦与罗森合作的引力波论文当然他是看到过的，当时就有些狐疑，他觉得引力波应该是存在的，现在碰到的问题可以解决，但爱因斯坦毕竟是神一般的存在，英菲尔德也不太敢怀疑祖师爷，他还是接受了爱因斯坦的意见，引力波很可能不存在。

后来，英菲尔德结识了一个好朋友，此人就是罗伯逊教授。一来二去两人聊到引力波问题，这个罗伯逊教授居然侃侃而谈，清晰明了地就把问题一一点破，该选哪个坐标系，该怎么计算，三下五除二就把那个让他们头痛的问题解决了。英菲尔德一听，马上告诉了爱因斯坦，爱因斯坦这几天脑子已经转过弯了，跟罗伯逊一讨论，立马态度大反转：他现在觉得引力波是存在的。

爱因斯坦把论文的标题给改了，改成《关于引力波》，这态度是一百八十度的大反转啊！可是先前的文章已经给了费城的《富兰克林研究所学报》，人家已经开始印刷了吧？那可糟了。这要印出来那不是丢祖师爷的脸嘛！还好，《富兰克林研究所学报》送来校对稿，还没开印。爱因斯坦赶紧打补丁，幸亏没印出来，还有修改的余地，修改完了还在后边加了一句鸣谢：感谢罗伯逊教授提供了有益的帮助。罗伯逊那时候才三十七岁。

罗森后来看到发表出来的文章一脸蒙圈，怎么结论大翻盘了，爱因斯坦你反水也太快了点儿吧！罗森还是不认账，他一直不承认引力波的存在。

当年给爱因斯坦审稿的那个人究竟是谁呢？后人逐一排查下来，目标就落在了罗伯逊本人身上。后来有人去翻故纸堆，查当年的书信和单据，当年给爱因斯坦审稿的果然就是罗伯逊自己，他并没有对外透露。当然，《物理评论》的主编当时也没告诉他论文稿子是爱因斯坦和罗森写的，只告诉他是个大神级别的人物。

可事情就这么巧，他跟爱因斯坦是同事，而且后来还成了朋友。爱因斯坦当年接到审稿意见以后一脑门子官司，看都没看，要不然他早就可以发现自己的问题，何至于要等罗伯逊拐弯抹角地提醒他，审稿意见里面写得清清楚楚，你不仔细看怪谁啊？

这个罗伯逊教授，名字好像在哪里见过对吧？没错，他就是那个宇宙大爆炸模型的核心公式"弗里德曼–勒梅特–罗伯逊–沃克度规"的提出者之一，人家是那个时代少有的精通广义相对论的人之一。我们也不妨设想一下，要是英菲尔德没碰见罗伯逊，爱因斯坦和罗森那篇错误的论文发表了出去，又会是怎样一种后果？不严格的审稿对期刊或者对科学家本人来讲，都是一种伤害，对科学本身就更没有好处，这件事也多亏了《物理评论》的编辑坚持原则和罗伯逊教授的巧妙提醒。

爱因斯坦虽然算出了引力波公式，但是大部分时间都是被束之高阁的，因为引力波根本没有办法来检测，一般的天文事件发出的引力波微乎其微。比如太阳系最大的行星——木星绕着太阳旋转，在这个过程中会不断辐射出引力波，那么质量达到地球质量三百倍的木星到底辐射出多大功率的引力波呢？大概也就五千瓦左右，约等于三个烤箱的功率，太微弱了。木星公转一周大约需要十二年时间，在那么广袤的空间里，检测一个周期长达十二年的微小波动是根本不可能的，即便是现在也难以做到。

要想检测引力波，那有两个条件：首先是频率不能太低，像木星这样的转一圈需要十二年，恐怕没人耗得起。年纪轻轻的研究生投身引力波观测事业，仅仅测几个周期就已经到了退休年龄，这恐怕不行。还有一条就是强度大，微弱的引力波动很难检测到，能符合这个条件的，只有中子星和黑洞了，也就是高密度天体。大质量恒星塌缩成中子星或者黑洞的时候，发出的引力波微乎其微，完美对称的过程都不会产生引力波。要产生引力波，就要靠不对称的东西，两个天体相互围绕旋转是个不错的选择。

图20-1　韦伯的实验装置

实际去探测引力波，第一个吃螃蟹的人是韦伯（图20－1）。他搞了个铝制的大圆柱，圆柱上布满了感受应力的晶体。引力波是个横波，那么这个圆柱在引力波的扭曲下，会产生变形，晶体就能收集到这种信号。但是引力波非常微弱，而且引力波很难变成其他能量。相比之下，电磁波就很容易变成其他能量，很容易探测，电磁波也比引力波强得多，强度大了几十个数量级，因此韦伯探测引力波的难度非常大，热噪音就足以淹没微弱的信号。而且引力波探测器仅有一个肯定不行，那样的话没有办法排除外界的风吹草动，走路的脚步振动、机器振动等都会引发虚假信号。起码要有两套实验装置，分置于两地，相距越远越好，这样就可以排除掉很多干扰。实验装置A处有人跺了一下脚，千里之外实验装置B旁边总不会那么巧也有人跺了一下脚吧！两地实验数据对比一下，很容易排除这种噪音。韦伯就用了两个实验装置，突然有一天他发现接收到了神秘的信号，他大喜过望，可是这种信号后来再也没出现过。孤证不立，这不算数，别人也无法重复他的发现，起码要几次重复才算能确认的确是有效的信号。看来这个办法不灵，以二十世纪六十年代的技术水平，也确实不够用。科学家们在各地建造了若干个相同原理的实验装置，都没有什么收获。此后，探测引力波的实验又一次沉寂下去，一点进展也没有。

到了二十世纪七十年代，可算有了一点进展：脉冲星被发现了。这个脉冲星就是传说中的中子星，脉冲星密度极高，后来又发现了脉冲双星，两颗高密度的中子星，相互围着旋转，速度非常快，它们辐射出来的引力波非常强。我们的宇宙里有个基本的法则："出来混，总要还的"，能量守恒总要遵守，一部分能量随着引力波辐射出去了，那么脉冲双星的总能量就要降低，轨道就会变小，相互就会越靠越近，直到最后撞在一起。既然如此，我们可以来算算每年这两颗星靠近多少，周期有什么样的变化。

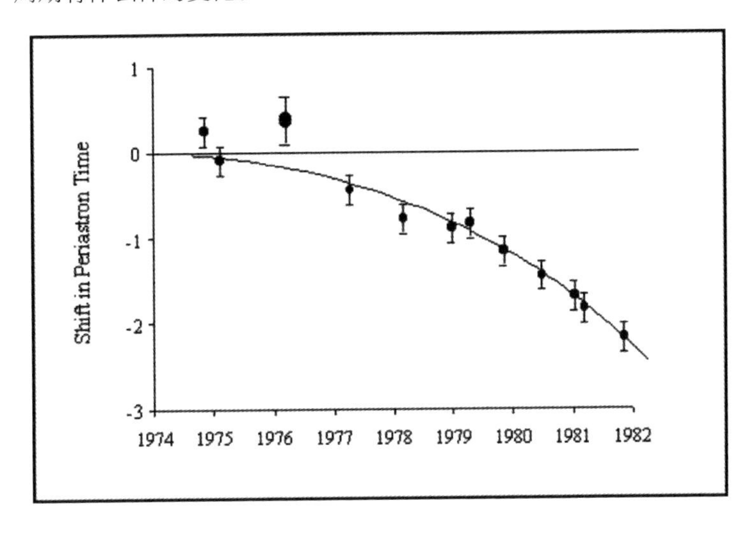

图20－2 数据与预测吻合得非常好

1974年美国科学家泰勒和赫尔斯利用引力波的公式计算了一下能量的损失状况，两颗星每年相互靠近三点五米，轨道半径逐渐变小，周期将会变慢76.5微秒。那好吧，现在可以看看计算与观测结果是不是能对上茬。他们两位花了三十年时间，仔细观测了这一对双星，发现观测结果跟引力波的计算是完全相符的（图20－2），这是关于引力波的第一个靠谱的观测证据，是个间接证据。1993年，泰勒和赫尔斯获得了诺贝尔奖，以奖励他们对脉冲双星的研究。人家“炸药奖”委员会只字不提引力波，因为引力波还没被直接观测到。说话严谨低调，滴水不漏是诺贝尔奖长盛不衰的秘籍之一，正因为他们严谨的态度，诺贝尔科学类奖项常年保持了很高的公信力。

接下来我们不得不再一次提到基普·索恩，这个计算出可穿越虫洞的家伙在引力波的探测方面也扮演了重要的角色。二十世纪七十年代，索恩是加州理工最年轻的物理学教授，和老师惠勒以及米斯纳一起写了《引力论》，这本书后来被誉为“引力圣经”。就在那个年代，索恩碰上了麻省理工的赖纳·韦斯，他提供了一个想法，就是利用激光干涉仪来探测引力波。两个人一拍即合，立马开始去四处去忽悠人忽悠钱，没钱那是万万不能的。索恩说服了加州理工掏钱支持引力波探测项目，后来又把美国国家科学基金会也拉了进来。二十世纪九十年代的时候，引力波探测项目还是科学基金会资助的最大的一个项目。仅仅有了钱不行啊，还要招揽人才。大门向全世界开放，各国都有科学家参与，现在"激光干涉引力波天文台（LIGO）"已经发展到了几千名员工，大批科学家参与其中。索恩也很擅长向公众普及科学知识，因为现代的大型科学项目离不开普通老百姓的支持，假如没有深厚的群众基础，投资人也就没那么热心，不管是大学还是国家机构，掏钱的时候都没有那么大方。索恩深谙此道，他写的科普书也很畅销，总是能够深入浅出地讲明科学道理。退休以后，索恩仍然不闲着，还担任了大片《星际穿越》的科学顾问，成了好莱坞的"非著名演员"。老头当年也很乐观，他预计1980年就能探测到引力波，但是迎来的是一次又一次的失望。在有生之年能不能看到引力波被探测到，谁也没有这个把握。

索恩牵头推动的LIGO是一个大型的激光干涉仪，说白了就是当年迈克逊干涉仪的放大版：两条相互垂直的臂，激光束在里面穿行若干次，最后形成干涉条纹。假如引力波来袭，光路有一丝的拉长缩短，干涉条纹就会偏移，就可以被仪器检测到。一般来讲，高精度的观测都是利用光的干涉，因为光的波长很短，稍有变化，干涉条纹上就能看出来。

LIGO观测所拥有两套干涉仪（图20－3），一套安放在路易斯安那州的利文斯顿，另一套在华盛顿州的汉福。在利文斯顿的干涉仪有一对4千米长的臂，而在汉福的干涉仪则稍小，只有一对2千米长的臂。

图20－3　两套干涉仪相距约3000千米

这两套LIGO干涉仪在一起工作构成一个观测所，这是因为激光强度的微小变化、微弱地震和其他干扰都可能看起来像引力波信号，如果是此类干扰信号，只会记录在一台干涉仪上，另外一台不会受影响。而真正的引力波信号则会被两台干涉仪同时记录。所以，科学家可以对两个地点所记录的数据进行比较得知哪些信号是噪声，还可以利用两台干涉仪的数据来推断信号来自何处，这也算是一种甚长基线干涉测量。

LIGO从2003年开始收集数据，它是目前全世界最大的、灵敏度最高的引力波探测器，光束要在管道里面来回反射四百次，4千米的长度等于变成了1600千米。LIGO工作了一段时间，一无所获，因为灵敏度还是不够高，后来大家又花了好几年来升级设备。然后，刚一开机，还在调试阶段，就“Duang”的一声来了个强信号。经过简单的滤波，大家肉眼都看得出来，这是个明显的震荡信号，引力波信号来袭的时候，会不断拉伸扭曲激光的光路，这样光路就会不断变长变短，哪怕变化仅有一个质子直径的千分之一，也会被察觉到。果然这运气不是一般的好啊！

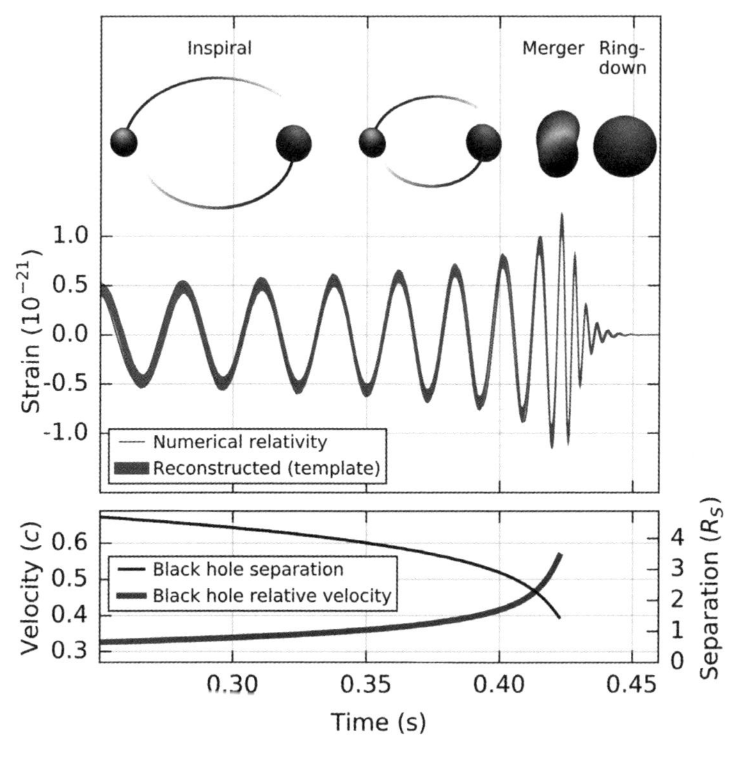

图20-4　GW150914信号

2015年9月14日北京时间17点50分45秒，LIGO位于美国利文斯顿与汉福德的两台探测器同时观测到了GW150914信号（图20－4）。从信号波形来看，它俩越转越激烈，最后“Duang”地撞到一起，合并成为一个更大的黑洞。开始黑洞还不太圆，估计像个花生的形状，只要旋转的物体不圆，就会辐射出引力波，这个痕迹在干涉仪接收到的波形上能看出来。随着引力波不断地辐射出去，黑洞也变成了完美的对称形状。这时候，引力波消失了，一个完全对称的旋转黑洞是不会有引力波辐射的，原本两个黑洞所携带的角动量也合并了。角动量是守恒的，即便是合并了，角动量也不会消失。只用了零点二秒的时间，一个三十六倍太阳质量的黑洞和二十九倍太阳质量的黑洞，就这么合二为一了。瞬间辐射出的引力波包含的能量就相当于三个太阳质量，瞬间辐射功率超过了我们看得见的满天繁星的总发光功率。合并前他们速度达到了光速的零点六倍，这对宏观天体来讲，那是相当厉害了。

此刻，科学界对引力波给予高度的评价！还是要说爱因斯坦他老人家英明神武，总有神来之笔，也要庆幸多亏了罗伯逊及时点破，避免了老爱晚年再犯一个错误。索恩老爷子可算是喜上眉梢了，引力波的发现可以说是达到诺贝尔奖级别的重大成果。让我们祝愿索恩老爷子身体健康，因为诺贝尔奖反应慢是出了名的，等待几十年的大有人在，去世的人不予考虑也是他们很重要的原则，看来寿命长才是王道啊！活久见！

2016年6月15日，在圣迭戈美国天文学会第228届年会上，LIGO科学家宣布第二次探测到了引力波事件。经过几个月的数据处理与确认，2015年12月26日LIGO和VIRGO合作组织的科学家收到了一份圣诞大礼：又听到了一声“Duang”，来源还是黑洞的合并。一个八倍太阳质量的黑洞和另外一个十四倍太阳质量的伙伴合并了，产生了一个二十一倍太阳质量的黑洞，剩下的能量伴随引力波辐射了出去。由于这两个家伙比上次发现的要小，因此“二人转”的时间也更长，科学家们可以好好地欣赏一下它们的表演。看来成双成对的黑洞基友还真是不少啊！

LIGO的成功，别人都眼馋，欧洲各国都在搞引力波探测计划，日本也不甘落后。英德两国搞了个GEO600探测器，干涉臂长六百米；法国与意大利联合搞了个VIRGO探测器，臂长3千米；日本先前有个TAMA300探测器，臂长仅仅三百米，显然是拿不出手，后来他们也开始建造大型的KaGRA引力波探测器，如今已经进入调试阶段。LIGO和印度合作，还想在印度开一家“分号”，把一部分设备搬到印度去，搞一个LIGO-India的引力波观测站。

地面上这种几千米长的干涉臂对于100赫兹的信号最敏感，因此观察黑洞合并特别擅长。要观测慢速绕转的致密双星就不赚便宜了，因为频率太低，需要很长的干涉臂，还要放到太空里去搞。于是欧美搞了个LISA计划，想放到拉格朗日点上进行探测，在那里可以安安静静地探测引力波。无奈地主家也没有余粮，最后搞了个缩水版的eLISA计划。

我国最近开始关注大科学工程，引力波又是热门话题，所以我国也开始搞引力波探测项目，例如天琴计划。太空里的探测器和地面上的探测频段不一样，太空里面探测0.01赫兹到0.0001赫兹的频段比较合适，也就是双中子星绕行的频段，天琴计划就是针对这个频段的。天地之间的探测器是互补合作的关系，将来全球的探测器组网，对于精确的定位也有好处。现在定位很粗略，只能大约判断一条狭长的带，具体位置还是不太清楚。

要说引力波在科学上的意义，首先是爱因斯坦预言的引力波总算被发现了，更进一步证明了广义相对论的正确性。其次是有关黑洞方面，以前我们总是推测，在星系中心有一颗超大质量的黑洞，因为那么小的范围内，有上百万个太阳质量集中在那里，想来也不可能是别的东西，但是仍然是间接地推测。这次是直接地观测到了两个完全不发光的天体发生的一次合并，完全是一次“黑吃黑”的行动。黑洞直接向我们述说了当时所发生的一切，这一次我们听到了，我们并没有靠电磁波，靠的是时空的涟漪——引力波，这是一场天文观测的革命。

我们还关心一个问题，中子星上有山脉吗？假如中子星上面有几厘米高的山，外形就不是对称的，旋转的时候也会辐射引力波，我们观测它的引力波就能了解到中子星上的地形状况。

超弦理论号称“万有理论最靠谱的候选者”，弦论总是很玄，普通人都不好理解，即便是专业人士也不见得能完全搞懂。有人说，在宇宙早期相变过程中，可能产生极细却达到宇宙学尺度的长度的“宇宙弦”，就像耳机线，你不理它，它自己就会变得乱七八糟的。宇宙弦也会自己变成一团乱麻，万一在哪里断了，也会搞出引力波。宇宙弦还会折腾出“闭合类时线”，这可是彭罗斯与霍金很不喜欢的东西。到底存不存在宇宙弦呢？比较玄，我们不妨耐心去倾听一下，看能不能发现宇宙弦断裂的“咔吧”声。

在理论方面，还有个大家不太注意的地方，那就是有关引力子。引力波在真空里可以任意穿行，必定是符合波粒二象性的，也就是说，既是波又是粒子。光是电磁波，但是同时也是光子，以此类推，引力波既然是存在的，那么引力子也必定存在。尽管到今天为止各种引力场量子化的理论还都不完善，但是目标值得去追求。引力波本身的计算也还不是很完善，现在传到地球的引力波都非常微弱，这种非常微弱的引力波，是可以做线性近似计算的，依靠“弱场近似”还可以对付，要是非常强的引力波，那可是一个头两个大。要是我们碰上非常强的引力波该怎么观测呢？告诉你吧，其实根本不用操那个心，也没工夫操心了，因为如果碰上非常剧烈的、波长又很短的引力波，我们会瞬间被撕碎，一切都OVER了。

只要时间够长，什么稀奇古怪的事情都能碰上，时间真是神奇的东西。但是，最难回答的一个问题，反倒是针对时间本身的：时间是什么？没人说得清。老话说“一寸光阴一寸金”，要想了解这个我们平常都很熟悉、但是又没人能真正讲清楚的东西，看来还需要费一番周折。这本是哲学家讨论的话题，物理学家们是怎么掺和进来的呢？欲知后事如何，且听下回分解……

第21章　时间去哪儿了

古希腊的哲学家曾经说过："时间这东西，你不问我，我明白着呢，你一问我，我就迷茫了。"我国先贤倒是没直接描述过时间是什么，不过孔老夫子倒是说过一句："逝者如斯夫，不舍昼夜。"就是说时光是永不停息，昼夜不断地流逝着，这说明，孔老夫子深刻地认识到了时间的单向流动性质，时间似乎是不可逆的。

牛顿牛老爵爷也有类似的看法。牛顿认为时间是均匀流淌的河流，永远不会停留，时间是绝对的，空间也是绝对的，这就构成了牛顿的绝对时空观。不过呢，莱布尼茨就跟牛顿的想法相反，莱布尼茨认为：时间不过是一种感受而已，时间其实就是不断发生的事件的罗列。

牛顿和莱布尼茨的观点针锋相对，到底谁对谁错呢？时间到底是什么？这个问题到现在也不太好回答，因为时间是个说不清的概念，就真的如古希腊那位哲学家讲的：你不问我，我明白着呢；你一问我，我就答不上来了。

记得有个有关于哲学家的段子，说的是调查人员去问哲学家一件事的真相如何，当时发生了怎么样的一件事。这位哲学家就开始掉书袋，他说"真相"这东西很复杂的，按照"经验论"的说法怎样怎样，按照"唯理论"的说法又是怎样怎样。调查人员火了，他们不是来听哲学理论的，快说当时真相究竟如何。哲学家说："真相已经不见了。"调查人员顿时觉得脊梁沟发凉，真相怎么会不见了呢？哲学家说了，真相要是还在那里，你自己去看，你来问我干啥？真相已经流逝了，不见了。调查人员觉得好像也是蛮有道理的，他们又问："真相要是不见了，那该怎么办啊？"哲学家说："没关系，真相虽然已经随时间流逝过去了，但是，记忆还在，现在还剩下有关真相的某种记忆。"调查人员赶紧问啊："有记忆也行啊，你快说。”哲学家说：“对不起，我记性不好全忘了。”

这个哲学家的段子表达的到底是什么意思呢？说的就是时间的不可逆性。历史真相之所以难以查明，就是因为时间是单向不可逆的，没有办法像磁带一样倒带回来重放。对于空间长度来讲，好办，两段长度是否相等，你可以来回比对，中学物理课都讲过要测量多次取平均值，因为在空间维度里可以任意移动，你把尺子凑过去一对比就知道是不是一样长。可是时间行吗？时间是没法比对的，你不可能把已经过去的一分钟揪回来，和还没到来的一分钟放在一起做对比。你怎么知道时间是均匀流逝的呢？压根就不知道流逝的每一分钟是不是真的一样长，这就叫做“相继时间段的相等”问题。

那么我们是靠什么办法来感知和测量时间呢？说白了，是靠周期性运动来计量的。我们看到的时间其实是日升月落，是影子由短变长，又由长变短。看到时钟在滴答作响，接收到电磁场在不断震荡。我们看到了某种周期性，就用这种周期性来当做时间的度量。那个问题仍然在困扰着我们：你怎么证明钟摆摆过去和摆回来，时间是一样的呢？这事儿麻烦了。

跟牛顿同时代的哲学家洛克已经发现，大家似乎是约定俗成默认钟摆过去摆回来时间是相等的。其实谁也没有做过验证，这东西又该怎么验证呢？好像一时半会也想不出办法来验证。哲学家嘛，点到为止，他们属于只看病不开药方。

到了近代，庞加莱写了一本书叫《最后的沉思》，你听书名字就知道，老头快不行了，这是临死之前出的书。这本书里也提到了时间问题，庞加莱说了：时间必须是可测量的，否则的话，就不属于物理学讨论的范畴。不能测量的概念，物理学无法研究。我碰上不少民科，他们往往侃侃而谈，说了一大堆只有他们自己懂的名词，当我问他们如何设计实验来验证，他们都不屑于设计实验。我说，你们有当哲学家的潜质，于是我就被他们拉黑了……

庞加莱是个数学家，是那时候数学界的泰山北斗一般的人物，他对物理学也很有研究，还是一个很重要的哲学家。不过老头到晚年，岁数大了，一生积累的感悟也特别多，所以他写的书，哲学味儿很足。他首先认为时间是可以测量的，早年间笛卡尔曾经认为，时间是个主观的东西，不靠谱，而庞加莱认为这东西一定可以测量。以前欧拉曾经有过一个想法：假如牛顿第一定律正确的话，就可以用匀速运动来做参照。中学物理课上做实验，大家都用过打点计时器。假如纸带是匀速运动的，那么打出来的点应该是均匀的，这不就把相邻时间测量的问题变成了长度测量的问题吗？我们先前那个疑问不就解决了吗？要是打出来不均匀呢？那就是打点计时器坏了，所以欧拉的这个说法仅仅可以让我们挑出一只好钟。后来很多人又发展了这个思路，不但牛顿第一定律要成立，麦克斯韦方程也要成立，那能量守恒算不算啊？好吧，能量守恒也要加上。反正有一堆的条件加上去。

但庞加莱不是这么想的，他高屋建瓴地讲了两个问题。一个就是大家都关注的“相继时间段的相等”问题，但是，还有一个问题，大家都忽视了。庞加莱的确是眼光独到，他提出了一个对钟的问题：相隔遥远的钟，怎么相互对准呢？庞加莱想到了光的各向同性，其实大家都默认了这个条件存在，但是大家都没提，只有庞加莱提出来了。光从A点到B点，跟从B点到A点，时间相同。既然光来去的时间是相同的。那么就好办了，A点发射一束光，B点放个镜子，等光反射回来，掐算一下时间，然后打对折，就是两点的时间差。B点看到A点的光信号。那么就可以对钟了。这个观点给了爱因斯坦很大的启发，他推导相对论的时候，就把这个作为初始条件给放进去了，不仅仅光一来一回速度是相同的，而且光速不变，与观察者状态无关。

爱因斯坦对这个问题怎么看呢？他开始是跟牛顿差不多，后来他的观点发生变化了。他认为，时间空间未必是可以脱离物质存在的独立客体，一无所有的时间和空间失去了讨论的意义。他已经从牛顿那一头，转到了莱布尼茨那一头了。爱因斯坦的《狭义与广义相对论浅说》里提到了这个观点，不过那是再版了十几次之后，在前言里面补上了这段话，可见这个观点形成的时间并不早。那时候爱因斯坦已经到了晚年，这种大科学家，特别是搞理论物理的，人老了，搞不动了，去搞搞哲学的沉思也不错。他的思想太深奥，所以呢，他写的这本书不通俗。科普书籍需要深入浅出，而爱因斯坦老先生深入下去就难以自拔，他无法做到“浅出”，所以他写的普及读物，普通人读着依然费劲。

现在物理就是顺着这个思路走的，没有物质，那么时空将变得没有意义。可是这条路是那么崎岖和艰难，未来的统一场理论也不可避免要解决这个问题，但是到目前为止，还没有完全靠谱的理论。常有人问：大爆炸之前是啥样子？标准回答是：大爆炸是时间和空间的起点，因此谈不上以前。有人问宇宙外面是什么啊？标准回答是宇宙包含了所有的时间和空间，没有外边。这种答案总是让人不满，这不等于啥都没说嘛！

有关时间的问题非常重要，所以我特别留到最后才来讲。前面讲黑洞的时候，留了个话题，那就是彭罗斯证明了奇性定理，他是如何证明宇宙里面必定存在奇点的呢？时间跟奇点又有什么样的关系呢？这要从宇宙的因果性谈起了。

我们所在的宇宙，因果性应该是不错的，因此我们才可以坐而论道，才可以研究深奥的哲学与理论物理学。因果性的重要前提就是时序不能乱，时间不就是一系列事件的顺序排列嘛！那么这一大串的事件必须保持井然有序，不能乱来，因此像穿越回到过去这种事就要坚决避免。穿越回去杀死自己祖父祖母之类的事情，不仅仅在伦理上不行，物理上也一样不行。还记得哥德尔算出来的闭合类时线吗？那东西是坚决要杜绝的。

哥德尔设想：假如整个宇宙都在旋转，那么就会形成一个超大的闭合类时线。还记得我们描述过的吗？早上八点钟离开家，出门以后去了张庄、李庄和马家河子，向前一直走，没有走回头路，却走回了早上八点钟的自己家。这条奇怪的路径不仅在空间上是闭合的圈，在时间上也是闭合的圈，就是一条四维时空里的闭合曲线，这种路径假如可以存在，那么岂不是天下大乱？

好在哥德尔计算出来的那个闭合类时线是个“超大”的闭合类时线，长度恐怕早已超出了人类的生存时间，更别说人的一生了，绕着宇宙一圈没个几千亿年下不来，人类反正走在半路上就已经灭亡了，后边的事也就犯不上操心了。但是短时间内就能循环的闭合曲线让人很不爽，彭罗斯提出“宇宙监督者”假设就是针对这是个问题。

仅仅凭着我们的常识来判断因果性好坏是不够的，需要列出几条标准，这都是依据物理学原理提出来的：

1. 编时条件：假如一个宇宙没有闭合类时线，这就叫“编时条件”。事件发生的前后顺序不能乱。

2. 因果条件：不可以存在闭合的因果线。这比编时条件要求严，亚光速的不能回到过去啊，等于光速的也不能回到过去，光子也不行，否则就可以现在给过去打电报剧透，这怎么能行？

3. 强因果条件：因果线不闭合，两头挨得近也不行。测地线可以弯得乱七八糟，但是要谨防线中间出现擦碰短路。

4. 稳定因果条件：受到扰动，类时线一会儿开一会儿闭，整个一个接触不良，那不行。不管多大扰动，这根线也不许出现中间擦碰短路的情况。

当然因果性最好是“整体双曲”，存在“柯西面”。史瓦西黑洞的因果性相当好；带电黑洞还算不错，达到稳定因果条件了；克尔黑洞比较差，奇环附近有闭合类时线不说，奇环本身还是个哆啦A梦的任意门，可以穿向另外一个宇宙，这玩意的因果性显然比较差。当然，因果性最差的是大话西游里面的那个时空，被“月光宝盒”搞得乱七八糟。

彭罗斯是怎么计算的呢？其实还是带着拓扑学的思路下的手，从两边着眼，一边是空间的弯曲形状，一边是能量。我们把质量也折算成能量来看待，从空间弯曲的情况来计算。我们所在的宇宙，假如宇宙的因果性很好，必定不存在共轭点，但是从能量角度去计算，假如宇宙里面有一点物质，而且爱因斯坦方程式正确，那么必定存在“共轭点”。一个空无一物的时空是没意义的，我们的宇宙毫无疑问是有物质的，那么我们的宇宙必定存在共轭点啊！你要非跟爱因斯坦过不去，那么就啥都别谈了。

到此为止，这两边算出矛盾来了：按照时空形状和因果条件来算，必定不存在“共轭点”；按照能量物质来算，必定存在“共轭点”。这该怎么办呢？彭罗斯说：好办！快刀斩乱麻，让测地线断掉就是了。自由自在，不受引力之外其他作用力的物体在四维时空里面走出来的路径，就是测地线。那么这个物体必定走不到共轭点，半路就断掉了，就完美地解决了这个矛盾，这就是拓扑学的思路。那这个路径被什么截断了呢？答案是奇点！

所以，难怪俄国人看到彭罗斯的文章以后脑子发懵。奇点不是黑洞里面那个空间无穷弯曲的地方吗？怎么在这里跑出来了！你以为你可以在宇宙里无忧无虑地一直飘着吗？错了！总有一个陷阱在等着你呢。假如一根四维时空的测地线，两端可以无限延伸，那么必定意味着时间可以是无限的，没有开端也没有结尾，但是假如一个测地线必定跑到一半会断掉，那么时间也就不是无限的了。要么有开头，要么有结尾，要么两个都有。

当然也有人会要赖，你不是说必定有奇点吗？好啊，我把奇点附近的时空给挖个洞，连奇点全部挖掉，构造一个特别的时空，这下不就没有奇点了吗？彭罗斯当然防着你这一手呢，所以奇性定理并不是简单地把奇点定义为曲率无穷大的点，而是定义成了时间开始或者结束的地方。你挖个洞，测地线仍然会断掉，你只要把这个坑补上，奇点还会出来，根本绕不开。

彭罗斯的证明很精彩，也很巧妙，他是数学家转行来研究理论物理学的，因此数学上玩得特别漂亮。但是，麻烦结束了吗？恐怕还没有，因为物理学向来“按下葫芦起来瓢”。

假如你的理论与实验结果不相符，那么有可能是实验不精确导致的，不一定是你的理论有问题。假如你的理论与麦克斯韦的方程组矛盾，也可能是麦克斯韦错了，你也有可能是对的，尽管麦克斯韦的方程组是数学严密的推导出来的。但是，你的理论要是与热力学定律矛盾，那么纯属自己作死，肯定是你错了！

说来也怪，广大的物理学家们对这几条定律的信任程度，远超过了那些经过漂亮的推导而得出的结论。这几条定律堪称是宇宙基本法则，让我们来重温一下这几条定律：

1. 第零定律：若两系统分别与一系统处于热平衡态，则这两个系统之间处于热平衡态；

2. 第一定律：能量守恒定律；

3. 第二定律：熵增定律，绝热系的熵只增不减；

4. 第三定律：不可能通过有限次操作把物体的温度降到绝对0度。

奇点附近，你去计算好了，温度弄不好就是绝对零度，要不就是无穷大。按照热力学第三定律，你不可能通过有限次操作使温度降到绝对零度，当然，你也不可能通过有限次操作把温度升高到无穷热，可是你要是一算奇点，这两个家伙就冒出来了。彭罗斯所说的宇宙监督者，很有可能就是这个“热力学第三定律”，这一条基本上就会防止物理学家们搞出一个把宇宙弄得乱七八糟的理论。

热力学第一定律就是我们熟悉的能量守恒定律，我常说“出来混，总要还的”，这也是本宇宙的基本法则，能量总是从一种形式转化成另外一种形式，但是不会变多，也不会变少，总是守恒的。那么能量守恒与时间又有什么关系呢？你想想钟摆啊，摆过来摆过去，势能变成动能，动能变成势能，周期性的状态变化就依赖于能量守恒定律。能量守恒似乎在暗示着，很多过程是可逆的，就像钟摆一样。牛顿的力学描述的物理世界是那么确定，过程可逆也没什么新鲜的。

牛顿力学看起来非常可爱，是那么的靠谱，一切都是可预测的。我们知道一个物体现在的信息，就可以推算出未来的轨迹，也可以倒推过去的轨迹，简直是前知五百年，后知五百年啊！铁口直断赛过小神仙。只要信息不缺失，没有什么是无法预料的，直到碰上了……额——三体问题！

地球人都知道，三个天体在引力作用下相互影响，它们的轨迹是没有办法计算的。三体问题用牛顿力学来计算，是找不到一般性解法的。至此，我们突然发现，仅仅添加了一个球，牛顿力学就给“跪”了。不！不仅仅是牛顿力学，我们手里威力无比的数学工具微积分居然力不从心了！

1963年，美国的气象学家洛伦茨在研究大气中的热对流的时候，开列了一个微分方程组。但是他发现，这个方程组输入的数值即便在误差范围之内，结果也会大幅度偏离。这个方程式似乎是不听话的顽童，结果难以琢磨。为什么呢？因为这不是一个线性的方程，大家知道为什么科学家见到非线性方的玩意儿立刻就一个头两个大了吧？简单的因素可以导致极其复杂的结果，而且还无法预料。随着我们对科学研究的深入，迎来的不是一片清明，而是无穷的混沌。一只蝴蝶摆动翅膀，会引起一场飓风，就是对混沌效应最为形象的表达。

要是热力学和统计物理的前辈高人玻尔兹曼知道后来的混沌理论，恐怕会在一边“呵呵”。你们才发现啊！热力学里面每个粒子的轨迹都是没办法计算的，算不出来简直是家常便饭。这东西只能依靠宏观统计，玻尔兹曼吃的就是这碗饭。热力学第二定律才是王者中的王者，我们宇宙中最神秘的统治者，就是这个“熵”。

最开始，熵是个热力学的概念，热力学大发展恰恰是在蒸汽机时代，那时候很多人对永动机特别感兴趣，后来能量守恒定律被发现了，直接判了第一类永动机的死刑。想要“不劳而获”，凭空多出来能量，门儿都没有。于是一帮人想到了第二类永动机，他们设想：海水是有温度的，也含有热量，如果水温降低一度，释放出来的热量就多得用不完了，这也可以算是第二类永动机，虽然不是永远动下去，但我们不贪心，一辈子够用也就差不多了。可是，热量都是从温度高的地方流向温度低的地方，想要倒过来，人家海水不干，凭什么把自己的热量白白送给你啊？你必须时时刻刻保持比海水的温度还低才行。保持低温耗费的能量远比从海水里获得的能量多得多，这是一笔亏本的买卖，于是第二类永动机又破产了。也不知道当年爱因斯坦在伯尔尼的专利局里枪毙过多少永动机的设计。

为什么热量只能从高温的物体流向低温的物体呢？背后就是熵在起作用。一杯水很热，屋子里周围空气很冷，这个状态中熵值比较低。屋子里温度很平均，水的温度和空气温度都一致，达到热平衡。这个状态中熵值比较高，于是屋子里的总状态就会自动自觉地从低熵态往高熵态转化，你就会看到热水里的热量逐渐扩散到了整个屋子里，最后达到热平衡。

熵一开始仅仅是热力学里面的一个概念，但是后来就不限于热力学了。说来也好理解，在我们的世界里，有些事情总是自然而然地发生的，有的事情却很费力气；照片和绘画的褪色是自然而然的事，它们从来也不会自动自觉地越来越鲜艳；一个耳机线你随便放在包里，不多久就会乱成一团；家里的杂物也总是越变越乱，除非花心思去整理；假如说瓷器店里闯进一头大象，店主会哭晕在厕所里。这一切都是单向的。事物往往是变混乱容易，变整洁有序很难，这是为什么呢？背后还是熵。

热力学第二定律告诉我们，宇宙作为一个封闭的系统无可避免地从有序走向无序，熵也在不断地增大，这是不可逆的。因此大家怀疑，时间与熵有着某种联系。这一条足以让"时间旅行"的拥趸断了念想，想跟热力学定律死磕吗？还是死了这条心吧。

那么时间能不能全局性倒流呢？有人说，现在的宇宙是从一个体积无限小，温度无限高的点爆炸出来的，随着体积的扩大，温度不断降低，这个过程是完全封闭的，没有能量散耗，也没有外部的能量输入，因此是符合热力学里的"绝热系"的。那么现在的熵增与体积的膨胀一致，假如我们的宇宙中物质比较多，最终会从膨胀变为收缩，宇宙开始收缩以后，是不是熵增这个规律会被打破变成熵减呢？刘慈欣在小说《时间移民》的第一章里，通过人物丁仪的口煞有介事地描述了一下大塌缩发生时，时间将会反演的过程，忽悠得在场人员一惊一乍的。其实彭罗斯早就指出，即便宇宙塌缩，熵仍然只增不减，这个趋势并不会改变。因此不仅局部的时间穿越是不可能的，宇宙整体的时间反演也是不可能的。况且，我们的宇宙恐怕不会面临大塌缩，而是面对大撕裂。

按照现在的趋势，宇宙正在加速膨胀，在暗能量的驱动之下还胀得越来越起劲，恐怕到了最后，一切都会被扯碎。我们现在仰望星空，夜观天象，还能看到灿烂的繁星，随着宇宙的膨胀，恐怕很多天体最终都会离我们而去，退到视界之外，那时候的星空不知道要萧瑟成什么样子。遥远的类星体不见了，远处的星系也都消失在视界之外，仙女座大星系早就与我们的银河系合二为一，合并以后的银河-仙女星系形状不规则，我们看到的再也不是那一道跨过天际的银河，这一切都发生在三十亿年之后。越来越多的星星熄灭了，在死前最灿烂的一爆之后，留下美丽的行星状星云，还有不少变成了黑洞，我们再也没法用眼睛看到它们。

随着宇宙的膨胀，温度也越来越低，物质越来越稀疏，最终会稀薄得难以形成新的恒星。宇宙越来越暗淡，最终会变得死一般寂静，连黑洞都蒸发殆尽。时空呈现出了热寂状态，熵值无限。额……貌似我扯得太远了，我们人类大可不必杞人忧天，还是眼前的事要紧啊！

熵的增加，我们每时每刻都能感觉得到。时间是把杀猪刀，下起手来一点不客气，它可以使青丝变白发，可以使光洁的脸庞变得沟壑纵横。没错，人的衰老也是熵增，这是不可逆的趋势。伏尔泰说“生命在于运动”，可薛定谔却说生命在于“负熵”，我们总是从外界获取低熵物质来抵消自己的熵增，当我们再也不能这么做的时候，我们的生命就结束了。

图21-1　爱因斯坦七十大寿

从左到右　罗伯逊　E · 魏格纳　H · 外尔　K · 哥德尔　I · I · 拉比　爱因斯坦
鲁道夫 · 拉登堡　奥本海默　G. M. 克莱门斯

时间去哪儿了？时间在不断地流逝。爱因斯坦最大的梦想还是解决统一场的问题，但是他鼓捣了后半辈子也没能有什么结果。随着年岁增大，他也越来越像一个可爱的老顽童：一头乱蓬蓬的白头发，随意地在街边买个冰激凌，漫步在普林斯顿的街头，或是在小河边与哥德尔一起散步。1953 年，他收到了一张明信片，开头的称呼是“我们科学院尊敬无比的院长”。爱因斯坦当过科学院院长吗？当过哟！人家早年间组织过“奥林匹亚科学院”读书会，这张明信片就是留在欧洲的索洛文和哈比希特写给他的。他俩碰了个头，算是“奥林匹亚科学院”在相隔四十年之后再次召开会议，可惜“院长”爱因斯坦缺席了，但他是他们永远的院长，席位将永远保留。爱因斯坦也很感慨，时间真是一晃就过去了。1954年，爱因斯坦的老朋友贝索先生晕倒在了日内瓦大学数学图书馆的楼梯上，被人发现后送去了医院，他一辈子热爱知识，虽然没有大成就，但是能见证相对论的诞生，与爱因斯坦这样伟大的人物相伴，已经是非常幸福的事了。1955年3月8日，贝索先生去世，同年4月18日，爱因斯坦也走完了他伟大的一生。

朗道于1962年出了车祸，苏联尽全国的医疗力量为他治疗，国际上也提供了一切帮助。朗道捡回了一条性命，但是他的天才消失了，他的物理学生涯结束，甚至无法再长时间地深思，诺贝尔奖委员会生怕他有意外，忙不迭地颁发给他诺贝尔奖。1968年，朗道去世，他被称为死了两次的人，享年六十岁。同年，他的俄国同胞、后来移居美国的宇宙大爆炸学说的创立者之一伽莫夫去世。

1995年，钱德拉塞卡去世，享年八十五岁，他是印度人的骄傲。真要论起来，恐怕巴基斯坦也有份，毕竟钱德拉塞卡的出生地在巴基斯坦境内。惠勒算是哥本哈根时代最后一位大师，他的学术生涯从哥本哈根时代一直跨越到了二十一世纪的2008年，享年九十七岁，他的学生费曼，那个诺贝尔奖级别的段子手活到了六十九岁，1988年去世。无独有偶，他的另外一个学生、黑洞熵的提出者贝肯斯坦于2015年去世，也只活到六十九岁。伽莫夫的学生，最早研究星系旋转速度异常的女天文学家鲁宾，在2016年圣诞节这一天去世，享年八十八岁。

身残志坚的霍金是1942年生人，已经是古稀老人，仍然坐在轮椅里面一动不动地静静沉思。即便如此，新闻媒体上时不时还冒出他的“惊人之语”。比他大两岁的基普索恩也是非常活跃，成了好莱坞的“非著名影星”。他于2016年获得邵逸夫天文学奖，奖金要比同期的诺贝尔奖丰厚一点。但是我想，诺贝尔奖在人们心目中的地位是无法代替的，不是吗？我们都盼望着这一天能到来，谁活着谁就看得见。

最后，借用麦克阿瑟的话来结束本书：“老兵不死，他们只是凋零。”听起来好像颇有点伤感的意味，要想欢乐一点的？那就换用郭德纲的话吧：“世界是你的，也是我的，最终都是那帮孙子的……”

后记

与大师为伴

这本书讲述了一段跨越两百年的物理学史，这是一个让人“三观尽毁”、脑洞大开的探索历程。

在一步一步了解“柔软的宇宙”和“弯曲时空”的奇妙过程中，我们有幸与大师相伴而行。对这段历程，我有自己偏爱的观察角度。第一个角度是——科学家并非生活在真空中，伟大的发现不是科学家们开脑洞开出来的，每个科学发现都要放到历史大背景中去审视。比如热力学的发展与蒸汽机大规模应用关系密切，电磁学与第二次工业革命以及电气时代的到来密不可分。

1879爱因斯坦出生在德国小城乌尔姆，同年，电学宗师麦克斯韦在英国去世，时间上的巧合颇有点交接班的意味。麦克斯韦去世前一天，美国的爱迪生递交了实用灯泡的专利申请，爱因斯坦的父亲也将与灯泡结下不解之缘。你感觉到了吗？历史总是把千般线索巧妙安排。

至于第二个角度，那就是——科学家也是人，他们也有七情六欲，也有喜怒哀乐，也有错综复杂的人际关系。有人的地方就有江湖，这话说得一点儿不假。你能想到吗？爱因斯坦上大学时经常翘课，而且他是奉子成婚。请不要责怪我太过八卦。他们与我们一样，是活生生的普通人。当世界大战来临之时，他们是各为其主呢？还是捍卫人类的良知与底线呢？科学家们展现出了与丰富的人性侧面。

了解科学知识固然很重要，但这些科学家群体或许更值得我们关注。有人早已故去，有人远在万里之外。虽然他们与我们不在同一个时空，但我们读他们的故事，不就相当于穿越时空，与他们为伴吗？能与大师为伴，是多过瘾的事儿啊！

什么是科学

“科学”二字本是名词，字面原意就是“分科之学”。在我国，科学经常被当做形容词使用。人们总是说，“×××不科学”，这时候“科学”已经成了正确与优化的代名词，但是人们对于科学本身的含义却未必清楚。到底什么才是科学呢？人们往往会把自己认为正确的观点统统成为“科学”。这时的科学，就是狭义的科学。

凡是能被科学讨论的，必须是可以测量的。伽利略做斜面滚落实验，连续测量了上千次之多，比萨斜塔上的自由落体实验更是个广为流传的科学故事。尽管伽利略做没做过这个实验现在存疑，是不是在比萨斜塔做的也存疑。至少是在伽利略他们这一代人手里，科学从哲学中分离出来，最后逐步发展成了现代科学体系。

为什么要读科学史

科学史从某种程度上说就是人类的“认知史”。我们一开始是怎么看待这个事物的，是什么原因造成了对这个事物的重新认识，人类的知识是如何一点点累进的，都可以通过科学史得到了解。人类的认知历程是个非常曲折而又充满悬念的过程，听过我音频广播的朋友恐怕会记得我常说的一句话，叫做“按下葫芦起了瓢”。科学发现的历程就是如此，老问题解决了，新问题又冒出来了，既有山重水复疑无路，也有柳暗花明又一村。真如破案一般需要层层抽丝剥茧，考验的是人类的耐心和洞见。就在不断解决问题的过程中，人类一步步向前发展，社会也在一点一滴进步。

人类的历程就像无尽的远征，研读一段历史就好比偶尔回过头去，看看身后那一串长长的脚印。已经走了这么远了！原来走了好多弯路啊！我们不由得生出感慨。是啊，我们走了这么远了，但前头的路还长着呢……

吴京平

2017年5月于北京